岩土力学与地基基础

张海全　陈　军　茅奇辉◎著

中国商务出版社

·北京·

图书在版编目（CIP）数据

岩土力学与地基基础／张海全，陈军，茅奇辉著.
北京：中国商务出版社，2025.3. -- ISBN 978-7-5103-
5653-7

Ⅰ. TU4

中国国家版本馆 CIP 数据核字第 2025J2S020 号

岩土力学与地基基础

张海全　陈　军　茅奇辉◎著

出版发行：中国商务出版社有限公司

地　　　址：北京市东城区安定门外大街东后巷 28 号　邮　　编：100710

网　　　址：http://www.cctpress.com

联系电话：010-64515150（发行部）　　010-64212247（总编室）
　　　　　　010-64515164（事业部）　　010-64248236（印制部）

责任编辑：杨　晨

排　　版：北京天逸合文化有限公司

印　　刷：宝蕾元仁浩（天津）印刷有限公司

开　　本：710 毫米×1000 毫米　1/16

印　　张：15.75　　　　　　　　　　字　　数：231 千字

版　　次：2025 年 3 月第 1 版　　　　印　　次：2025 年 3 月第 1 次印刷

书　　号：ISBN 978-7-5103-5653-7

定　　价：79.00 元

前　言

　　本书是对岩土力学与地基基础领域的深度探索，全面且系统地呈现了该领域的关键知识与前沿技术。开篇深入剖析了岩土力学基础，精准阐释岩土材料的特性，如土的颗粒构成、岩石的矿物成分等，深度解读其力学性质；详尽阐述土压力理论，为挡土墙等结构设计提供依据；剖析地基沉降原理，助力预测地基变形。随后聚焦地基承载力确定，明晰地基破坏模式，介绍理论计算方法，如太沙基公式等；引入原位测试技术，如载荷试验等；并讲解承载力修正，确保地基设计安全合理。浅基础设计与深基础设计章节，分别介绍各类基础类型的特点、设计流程与要点。地基处理方法章节，对换填垫层法、排水固结法和复合地基法等进行详细说明，为不良地基改良提供方案。特殊土地基处理章节，针对软土、湿陷性黄土膨胀土、多年冻土等特殊土，给出针对性处理技术。地基基础抗震设计章节，分析地震作用对地基基础的影响，介绍抗震设计方法、监测与评估手段。最后，针对地基基础工程中可能出现的事故，从原因分析到处理方法，如变形事故、强度事故处理及耐久性问题的解决，进行全面讲解。本书是岩土工程专业人员、学者及从业者的重要参考资料，为解决实际工程问题、推动技术创新提供有力支撑。

作　者

2025.1

目 录

第一章　岩土力学基础

第一节　岩土材料特性

一、土的颗粒组成

土由不同粒径颗粒组成，颗粒大小、形状、级配决定土工程性质。粒径大于2mm为砾粒，其透水性强、压缩性低、强度高，常用于道路基层、填方工程。因砾粒的粒径较大，颗粒间孔隙大，水能够快速通过，在道路基层中可有效排水，避免积水对道路结构造成破坏。在填方工程中，砾粒土的高强度和低压缩性可保证填方的稳定性和密实度。粒径0.075~2mm为砂粒，其有一定的透水性，颗粒间摩擦力大，承载力较好，可广泛应用于建筑基础、堤坝等工程。砂粒土的透水性使其在地下水位较高的地区，能让地下水自然渗透，减少基础的浮力影响。其颗粒间摩擦力大，能为建筑基础提供稳定支撑，承载建筑物传来的荷载。在堤坝工程中，砂粒土可作为坝体的一部分，与其他材料配合，保证堤坝的强度和抗渗性。粒径小于0.075mm为粉粒或黏粒。粉粒土透水性小，黏粒土几乎不透水，且具有可塑性、黏性。黏粒含量高的土，压缩性大、强度低，在工程中需特别注意地基处理。粉粒土因透水性小，在一些对防渗有要求的工程中可作为辅助防渗层。但在振动等情况下，粉粒土可能发生液化，影响工程安全。黏粒土由于具有黏性和可塑性，在一定条件下可用于制作陶瓷等材料。但在建筑工程中，黏粒含量高的地基土，在建筑物荷载作用下，会产生较大沉降，需采取相应措施进行加固处理，如采用深层搅拌桩、强夯等方法，提高地基土的强度和稳定性。土颗粒级配指不同粒径颗粒的相对含量，通过颗粒分析试验确定，以级配曲线表示。级配良好的土，大小颗粒搭配合理、密实度高，大颗粒间的孔隙被小颗粒填充，土体结构紧密。这种土透水性适中、抗渗稳定性好，在水利堤坝填筑中，能有效防止水的渗漏，保证堤坝的安全。在道路基层铺设中，级配良好的土能提供稳定的支撑结构，减少道路的变形和损坏。相反，级配不良的土，颗粒粒径单一、孔隙大、透水性强、工程性质差。级配不良的土，如粒径均匀的砂土，缺乏小颗粒填充孔隙，在水流作用下，容易发生管涌现象。管涌会导致土体中的颗粒被水流带走，逐渐掏空地基，引发建筑物沉降、倾斜甚至倒塌等严重后果。在工程中遇到级配不良的土，通常需要采取措施改善其级配，如掺入不同粒径的土料或添加固化剂等。在实际工程中，了解土颗粒组成对选择地基处理方法、确定基础形式、设计边坡稳定性至关重要。在软土地基施工过程中，若土中黏粒含量较高，地基土的强度低、压缩性大，建筑物容易产生过大沉降。此时可用排水固结法，通过设置排水砂井、塑料排水板等，加速地基土中水分的排出，使土体固结，提高地基强度。强夯法也是常用的处理方法，通过从高处自由落下的重锤，对地基土进行强力夯实，使土颗粒重新排列，提高土体的密实度和强度。在确定基础形式时，土颗粒组成是重要依据。对于砾粒或砂粒含量高的地基土，由于其承载力较高，可采用浅基础，如独立基础、条形基础等。而对于黏粒含量高、承载力低的地基土，需要采用桩基础，将建筑物的荷载通过桩传递到深层坚实的土层。在边坡稳定性设计方面，土颗粒组成影响边坡的抗滑能力。如果边坡土体主要由砾粒和砂粒组成，其抗剪强度相对较高，边坡稳定性较好。如果土体中粉粒和黏粒含量较高，特别是在含水量较大的情况下，土体的抗剪强度会显著降低，容易发生滑坡。此时需要采取相应的加固措施，如设置挡土墙、进行边坡支护等，以提高边坡的稳定性。此外，土颗粒组成还会影响土的渗透性、压缩性等其他工程性质。不同粒径颗粒的比例决定了土中孔隙的大小和连通性，进而影响土的渗透性。土颗粒的形状和排列方式也会影响土的压缩性，例如，片状的黏粒在压力作用下更容易发生变形和重新排列，导致土的压缩性增大。在一些特殊工程中，对土颗粒组成的要求更为严格。例如，在垃圾填埋场的防渗层设计中，需要使用透水性极低的黏土，且对其颗粒组成有特定要求，以确保垃圾渗滤液不会污染地下水。在人工湿地的建设中，为了保证湿地的净化效果，需要选择合适颗粒组成的土，以为微生物提供良好的生长环境和提高水力传导性能。

二、土的物理指标

土的物理指标反映土三相组成比例关系和物理状态，对评价土工程性质、进行工程设计和施工意义重大。常见的土的物理指标包括密度、重度、含水量、孔隙比、孔隙率、饱和度。土的密度指单位体积质量，分天然密度、干密度、饱和密度、有效密度。天然密度是土在天然状态下的密度，反映土的密实程度和土粒与水的综合质量。在场地平整工程中，准确测量天然密度能合理估算土方量，若密度估算有偏差，会导致土方运输成本增加或填方不足。干密度是土粒质量与总体积之比。干密度越大，土越密实，工程性质越好。填土工程常以干密度控制填土压实质量，道路路基施工时，通过压实使土的干密度达到设计要求，提高路基强度和稳定性，减少后期沉降。饱和密度是土孔隙充满水时的密度。有效密度是考虑浮力作用土的密度，用于计算土自重应力，在沿海地区地下建筑工程中，计算地基土自重应力需准确考虑有效密度，以确保基础设计安全。土的重度指单位体积土所受重力，与密度相关。在岩土工程稳定性分析中，重度是计算土体自重应力的关键参数。边坡稳定性计算中，土的重度的准确取值对评估边坡抗滑稳定性至关重要，取值有偏差会导致对边坡稳定性的误判，引发工程事故。土的含水量是土中水质量与土粒质量之比，用百分数表示。含水量对土的性质影响显著，土方开挖工程中，含水量过高，土体泥泞，会增加开挖难度，降低施工效率。含水量高的土作为填方材料，压实困难，难以达到设计压实度要求。黏性土地基处理中，含水量控制尤为重要，降低含水量可提高黏性土强度和稳定性。如采用井点降水等方法降低地基土的含水量后，再进行地基加固处理，能显著提高地基承载力。土的孔隙比是土中孔隙体积与土粒体积之比。孔隙比大的土，如疏松砂土，压缩性高。高层建筑地基设计中，对孔隙比大的土层，常采用桩基础将荷载传递到深层坚实土层，以减少沉降。孔隙率是孔隙体积与土总体积之比，反映土的孔隙大小和多少。孔隙率对土的渗透性影响大，孔隙率大的土，透水性强。水利工程防渗设计中，避免用孔隙率大的土作为防渗材料，或对其进行防渗处理。饱和度是土中孔隙水体积与孔隙总体积之比，反映土孔隙被水充满的程度。当土饱和时，强度和稳定性受水影响大。基坑开挖工程中，若基坑底部土饱和，开挖易出现涌水、流沙等现象，危及基坑安全。施工前需采取降水措施，降低土饱和度，确保施工安全。通过测定土各项物理指标，能全面评价土工程性质，为工程设计提供可靠依据。地基承载力计算需考虑土密度、重度等指标；基坑支护设计中，土的含水量、孔隙比等指标对确定土体侧压力和稳定性分析至关重要。在特殊土工程处理中，土的物理指标具有关键作用。膨胀土含水量发生微小变化，土体体积显著膨胀或收缩。膨胀土地区建筑施工，需准确测定膨胀土各项物理指标，可采取换填、改良等措施，以降低膨胀土民胀缩性对建筑物的影响。冻土的物理指标随温度变化明显，在寒区工程建设，需考虑冻土冻融循环对土的密度、含水量、孔隙比等物理指标的影响，合理设计工程结构，防止因冻土冻胀融沉导致工程破坏。

土的物理指标在工程监测与质量控制中也发挥着重要作用。大型填方工程中，应定期检测土干密度、含水量等指标，判断填方压实质量是否符合设计要求。如指标异常时，应及时调整施工工艺，确保工程质量。利用地球物理方法如电阻率法、探地雷达等，可间接获取土的物理指标信息，实现对工程场地土的物理性质进行快速、大面积检测，为工程决策提供依据。在环境工程领域，土密度和孔隙率对土壤中污染物迁移扩散有重要影响。在垃圾填埋场选址和设计中，若填埋场地基土孔隙率大、密度小，污染物易通过孔隙渗漏到地下水中，造成地下水污染。因此，需选择密度大、孔隙率小的土作为填埋场的基础，或对地基土进行压实处理，减小孔隙率，降低污染物渗漏风险。土的含水量对土工合成材料性能有显著影响，土工合成材料如土工格栅、土工膜等在岩土工程中应用广泛。土含水量高时，土工合成材料与土之间的摩擦力降低，影响加筋效果。公路边坡防护工程中，边坡土体含水量过大，土工格栅与土结合力减弱，无法有效约束土体变形，可能导致边坡失稳。铺设土工合成材料前，需将土的含水量控制在合适范围，确保其发挥最佳性能。从微观角度分析，土的孔隙比与土颗粒排列方式密切相关。土颗粒压实过程中，随压力增加，土颗粒重新排列，孔隙比减小。扫描电镜观察发现，初始松散土颗粒压实后，颗粒间接触点增多，孔隙结构更复杂。这种微观结构变化反映在土物理指标上，使土强度和稳定性提高。

三、岩石的矿物成分

岩石由一种或多种矿物组成，矿物成分决定岩石的基本性质。不同矿物的物理、化学性质不同，组合方式和含量差异使岩石工程的性质千差万别。常见的造岩矿物有石英、长石、云母、角闪石、辉石、橄榄石。石英硬度高，化学性质稳定，石英含量高的岩石，如石英岩，强度高、耐磨性好，是良好的建筑材料，在高层建筑外立面装饰和地面铺设中广泛应用。但在特定地质条件下，石英受高温高压作用可能发生相变，体积膨胀，导致岩石内部应力集中，降低稳定性。长石是地壳中分布广泛的矿物，包括钾长石和斜长石。其硬度较高，但风化易分解，影响岩石耐久性。在山区公路建设中，若路基岩石长石含量高，经长期风化，岩石破碎，会影响路基的稳定性，因此常需加固处理，如灌浆填充裂隙，增强整体性。云母有片状解理，含云母的岩石受力易沿解理面破裂，降低强度和完整性。隧道工程中使用云母含量高的岩层，顶板和侧壁易片帮，威胁施工安全。因此施工前需详细勘察，对云母片岩等不良岩层，采取喷射混凝土、安装锚杆等支护措施，以确保安全。角闪石和辉石是暗色矿物，其硬度高、密度大、有抗风化能力。大型水利工程如大坝建设，用含角闪石和辉石的岩石作坝体材料，可提高抗压强度和抗冲刷能力。但在酸性水质地区，矿物可能与酸性物质发生反应，降低岩石的耐久性。橄榄石常见于基性和超基性岩石，在地表易风化蚀变。地质勘探中，通过分析橄榄石风化程度和蚀变产物，可推断岩石的形成年代和地质历史。橄榄石的风化产物还影响周围土壤成分和性质，进而影响植被生长。岩石矿物成分与成因紧密相关，如岩浆岩由岩浆冷凝结晶形成，矿物成分取决于岩浆的化学成分和冷凝条件。花岗岩由石英、长石、云母组成，是酸性岩浆岩，强度高、抗风化性能好，常用作建筑石材和装饰材料。岩浆在地下缓慢冷却结晶，矿物结晶顺序和含量比例反映岩浆的物理化学环境。玄武岩是喷出地表的岩浆岩，岩浆快速冷凝，矿物结晶程度低，主要由辉石和斜长石组成。沉积岩在地表或近地表由风化产物、生物遗体等经搬运、沉积、固结成岩形成。其矿物成分复杂，除石英、长石等碎屑矿物，还有黏土矿物、碳酸盐矿物。黏土矿物含量高的页岩，强度低、遇水易软化，在地下工程中易引发围岩变形和坍塌。石灰岩主要由方解石组成，有一定强度，但在酸性水溶蚀下会形成岩溶地貌。岩溶地区工程建设，需注意溶洞、溶沟等对工程的影响，可经详细勘察，采取溶洞填充、地基加固等措施，以确保工程安全。变质岩由原岩在高温、高压及化学活动性流体作用下，矿物成分、结构构造改变形成。矿物成分取决于原岩成分和变质作用的类型。大理岩由石灰岩变质而成，质地坚硬、色泽美观，用于建筑装饰。片麻岩由岩浆岩或沉积岩变质形成，其强度和稳定性与片麻理方向有关。工程设计需考虑片麻理方向对岩石力学性质的影响，合理布置基础和结构，提高其安全性和可靠性。在工业生产中，含特定矿物成分的岩石是提取化工原料的重要来源。含大量钾长石的岩石可提取钾元素制造钾肥，但提取时需考虑伴生矿物如云母的干扰，采用合适的选矿方法进行分离。在地质灾害防治方面，岩石矿物成分影响滑坡、泥石流等灾害的发生发展。滑坡体若主要由含黏土的矿物岩石（如页岩）组成，黏土矿物的亲水性和可塑性强，雨水作用下吸水膨胀，岩石强度降低，易引发滑坡。滑坡治理需了解矿物成分，采取排水、抗滑桩等措施，降低含水量，增强稳定性。从微观结构看，不同矿物结合方式和界面特性影响岩石宏观性质。花岗岩中，石英、长石和云母通过化学键和物理作用力结合。石英与长石结合界面牢固，使花岗岩强度高。但云母与其他矿物结合弱，云母片是薄弱面，岩石受力时裂纹沿界面扩展，降低整体强度。在石油、天然气勘探中，分析岩石矿物的成分有助于判断储层性质。储层岩石孔隙和裂缝是油气储存和运移的通道，矿物成分影响其发育程度。石灰岩中方解石受地下水溶蚀形成溶洞和溶蚀孔隙，为油气储存提供空间。通过分析矿物成分，结合地球物理测井，预测储层分布和性质，指导勘探开发。此外，岩石矿物成分在古气候研究中有独特价值。某些矿物形成与特定气候环境相关，分析岩石矿物成分可推断地质历史时期的气候条件。沉积岩中发现石膏矿物，表明当时沉积环境干旱炎热，因石膏在蒸发作用强烈的条件下形成，这为研究气候变化提供了线索。

四、岩石的结构构造

岩石的结构构造是其重要特征，反映形成过程和地质历史，对物理力学性质和工程性质影响显著。岩石结构指矿物颗粒大小、形状、排列方式及相互关系。按矿物颗粒大小分显晶质结构和隐晶质结构。显晶质结构矿物颗粒肉眼可见，根据颗粒相对大小可分为等粒结构、不等粒结构和斑状结构。等粒结构岩石，矿物颗粒大小均匀，力学性质相对均匀。在建筑工程中，等粒结构的花岗岩用作基础材料，能保证各部位承载性能一致，为建筑物提供稳定支撑。不等粒结构岩石，矿物颗粒大小差异大，力学性质各向异性。地下洞室开挖遇不等粒结构岩石，需依结构特点设计洞室形状和支护方式，以适应不同方向力学性能差异，防止洞室变形、坍塌。斑状结构常见于岩浆岩，大矿物颗粒（斑晶）分布在细基质中，反映岩浆在不同冷凝条件下的结晶过程。斑晶形成早于基质，斑晶与基质界面可能是岩石薄弱环节，受力易应力集中，影响岩石强度分布。隐晶质结构矿物颗粒细小，肉眼难以分辨，岩石表面致密。这类岩石抗风化能力有时较好，如隐晶质玄武岩表面的致密结构可以阻止外界风化侵蚀。但因难以直接观察矿物颗粒的特征，给岩石鉴定和工程性质评估带来了挑战。按矿物颗粒形状，岩石结构分粒状结构、柱状结构、片状结构等。粒状结构岩石，矿物颗粒近似等轴状，如花岗岩，颗粒间相互咬合可提供较好强度和稳定性，广泛用于建筑、桥梁等工程。柱状结构常见于玄武岩，矿物颗粒呈柱状排列，使岩石在特定方向强度高，也导致力学性质各向异性。开采柱状结构岩石作建筑石材，需考虑其结构特点，选合适的开采方向，以获得性能良好的石材。片状结构岩石，如云母片岩，矿物颗粒呈片状沿一定方向排列，平行于片理方向强度显著降低，易滑动。边坡工程中遇边坡岩体具片状结构且片理方向与坡面平行，边坡稳定性受极大威胁，需采取锚固、抗滑桩等措施，以增强抗滑能力。岩石的结构构造指不同矿物集合体之间或矿物集合体与岩石其他组成部分排列方式和空间分布关系，常见的构造有块状构造、层理构造、片理构造、气孔构造和杏仁构造。块状构造岩石，矿物分布均匀，无定向排列，整体性好、强度高。花岗岩常具块状构造，是大型建筑基础和桥墩等工程的理想材料，能承受巨大荷载。层理构造是沉积岩的典型构造，因沉积物成分、颜色、粒度差异显示成层现象。在水利工程坝基建设中，坝基岩石若具层理构造，需考虑层理方向对岩石抗渗性和抗滑稳定性的影响。垂直于层理方向抗渗性好，平行于层理方向抗滑能力可能弱。坝基设计和施工要根据层理构造特点，采取设置截水墙、加强基础与岩石结合等措施，以确保坝基安全。片理构造是变质岩在定向压力作用下形成的独特构造，使岩石明显具有各向异性。在地下工程中，片理构造可能导致岩石在平行于片理方向变形、破坏。地下巷道掘进遇片理发育岩石，顶板和侧壁易片帮、坍塌。为防止此类事故，需加强巷道支护设计，用锚杆、锚索等支护，以增强岩石整体性和稳定性。气孔构造是岩浆岩冷凝时气体逸出留下的孔洞，常见于玄武岩等喷出岩。气孔构造可降低岩石强度和密度，对工程性质不利。利用含气孔构造的岩石作建筑材料，需加固处理，如灌浆填充气孔，以提高建筑材料强度和耐久性。杏仁构造是气孔被后期矿物质充填形成的，在一定程度上改善了岩石结构和强度。部分具杏仁构造的玄武岩，充填物可增强岩石整体性，在某些工程中仍有应用价值。但杏仁构造分布不均匀，可能导致岩石力学性质的局部差异，工程设计和施工时需注意。在矿业开采中，岩石结构构造决定开采方法和工艺选择。块状构造岩石（如开采块状花岗岩）用于石材加工，可采用大型爆破或机械切割。爆破时要据岩石结构特点，合理设计爆破参数，避免岩石过度破碎，影响石材质量。层理构造的沉积岩，如煤矿开采，要注意煤层与顶底板岩石层理关系，开采中注意顶板支护，以防发生顶板垮落事故。据层理产状和稳定性，采用锚杆支护、液压支架等不同支护方式。在文物保护方面，岩石的结构构造对古建筑和石窟寺保护至关重要。敦煌莫高窟壁画绘制在砂岩上，砂岩的结构构造影响壁画保存。砂岩的颗粒结构和孔隙特征决定了其吸水性和透气性，吸水性过强，潮湿环境下水分在岩石内部积聚，导致壁画颜料脱落、墙体开裂。为保护莫高窟，需研究砂岩的结构构造，采取防水、加固等措施，改善岩石的物理性能，延长文物寿命。在地质遗迹保护方面，岩石的结构构造是地质遗迹的重要特征和价值所在。北爱尔兰巨人之路的柱状节理构造火山岩景观十分壮观，吸引了大量游客。为保护这类地质遗迹，需了解岩石的结构构造形成机制，采取科学的保护措施，防止人为活动和自然因素造成破坏。同时，研究地质遗迹岩石的结构构造，有助于理解地球演化历史和地质过程。在地下能源储存工程中，岩石结构构造意义重大。建设地下储气库、储油库，需选结构稳定、密封性好的岩石地层。盐岩具有良好塑性和极低渗透性，块状结构和致密内部构造使其成为理想的地下储库围岩。研究盐岩的结构构造，合理设计地下储库布局和施工方案，可确保能源储存安全、稳定。

第二节　岩土力学性质

一、土的抗剪强度

土的抗剪强度是指土抵抗剪切破坏的极限能力。在岩土工程中，土的抗剪强度对于保证工程结构的稳定性起着关键作用。土的抗剪强度的形成主要源于颗粒间的摩擦力与黏聚力，对于砂性土而言，其颗粒间的摩擦力是抗剪强度的主要提供者。砂性土颗粒较大，形状相对规则，当土体受到剪切力作用时，颗粒之间相互咬合、错动，产生摩擦力以抵抗剪切变形。若砂性土的颗粒级配良好，即大小颗粒搭配合理，大颗粒间的孔隙被小颗粒填充，使得颗粒间的接触更为紧密，相互咬合的效果更佳，摩擦力增大，从而显著提高砂性土的抗剪强度。在实际工程中，在大型港口的陆域形成工程中，常采用级配良好的砂性土进行填筑，利用其较高的抗剪强度，保证填筑体在各种荷载作用下的稳定性，防止因土体抗剪强度不足而导致的滑坡等破坏现象。黏性土的抗剪强度则由颗粒间的摩擦力和黏聚力共同构成。黏性土的颗粒细小，表面带有电荷，在土颗粒周围形成结合水膜，土中还存在着胶体物质以及离子交换现象，这些因素共同作用产生了黏聚力。黏聚力使得黏性土颗粒之间的连接更为紧密，即使在较小的法向应力下，也能抵抗一定的剪切力。在软土地基处理中，由于软土的抗剪强度较低，无法满足工程建设的承载要求。水泥、石灰等固化剂可与软土中的水分及黏土颗粒发生一系列物理化学反应，一方面增加了土颗粒间的摩擦力；另一方面显著提高了土的黏聚力。例如，在某城市的地铁车站建设中，车站所在区域为软土地层，采用了水泥搅拌桩加固地基的方法。通过将水泥与软土强制搅拌混合，形成具有较高强度和稳定性的水泥土桩体，桩体与周围土体共同作用，提高了地基土的抗剪强度，满足了车站结构对地基承载力和稳定性的要求。土的抗剪强度并非固定不变的，而是受到多种因素的影响。土的含水量对其抗剪强度影响显著。当土的含水量增加时，土颗粒间的润滑作用增强，摩擦力减小，同时黏性土的黏聚力也会降低。在土方开挖工程中，如果遇到降雨天气，土体含水量增大，此时土体的抗剪强度下降，容易引发边坡坍塌事故。因此，在土方开挖过程中，通常需要采取有效的排水措施，降低土体含水量，保持土体的抗剪强度，确保施工安全。土的密实度也与抗剪强度密切相关，对于同一种土，密实度越高，颗粒间的接触越紧密，相互之间的摩擦力和咬合力越大，抗剪强度就越高。在道路路基施工中，通过分层压实的方法，提高路基土的密实度，从而提高路基土的抗剪强度，使其能够承受车辆荷载的反复作用，减少路基的变形和破坏。此外，土的应力历史对抗剪强度也有影响。超固结土由于前期受到较大的固结压力，土颗粒间的排列更为紧密，其抗剪强度相对较高。而欠固结土的抗剪强度则相对较低，在工程建设中，需要根据土的应力历史，合理设计地基处理方案，以满足工程的要求。为了准确获取土的抗剪强度指标，需要进行相应的试验测定。常用的试验方法有直剪试验和三轴压缩试验。直剪试验操作相对简单，通过对土样施加垂直压力和水平剪切力，测定土样在不同垂直压力下的抗剪强度，从而得到土的抗剪强度指标。然而，直剪试验也存在一定的局限性，如不能严格控制排水条件、土样在剪切过程中应力状态复杂等。三轴压缩试验则能够更全面地模拟土的实际受力状态，在试验中，通过对圆柱形土样施加围压和轴向压力，改变土样的应力状态，测定土样在不同应力条件下的抗剪强度。三轴压缩试验可以严格控制排水条件，能够更准确地测定土的抗剪强度指标，为工程设计提供更为可靠的参数。在实际工程中，准确了解土的抗剪强度对于各类工程的设计和施工至关重要。在边坡工程中，土的抗剪强度是评估边坡稳定性的关键参数。通过计算边坡土体的抗滑力和下滑力，结合土的抗剪强度指标，判断边坡是否处于稳定状态。如果边坡土体的抗剪强度不足，可能导致边坡失稳滑动，造成严重的工程事故和人员伤亡。在地基工程中，土的抗剪强度影响着地基的承载力。在设计建筑物基础时，需要根据地基土的抗剪强度，确定基础的类型、尺寸和埋深，确保基础能够安全地承受上部结构传来的荷载。在基坑工程中，土的抗剪强度对于基坑支护结构的设计和施工起着决定性作用。合理的基坑支护结构设计需要准确考虑土的抗剪强度，以保证基坑在开挖和施工过程中的稳定性，防止基坑坍塌等事故的发生。

二、土的压缩特性

土的压缩特性是岩土力学性质的重要方面，在各类岩土工程中对工程结构的沉降、稳定性等起着关键作用。土的压缩是指在压力作用下土体积减小的特性。土是由固体颗粒、水和气体组成的三相体系。土的压缩主要源于土颗粒的重新排列、孔隙中气体和水的排出。当土体受到压力时，土颗粒间的孔隙被压缩，气体和水逐渐被排出，土颗粒相互靠拢，从而导致土体积减小。在实际工程中，建筑物基础对地基土施加压力，地基土会发生压缩变形，进而引起建筑物的沉降。土的压缩特性与土的类型密切相关。砂土的颗粒较大，颗粒间的孔隙相对较大。在压力作用下，砂土颗粒容易发生相对移动和重新排列。但由于砂土颗粒间的摩擦力较大，且孔隙中气体和水排出相对较快，砂土的压缩过程相对较快，压缩量相对较小。在一些道路工程中，若采用砂土作为道路基层材料，当受到车辆荷载作用时，砂土基层会发生一定程度的压缩，但由于砂土具有压缩特性，这种压缩变形能够在较短时间内完成，且不会产生过大的沉降。黏性土的压缩特性则与砂土有较大差异，黏性土颗粒细小，比表面积大，颗粒间存在较强的黏聚力和结合水膜。在压力作用下，黏性土中孔隙水的排出较为缓慢，且土颗粒的移动和重新排列也受到黏聚力的制约。因此，黏性土的压缩过程较为缓慢，需要较长时间才能完成。而且，黏性土的压缩量相对较大，尤其是在软黏土地基上进行工程建设时，地基土的压缩变形可能导致建筑物产生较大的沉降。例如，在某沿海城市的高层建筑建设中，由于地基为软黏土层，在建筑物施工及使用过程中，地基土持续发生压缩变形，建筑物出现了明显的沉降现象，需要采取相应的地基处理措施来控制沉降。土的压缩性还受到压力大小和加载方式的影响。一般来说，随着压力的增加，土的压缩量会增大。但当压力增加到一定程度后，土的压缩量增长速度会逐渐减缓。这是因为在压力较小时，土颗粒间的孔隙较大，随着压力的增加，孔隙逐渐被压缩，土颗粒间的接触更为紧密，抵抗进一步压缩的能力增强。加载方式对土的压缩也有重要影响。快速加载时，土中孔隙水来不及排出，土体主要表现为弹性变形；而缓慢加载时，孔隙水有足够时间排出，土体发生的压缩变形更为充分。在实际工程中，如大型油罐的基础施工，由于油罐加载过程较为缓慢，地基土有足够时间发生压缩变形，在设计时需要充分考虑这种长期的压缩特性，以确保油罐的安全使用。土的应力历史对其压缩特性也有显著影响。超固结土前期受到较大的固结压力，土颗粒间的排列较为紧密，其压缩性相对较低。当超固结土再次受到压力作用时，在压力小于前期固结压力阶段，土的压缩量较小；当压力超过前期固结压力时，土的压缩性会逐渐增大。而欠固结土由于前期固结压力不足，土颗粒间的孔隙较大，在受到压力作用时，土的压缩性较高，会产生较大的压缩变形。在工程建设中，需要准确判断土的应力历史，以便合理设计地基处理方案。为了准确了解土的压缩特性，需要进行相应的试验测定。常用的试验方法是室内压缩试验。在室内压缩试验中，将土样置于压缩仪中，逐级施加压力，测定土样在不同压力下的变形量，从而得到土的压缩曲线。通过对压缩曲线的分析，可以得到土的压缩系数、压缩模量等重要参数。压缩系数是衡量土的压缩性大小的指标，压缩系数越大，土的压缩性越高；压缩模量则反映了土抵抗压缩变形的能力，压缩模量越大，土的压缩性越低。在实际工程中，土的压缩特性对于工程设计和施工具有重要意义。在地基设计中，需要根据土的压缩特性预测地基的沉降量，从而确定基础的类型、尺寸和埋深。对于压缩性较高的地基土，可能需要采用桩基础或进行地基加固处理，以减少建筑物的沉降。在基坑工程中，土的压缩特性会影响基坑周围土体的变形，进而影响周边建筑物和地下管线的安全。在施工过程中，需要根据土的压缩特性合理安排施工顺序和选择施工方法，控制土体的压缩变形，以确保工程的安全和顺利实施。

三、岩石抗压强度

岩石抗压强度是岩石抵抗轴向压力作用而不破坏的能力，是岩石重要的力学性质之一，在各类岩石工程中起着关键作用。岩石的抗压强度取决于其内部结构和组成成分，岩石由各种矿物颗粒组成，矿物颗粒的性质、大小、形状及它们之间的胶结方式对岩石抗压强度影响显著。例如，由石英、长石等硬度较高的矿物组成且胶结紧密的花岗岩，抗压强度通常较高。石英硬度高，化学性质稳定，在岩石中可起到增强骨架的作用，使得花岗岩能承受较大的轴向压力。而对于一些含有较多软弱矿物（如黏土矿物）的岩石，其抗压强度相对较低。黏土矿物颗粒细小、胶结性差，在压力作用下容易发生变形和滑移，从而降低岩石整体的抗压能力。岩石的结构构造也是影响抗压强度的重要因素。具有块状构造的岩石，矿物分布均匀，无明显的薄弱面，在承受压力时能够较为均匀地分散应力，抗压强度较高。例如，质地均匀的大理岩，常被用于建筑基础和雕塑等，具有良好的抗压性能，能够承受较大的荷载。相反，具有层理构造的沉积岩，其力学性质存在各向异性，垂直于层理方向的抗压强度往往高于平行方向，这是因为平行于层理方向，岩石颗粒间的胶结相对较弱，在压力作用下容易沿层理面发生滑动或分离。在隧道工程中，如果隧道轴线平行于沉积岩层理，施工过程中岩石更容易出现坍塌等问题，需要采取额外的支护措施。岩石的风化程度对其抗压强度影响巨大，风化作用会使岩石的矿物成分发生改变，破坏岩石的结构构造。随着风化程度加深，岩石的抗压强度逐渐降低。新鲜岩石的矿物颗粒完整，胶结性良好，抗压强度较高。而强风化岩石，矿物颗粒被分解、破碎，岩石变得疏松多孔，抗压强度大幅下降。在工程选址时，需要对岩石的风化程度进行详细勘察，避免在强风化岩石区域进行对地基承载力要求高的工程建设。如果无法避开，就要对风化岩石进行加固处理，如采用灌浆、锚杆锚固等方法，提高其抗压强度。岩石的含水率也会影响其抗压强度。当岩石中含有水分时，水分会填充岩石的孔隙和裂隙，降低岩石颗粒间的摩擦力和胶结力。对于一些亲水性较强的岩石，如页岩，含水率的增加会显著降低其抗压强度。在水利工程中，大坝基础岩石长期处于水下，含水率较高，在设计和施工时需要充分考虑含水率对岩石抗压强度的影响，以确保大坝基础的稳定性。为了准确获取岩石的抗压强度，常用的测试方法有室内岩石抗压强度试验和现场原位测试。室内试验通常将岩石加工成标准尺寸的试件，在压力试验机上施加轴向压力，直至试件破坏，记录破坏时的荷载，从而计算出岩石的抗压强度。这种方法能够较为精确地测定岩石的抗压强度，但试件的加工过程可能对岩石的原始结构造成一定破坏，影响测试结果的准确性。现场原位测试则是在工程现场直接对岩石进行测试，如采用承压板法、千斤顶法等。现场原位测试能够更真实地反映岩石在实际工程中的受力状态，但测试过程较为复杂、成本较高。在实际工程中，岩石抗压强度是工程设计和施工的重要依据。在建筑工程中，基础的设计需要根据地基岩石的抗压强度来确定基础的类型和尺寸。如果岩石的抗压强度较高，可以采用浅基础，如独立基础、条形基础等；如果岩石的抗压强度较低，可能需要采用桩基础或对地基进行加固处理。在矿山开采中，了解岩石的抗压强度有助于选择合适的开采方法和设备。对于抗压强度高的岩石，需要采用爆破等强力开采手段；而对于抗压强度较低的岩石，可以采用机械开采等较为温和的方法。在隧道工程中，岩石抗压强度决定了隧道支护结构的设计。抗压强度高的岩石，隧道支护相对简单；而抗压强度低的岩石，需要加强支护，防止隧道坍塌。

四、岩石变形指标

岩石变形指标是衡量岩石在受力状态下变形特性的重要参数，对岩石工程的设计、施工及稳定性评估至关重要。岩石受力时会产生变形，其变形指标反映了岩石的力学响应特征，包括弹性模量、泊松比、变形模量等。弹性模量是岩石在弹性变形阶段，应力与应变的比值，表征岩石抵抗弹性变形的能力。弹性模量越大，岩石在相同应力作用下的弹性变形越小。例如，花岗岩等硬质岩石弹性模量较高，在承受荷载时，其弹性变形相对较小，能够保持较好的形状稳定性。而对于一些软质岩石，如页岩，弹性模量相对较低，在受到较小的应力时，可能产生较大的弹性变形。弹性模量与岩石的矿物成分、结构构造密切相关。由硬度高、结晶程度好的矿物组成，且结构致密的岩石，其弹性模量通常较高。泊松比是指岩石在单向受压时，横向应变与轴向应变的比值。它反映了岩石在受力过程中横向变形与轴向变形的关系。不同类型岩石的泊松比有所差异，一般岩石的泊松比在 0.1~0.4 之间。泊松比对于分析岩石在复杂应力状态下的变形行为非常重要。在地下洞室的设计中，需要考虑岩石的泊松比，以准确预测洞室周边岩石在开挖后的变形情况。若岩石泊松比较大，在洞室开挖后，其横向变形相对较大，可能导致洞室周边岩体的松弛范围扩大，影响洞室的稳定性。变形模量是指岩石在受力过程中，包括弹性变形和塑性变形在内的应力与应变的比值。与弹性模量不同，变形模量考虑了岩石的非弹性变形。在实际工程中，岩石往往会经历弹性变形和塑性变形阶段，变形模量更能反映岩石在实际受力状态下的综合变形特性。岩石的变形模量受岩石的节理（也称为裂隙）等结构面发育程度的影响较大。节理发育的岩石在受力时，节理结构面容易产生张开、滑移等变形，导致岩石的变形模量降低。例如，在某山区进行公路隧道施工时，遇到节理密集的岩体，其变形模量远低于完整岩石，在隧道开挖过程中，岩体变形量较大，给施工带来了较大困难，需要采取加强支护等措施来控制岩体变形。岩石的变形指标受到多种因素的影响，除了前面提到的矿物成分、结构构造和节理外，岩石的风化程度对变形指标也有显著影响。随着风化程度的加深，岩石的矿物颗粒逐渐分解、破碎，结构变得疏松，其弹性模量、变形模量等指标明显降低，泊松比也可能发生变化。在工程选址和设计时，需要充分考虑岩石的风化程度对变形指标的影响。若工程场地位于风化严重的岩石区域，在进行地基设计或地下工程建设时，需要对岩石的变形特性进行详细评估，采取相应的工程措施来保证工程的稳定性。岩石的含水率同样会影响其变形指标，当岩石含水率增加时，水分会削弱岩石颗粒间的胶结力，使得岩石在受力时更容易发生变形。对于一些亲水性较强的岩石，含水率的变化对变形指标的影响更为显著。在水利工程中，大坝基础岩石长期处于饱和状态，含水率高，其变形指标与干燥状态下相比有较大差异。在设计大坝基础时，必须考虑岩石在饱和状态下的变形特性，以确保大坝在长期运行过程中的稳定性。为了准确测定岩石的变形指标，常用的测试方法有室内土工试验和现场原位测试。室内土工试验一般采用岩石力学试验机，对加工成标准尺寸的岩石试件施加荷载，测量其在不同荷载下的应变，从而计算出弹性模量、泊松比等指标。室内试验能够较为精确地控制试验条件，但由于试件在加工过程中可能破坏岩石的原始结构，且试验条件与实际工程中的岩石受力状态存在一定的差异，其测试结果可能与实际情况存在一定偏差。现场原位测试则是在工程现场直接对岩石进行测试，如采用钻孔变形法、水压致裂法等。现场原位测试能够更真实地反映岩石在实际工程中的受力和变形情况，但测试过程复杂、成本较高，且受现场条件限制较大。在实际工程中，岩石的变形指标是工程设计和施工的重要依据。在建筑工程中，基础设计需要根据地基岩石的变形指标来确定基础的类型和尺寸，以确保基础在承受建筑物荷载时，其变形量在允许范围内。在矿山开采中，了解岩石的变形指标有助于选择合适的开采方法和支护方式。对于变形指标较差的岩石，在开采过程中需要加强支护，防止因岩石变形过大而引发安全事故。在隧道工程中，岩石的变形指标对隧道支护结构的设计和施工起着关键作用。根据岩石的变形指标，可以合理确定支护结构的类型、强度和施工时间，以确保隧道在施工和运营过程中的稳定性。

第三节　土压力理论

一、静止土压力

静止土压力是土压力理论中的重要组成部分，在岩土工程中有着广泛的应用。当挡土墙静止不动、土体处于弹性平衡状态时，土体作用在挡土墙上的侧向压力即为静止土压力。静止土压力的产生源于土体的自重和附加应力，土体在自重作用下，会对周围的约束结构产生侧向压力。同时，当土体表面有建筑物、车辆荷载等附加应力作用时，静止土压力会增加。例如，在城市建设中，建筑物的基础位于土体中，基础周边的土体对基础侧面产生静止土压力，该压力不仅与土体的自重有关，还与建筑物传来的荷载相关。影响静止土压力大小的因素众多，土的性质是关键因素之一。不同类型的土有不同的静止土压力系数。一般来说，砂土的静止土压力系数相对较小，而黏性土的静止土压力系数较大。这是因为砂土颗粒间的摩擦力较大，在静止状态下，颗粒间的相互作用使得土体对挡土墙的侧向压力相对较小；而黏性土颗粒间存在黏聚力，土体对挡土墙的约束作用更强，导致静止土压力系数较大。土的密实度也会影响静止土压力：密实度高的土，其静止土压力相对较大。这是由于密实土颗粒间的接触更为紧密，在相同的应力条件下，能够产生更大的侧向压力。此外，地下水位的变化对静止土压力有显著影响：当地下水位上升时，土体中的孔隙水压力增加，有效应力减小，从而导致静止土压力减小。在沿海地区的工程建设中，由于地下水位较高且受潮汐等因素影响，地下水位经常发生变化，在设计挡土墙等结构时，必须充分考虑地下水位变化对静止土压力的影响。静止土压力的计算通常采用经验公式，常用的计算方法是基于弹性力学理论，根据土体的性质和边界条件来确定静止土压力系数。对于均质土体，静止土压力系数一般通过试验或经验取值。例如，对于砂土，静止土压力系数通常在 0.3~0.5 之间；对于黏性土，静止土压力系数在 0.5~0.7 之间。在实际工程计算中，静止土压力等于静止土压力系数与土体竖向有效应力的乘积。在实际工程中，静止土压力的准确计算和考虑至关重要。在基坑工程中，当基坑周边采用支护结构时，静止土压力是设计支护结构的重要依据。如果忽略静止土压力的作用，可能导致支护结构设计强度不足，在施工过程中有可能出现支护结构变形过大甚至坍塌的情况。例如，在某城市地铁基坑施工中，由于对基坑周边土体的静止土压力计算不准确，支护结构在施工过程中出现了较大的侧向位移，影响了周边建筑物的安全，不得不采取紧急加固措施，增加了工程成本和施工风险。在隧道工程中，静止土压力对隧道衬砌结构的设计也有重要影响。特别是在浅埋隧道中，土体对隧道衬砌的静止土压力较大，需要合理设计衬砌结构的强度和刚度，以承受土体的侧向压力。在一些大型水利工程（如大坝的岸坡支护设计）中，静止土压力是必须考虑的因素之一。大坝岸坡的稳定性直接关系到整个水利工程的安全运行，准确计算静止土压力，能够为岸坡支护结构的设计提供可靠的依据。在一些特殊工程中，如地下储气库、地下油库等，由于对结构的稳定性和密封性要求极高，静止土压力的准确计算和控制更为关键。这些地下结构周围的土体在长期作用下，会对结构产生持续的静止土压力，如果结构设计不合理，可能导致结构变形、开裂，从而影响储气库、油库的正常使用，甚至引发安全事故。为了准确获取静止土压力的相关参数，在工程勘察阶段，需要进行详细的岩土工程勘察。通过现场原位测试、室内土工试验等方法，确定土的性质、密实度、地下水位等参数，为静止土压力的计算提供可靠的数据支持。同时，在工程设计和施工过程中，还需要结合实际情况，对静止土压力进行动态监测和调整。例如，在基坑开挖过程中，随着土体的卸载和支护结构的变形，静止土压力会发生变化，通过实时监测，可以及时调整支护结构的设计和施工方案，确保工程的安全性。

二、主动土压力

主动土压力是土压力理论中重要的组成部分，在岩土工程的各类设计与施工中发挥着关键作用。当挡土墙向离开土体方向移动或转动时，随着位移的逐渐增大，土体内部应力状态发生变化，直至达到极限平衡状态，此时土体作用在挡土墙上的侧向压力即为主动土压力。它是土体对挡土墙所能施加的最小侧向压力。主动土压力的产生需要一定的条件，挡土墙的位移是关键因素，只有当挡土墙发生足够的位移时，土体才会达到极限平衡状态从而产生主动土压力。通常情况下，对于密实的砂土，较小的位移即可使土体达到极限平衡；而对于黏性土，由于其具有黏聚力，往往需要更大的位移才能达到极限平衡。在实际工程中，悬臂式挡土墙在土压力作用下会向墙后土体方向产生一定的位移，当位移达到一定程度，墙后土体就会产生主动土压力。影响主动土压力大小的因素较为复杂，其中，土的性质对主动土压力有显著影响。砂土的内摩擦角较大，在极限平衡状态下，其主动土压力系数相对较小，所以砂土产生的主动土压力相对较小。黏性土由于存在黏聚力，其主动土压力计算相对复杂。黏聚力的存在使得黏性土在相同条件下产生的主动土压力比砂土要小，但随着深度的增加，黏聚力对主动土压力的影响逐渐减小。土的重度也直接影响主动土压力：土的重度越大，主动土压力越大。在相同的挡土墙高度和土体条件下，重度大的土体对挡土墙产生的主动土压力更大。挡土墙的墙背条件也是影响主动土压力的重要方面：墙背的粗糙度、倾斜度等都会改变主动土压力的大小。当墙背粗糙时，墙土之间的摩擦力会影响土体的滑动面形状和主动土压力的分布。当墙背倾斜时，主动土压力的大小和方向都会发生变化。例如，俯斜式挡土墙，由于墙背倾向填土，使得主动土压力增大；而仰斜式挡土墙的主动土压力相对较小。填土面的形状和荷载情况同样影响主动土压力：填土面水平时，主动土压力的计算相对简单；若填土面有一定坡度，主动土压力就会增大；当填土面上有建筑物、车辆等附加荷载时，主动土压力会显著增加。在城市建设中，紧邻挡土墙的建筑物基础荷载会使墙后土体的主动土压力增大，在设计挡土墙时必须充分考虑这一因素。主动土压力的计算方法主要有库仑土压力理论和朗肯土压力理论。库仑土压力理论基于滑动楔体的静力平衡条件推导得出，适用于墙后填土为无黏性土的情况，且考虑了墙背倾斜、填土面倾斜以及墙土之间的摩擦角。通过分析滑动楔体的受力情况，建立力的平衡方程，从而求解出主动土压力。朗肯土压力理论基于半无限弹性体的应力状态分析，假设墙背垂直、光滑，填土面水平，根据土的极限平衡条件得出主动土压力计算公式。对于符合其假设条件的情况，朗肯土压力理论计算较为简便。在实际工程中，可根据具体的工程条件选择合适的计算方法。若挡土墙的条件较为复杂，可能需要对计算结果进行修正。在实际工程中，主动土压力的准确计算和考虑对工程的安全与稳定至关重要。在基坑工程中，主动土压力是设计基坑支护结构的重要依据。若主动土压力计算不准确，可能导致支护结构强度不足，基坑开挖过程中出现支护结构变形、坍塌等事故。例如，某高层建筑的基坑工程，由于对主动土压力评估不足，采用的支护桩强度不够，在基坑开挖过程中，支护桩出现了明显的弯曲变形，严重威胁到周边建筑物和施工人员的安全，不得不暂停施工，采取加固措施，从而增加了工程成本、延长了工期。在边坡工程中，主动土压力影响边坡的稳定性。当边坡土体达到极限平衡状态时，主动土压力会促使边坡土体下滑。在设计边坡支护结构时，需要准确计算主动土压力，选择合适的支护方式，如挡土墙、锚杆、锚索等，以保证边坡的稳定。在一些大型水利工程的岸坡防护中，主动土压力的计算同样重要。水库蓄水后，岸坡土体的应力状态发生变化，主动土压力可能增大，若不进行合理的设计和防护，岸坡可能会出现滑坡等灾害，影响水利工程的正常运行。在一些特殊工程，如地下停车场、地下商场等的建设中，主动土压力的准确计算和控制尤为关键。这些工程周边土体对结构的主动土压力会影响结构的稳定性和耐久性。若主动土压力过大，可能导致结构变形、开裂，影响地下空间的正常使用。为了准确获取主动土压力的相关参数，在工程勘察阶段，需要进行详细的岩土工程勘察，包括测定土的物理力学性质、确定填土面的荷载情况等。在工程设计和施工过程中，还需要结合实际情况，对主动土压力进行动态监测和调整。例如，在基坑开挖过程中，随着开挖深度的增加和土体的卸载，主动土压力会发生变化，通过实时监测，可以及时调整支护结构的设计和施工方案，确保工程的安全性。

三、被动土压力

被动土压力是土压力理论中的重要概念，对岩土工程的稳定性和安全性起着关键作用。当挡土墙在外力作用下向土体方向挤压移动时，土体受到挤压，内部应力状态改变。随着位移增大，土体达到极限平衡状态，此时土体作用在挡土墙上的侧向压力即为被动土压力。被动土压力是土体所能提供的抵抗挡土墙挤压的最大侧向抗力。被动土压力的产生需满足特定条件，其中挡土墙向土体的位移是核心要素。只有当挡土墙有足够的位移量时，土体才能充分挤压并达到极限平衡，进而产生被动土压力。一般而言，砂土达到被动极限状态所需的位移量相对较小，而黏性土因存在黏聚力，需要更大的位移量。例如，在桥梁桥台的建设中，桥台在外部荷载作用下可能向台后土体挤压，当位移达到一定程度，台后土体产生被动土压力，以抵抗桥台的挤压变形。被动土压力的大小受多种因素影响，土的性质是关键因素之一。不同类型土的被动土压力特性差异显著。砂土的内摩擦角较大，在被动极限平衡状态下，能提供较大的侧向抗力，其被动土压力系数相对较大。黏性土的黏聚力使得其被动土压力的形成过程较为复杂。黏聚力不仅增强了土体抵抗变形的能力，还改变了被动土压力的分布形式。在相同条件下，黏性土的被动土压力沿深度的分布与砂土有所不同，黏性土的被动土压力在浅层受黏聚力影响较大，随着深度的增加，内摩擦角的作用逐渐凸显。土的重度对被动土压力影响明显：土的重度越大，被动土压力越大。在相同的挡土墙位移和土体条件下，重度大的土体对挡土墙产生的被动土压力更大。

挡土墙的墙背条件同样影响被动土压力，墙背的粗糙度会改变墙土之间的摩擦力，进而影响被动土压力的大小和分布。当墙背粗糙时，墙土之间的摩擦力增大，被动土压力的合力作用点位置和分布形态会发生变化。墙背的倾斜度也至关重要，俯斜式挡土墙由于墙背倾向土体，在挤压土体时，被动土压力的方向和大小都会受到影响，通常会使被动土压力增大；而仰斜式挡土墙的被动土压力相对较小。填土面的形状和荷载情况对被动土压力也有重要影响：填土面水平时，被动土压力的计算相对常规；若填土面有一定坡度，会增加土体的自重应力，进而增大被动土压力；当填土面上有建筑物、车辆等附加荷载时，被动土压力会显著增加。在城市建设中，紧邻挡土墙的建筑物基础荷载会改变墙后土体的应力状态，使得被动土压力增大，在设计挡土墙时必须充分考虑这一因素。被动土压力的计算方法主要基于库仑土压力理论和朗肯土压力理论。库仑土压力理论通过分析滑动楔体的静力平衡条件，考虑墙背倾斜、填土面倾斜以及墙土之间的摩擦角，适用于墙后填土为无黏性土的情况。通过建立力的平衡方程，可求解出被动土压力。朗肯土压力理论基于半无限弹性体的应力状态分析，假设墙背垂直、光滑，填土面水平，根据土的极限平衡条件得出被动土压力计算公式。对于符合其假设条件的情况，朗肯土压力理论计算较为简便。在实际工程中，可根据具体的工程条件选择合适的计算方法。若挡土墙的条件较为复杂，可能需要对计算结果进行修正。在实际工程中，被动土压力的准确计算和应用至关重要。在基坑工程中，当采用桩锚支护体系时，被动土压力是设计锚杆拉力和桩身强度的重要依据。若被动土压力计算不准确，可能导致锚杆拉力不足或桩身强度不够，在基坑开挖过程中，支护结构可能出现过大变形甚至破坏。例如，某深基坑工程，由于对被动土压力估计不足，锚杆的设计拉力过小，在基坑开挖到一定深度时，锚杆出现了明显的拉伸变形，危及基坑及周边建筑物的安全，不得不进行紧急加固处理，不仅增加了工程成本，还延长了工期。在边坡加固工程中，被动土压力可用于设计挡土墙等支护结构。当边坡稳定性不足时，通过设置挡土墙，利用墙后土的被动土压力来抵抗边坡土体的下滑力。在设计挡土墙时，需要准确计算被动土压力，合理确定挡土墙的尺寸和结构形式，以确保边坡的稳定性。在一些大型水利工程的船闸建设中，闸室两侧的挡土墙需要承受较大的被动土压力，准确计算被动土压力对于保证船闸的正常运行和结构安全至关重要。在一些特殊工程，如地下核电站的建设中，被动土压力的准确计算和控制尤为关键。由于地下核电站对结构的稳定性和安全性要求极高，周边土体对结构的被动土压力会影响结构的长期稳定性。若被动土压力过大，可能导致结构变形、开裂，影响核电站的正常运行。为了准确获取被动土压力的相关参数，在工程勘察阶段，需要进行详细的岩土工程勘察，包括测定土的物理力学性质、确定填土面的荷载情况等。在工程设计和施工过程中，还需要结合实际情况，对被动土压力进行动态监测和调整。例如，在地下结构施工过程中，随着施工进度的推进和土体应力状态的改变，被动土压力会发生变化，通过实时监测，可以及时调整支护结构的设计和施工方案，以确保工程的安全性。

四、土压力计算应用

土压力计算在各类岩土工程中起着关键作用，准确的计算结果是保证工程安全稳定的重要前提。依据不同的工程实际情况，可选用库仑土压力理论或朗肯土压力理论进行土压力计算。在基坑工程领域，土压力计算是设计支护结构的核心环节。以某城市地铁基坑为例，该基坑深度为 10m，周边环境复杂，临近既有建筑物。在计算土压力时，由于基坑附近的土体多为粉质黏土，墙背可近似认为垂直、光滑，填土面水平，故采用朗肯土压力理论较为合适。首先涌讨现场勘察和土工试验确定土的各项参数，如土的重度为 18kN/m³，内摩擦角为 25°，黏聚力为 10kPa。根据朗肯主动土压力计算公式

$E_a = \dfrac{1}{2}\gamma h^2 K_a - 2c\sqrt{K_a}\,h$（其中 γ 为土的重度，h 为计算点深度，K_a 为主动土压

力系数，c 为黏聚力）。计算出主动土压力沿基坑深度的分布。其次依据朗肯

被动土压力计算公式 $E_p = \dfrac{1}{2}\gamma h^2 K_p + 2c\sqrt{K_p}\,h$（$K_p$ 为被动土压力系数），计算出

被动土压力。计算结果表明，在基坑底部，主动土压力与被动土压力的差值较大，这就要求支护结构在此处具备足够的强度和刚度来抵抗土压力。根据土压力计算结果，设计人员选择了合适的支护桩直径和间距并合理布置了锚杆，确保基坑在开挖过程中保持稳定，避免对周边建筑物造成不利影响。在边坡工程中，土压力计算对边坡稳定性分析和支护设计至关重要。例如，在山区修建高速公路时，遇到一处高 20m 的土质边坡，边坡坡度为 1：1.5。经勘察，该边坡土体为砂土，土的重度为 19kN/m³，内摩擦角为 30°。考虑到边坡的实际情况，采用库仑土压力理论计算。由于库仑土压力理论考虑了墙背倾斜和填土面倾斜的情况，该边坡的填土面有一定坡度，符合库仑土压力理论的应用场景要求。通过计算滑动楔体的静力平衡，确定主动土压力系数，进而计算出主动土压力。根据计算结果，判断该边坡在自然状态下的稳定性

不足,需要进行支护。设计人员采用了挡土墙结合锚索的支护方案,挡土墙的设计高度和厚度依据土压力计算结果确定,锚索的长度和拉力也通过对土压力的分析进行设计,以确保边坡在长期使用过程中不会发生滑动破坏。在水利工程方面,土压力计算同样不可或缺。以某大型水闸工程为例,闸室两侧的挡土墙高度为 8m,墙后填土为粉土,土的重度为 17.5kN/m³,内摩擦角为 22°,黏聚力为 8kPa。在计算土压力时,考虑到水闸运行过程中可能受到的各种荷载以及墙背条件,先按照朗肯土压力理论进行初步计算,然后根据实际情况对计算结果进行修正。由于水闸在蓄水和放水过程中,墙后土体的水位会发生变化,这对土压力的大小有显著影响。因此,在计算土压力时,分别考虑了土体饱和与非饱和状态下的情况。通过计算不同工况下的土压力,设计人员确定了挡土墙的结构形式和配筋,保证水闸在各种运行条件下,挡土墙都能安全稳定地承受土压力。在一些特殊工程中,土压力计算更为复杂且关键。例如,在地下综合管廊的建设中,管廊周边土体的土压力计算不仅要考虑土体自身的性质和荷载,还要考虑管廊施工过程中对土体的扰动以及管廊投入使用后周边环境变化对土压力的影响。某地下综合管廊项目,埋深为 6m,周边土体为杂填土,成分复杂。在计算土压力时,通过现场原位测试和室内土工试验相结合的方式,获取土的物理力学参数。由于杂填土具有不均匀性,采用数值模拟方法辅助土压力计算。利用有限元分析软件建立模型,模拟管廊施工过程和土体的应力应变状态,计算出土压力的分布情况。根据计算结果,对管廊的结构设计进行优化,以确保管廊在长期使用过程中不会因土压力过大而发生变形或破坏。在高层建筑的地下室设计中,土压力计算是确定地下室侧墙厚度和配筋的重要依据。某高层建筑地下室深度为 5m,周边土体为黏性土。在计算土压力时,考虑到地下室施工过程中可能出现的土体位移情况,结合朗肯土压力理论和实际工程经验进行计算。在计算过程中,充分考虑了黏性土的黏聚力和内摩擦角随深度的变化情况。根据土压力计算结果,设计人员合理确定了地下室侧墙的厚度和配筋,保证了地下室的结构安全稳定。

第四节 地基沉降原理

一、沉降产生的原因

岩土地基沉降是岩土工程中常见且复杂的问题，其产生原因涵盖多个方面，深刻影响着工程的稳定性与安全性。从土体自身特性来看，土的压缩性是导致沉降的核心内在因素。地基土由固体颗粒、水和气体构成三相体系。在建筑物荷载作用下，土体内部应力状态改变，颗粒间的孔隙受到挤压。土体中的气体和水开始排出，土颗粒相互靠拢，从而使土体体积减小，引发沉降现象。不同类型的土，其压缩性差异显著。黏性土颗粒细小，比表面积大，颗粒间存在大量结合水。这些结合水与土颗粒的相互作用较强，在荷载作用下，结合水排出缓慢，导致黏性土的压缩过程持续时间长，沉降稳定所需时间也较长。在一些沿海地区，广泛分布着软黏土地基，当在其上面建造建筑物时，软黏土的压缩性使得地基沉降量较大，且沉降过程可能持续数年甚至更长时间。相比之下，砂土颗粒较大，颗粒间孔隙大，孔隙中的水在荷载作用下能够较快排出。因此，砂土的压缩过程相对较短，沉降能够在较短时间内趋于稳定。虽然砂土的沉降相对较快，但在以砂土为主的地基上进行工程建设时，仍需关注其沉降量是否在允许范围内，以确保建筑物的安全性和稳定性。土体的结构性也对沉降有重要影响。天然土体在漫长的地质形成过程中，颗粒间形成了特定的排列方式和连接结构。当受到外部荷载作用时，土体结构可能发生破坏和重塑，导致沉降产生。例如，一些具有絮凝结构的黏性土，其颗粒间通过弱化学键和分子力连接，在荷载作用下，这些连接容易被破坏，颗粒重新排列，进而引发沉降。外部环境因素方面，地下水位的变化对地基沉降影响显著。当地下水位下降，土中有效应力增大。这是因为地下水位降低后，原本由水承担的部分压力转移至土颗粒，使得土颗粒间作用力增强，土体产生压缩变形，进而引发地基沉降。在城市建设进程中，因大量抽取地下水用于工业生产和居民生活，常导致地下水位大幅下降。一些城市因长期过度开采地下水，出现地面沉降现象，不仅威胁建筑物的稳定性，还破坏了城市的道路、地下管道等基础设施。反之，地下水位上升同样可能引发地基沉降。当水位上升时，饱和软黏土强度降低。水的浸泡削弱了土颗粒间的连接力，土体压缩性增大，在建筑物荷载作用下，更易发生沉降。在靠近河流、湖泊或地下水位较浅的区域，季节性降水或人为因素致使地下水位上升，可能对周边建筑物地基产生不利影响。温度变化也是不可忽视的因素。在一些地区，昼夜温差或季节性温差较大，地基土会因温度变化产生热胀冷缩。反复的热胀冷缩会使土颗粒间的接触状态发生改变，导致土体结构逐渐松散，进而产生沉降。在寒冷地区，冬季土壤冻结，体积膨胀，春季解冻时，土体结构受到破坏，从而引发沉降。工程建设活动同样是造成地基沉降的重要原因。建筑物自身荷载大小及分布直接影响地基沉降。荷载越大，地基土承受的压力越大，沉降量相应增加。而且，荷载分布不均匀也会造成地基沉降不均匀。在大型工业厂房中，由于设备布置不均匀，会使地基局部承受较大荷载，导致该部位地基沉降量较大。建筑物的长高比也影响地基沉降。长高比较大的建筑物，对地基不均匀沉降更为敏感，更易出现倾斜等问题。施工过程中的不当操作也可能引发地基沉降，在地基附近进行大规模土方开挖，改变了地基土的应力状态，可能导致地基沉降。若在施工过程中对地基土的扰动过大，破坏了其原有的结构和稳定性，就会增加沉降的风险。此外，在地基处理过程中，如果方法选择不当或施工质量不达标，就可能无法有效控制沉降。除上述因素外，地震等自然灾害会破坏地基土的结构，降低土体强度和稳定性，引发地基沉降。在地震作用下，饱和砂土还可能发生液化现象，进一步加剧地基沉降。

二、沉降计算方法

在岩土地基沉降分析中，准确计算沉降量对工程设计与施工意义重大。以下介绍几种常见的沉降计算方法。分层总和法是经典的沉降计算方法。该方法将地基土沿深度方向按土层性质和应力变化情况划分成若干薄层。对于每一层，依据土的压缩性指标以及作用在该层的附加应力来计算其沉降量。

具体而言，先确定各层土的压缩模量，这一参数通过室内压缩试验获取，它反映了土在侧限条件下抵抗压缩变形的能力。再计算作用于各层土顶面和底面的附加应力，附加应力通常根据建筑物荷载以及基础的形状、尺寸等因素，利用弹性力学公式计算得出。然后运用分层总和法的基本公式，将各层土的沉降量累加起来，从而得到地基的总沉降量。分层总和法的优点是概念清晰、计算过程相对简单，在工程实践中应用广泛。但它基于一些假设，如假定地基土是均质、各向同性的半无限弹性体，这与实际情况存在一定差异，可能导致计算结果与实际沉降有偏差。规范法是在分层总和法基础上，结合大量工程实践经验和数据进行修正后的方法。该方法充分考虑了地基土的应力历史，即区分正常固结土、超固结土和欠固结土，并对不同应力历史的土采用不同的计算参数。同时，规范法还考虑了基础宽度和埋深等因素对沉降的影响。在计算过程中，根据建筑地基基础设计规范的相关规定，对分层总和法的计算结果进行调整，使其更接近实际沉降情况。规范法的优点是考虑因素较为全面，计算结果相对准确，适用于各类常见的地基沉降计算。然而，规范法的计算过程相对复杂，需要准确获取多种参数，且规范中的一些经验系数可能存在一定的局限性，在某些特殊地质条件或复杂工程情况下，可能需要进一步修正。弹性力学法利用弹性力学的基本原理来计算地基沉降。它将地基视为弹性半空间体，在建筑物荷载作用下，根据弹性力学中的应力和应变理论，建立地基土的应力应变关系，进而求解地基的沉降量。弹性力学法的优点是理论基础较为严密，能够考虑地基土的弹性性质以及荷载的分布情况。但该方法的计算过程较为复杂，需要较高的数学基础，且在实际应用过程中，地基土并非完全符合弹性力学的假设条件，如地基土的非线性特性、非均匀性等，可能导致计算结果与实际情况不符。因此，弹性力学法通常适用于对计算精度要求较高、地基条件相对简单且可近似视为弹性体的工程情况。数值计算法随着计算机技术的发展而得到广泛应用。常见的数值计算方法包括有限元法、有限差分法等。有限元法将地基土离散成有限个单元，通过建立单元的刚度矩阵，将整个地基的受力和变形问题转化为求解线性方程组的问题。有限差分法则是将地基土的连续区域离散成网格，通过差分近似来求解偏微分方程，从而得到地基的应力和变形分布。数值计算法的优点是能够考虑地基土的非线性、非均匀性以及复杂的边界条件，对复杂地质条件和工程情况具有较强的适应性。但数值计算法需要建立合适的计算模型，对计算人员的专业知识和技能要求较高，且计算过程需要较大的计算资源和时间。经验公式法是根据大量工程实践数据总结得出的沉降计算方法。不同地区、不同类型的地基土都有相应的经验公式。这些公式通常基于土的物理力学性质、建筑物荷载以及基础的相关参数建立。经验公式法的优点是计算简单、快捷，在一些工程的初步设计阶段或对计算精度要求不高的情况下，具有较高的应用价值。然而，经验公式的通用性相对较差，其适用范围受到地区、地质条件等因素的限制，在使用时需要谨慎选择合适的公式，并结合工程实际情况进行验证和调整。在实际工程中，选择合适的沉降计算方法至关重要。需要综合考虑地基土的性质、建筑物的类型和荷载情况、工程的重要性以及计算的精度要求等因素。有时，为了更准确地评估地基沉降，还需要采用多种计算方法相互验证，以确保计算结果的准确性，为工程设计和施工提供有力的依据。

三、分层总和法

在岩土地基沉降计算中，分层总和法是一种广泛应用且应用历史悠久的方法，对工程设计和施工有着极为重要的意义。分层总和法的基本原理是将地基土沿深度方向划分成若干个薄层，假设地基土在侧限条件下，即土颗粒在水平方向不能自由移动，仅在垂直方向产生压缩变形。然后分别计算每个薄层由于建筑物荷载作用所产生的压缩变形量，最后将各薄层的变形量累加起来，就得到了整个地基的沉降量。该方法的计算步骤较为系统，首先要确定分层厚度。一般根据土层的分布情况、地下水位以及基础底面尺寸等因素来划分。通常每层厚度不宜过大，以保证该层土的应力和变形相对均匀。在工程实践中，常采用每层厚度不超过 0.4 倍基础底面宽度或 1～2m 的原则进行划分。例如，对于一个底面宽度为 5m 的基础，每层厚度可控制在 2m 以内。接着需确定各层土的压缩性指标，土的压缩性指标主要通过室内压缩试验获取。在室内压缩试验中，对土样施加不同等级的竖向压力，记录土样在各级压力下的变形量，从而得到土的压缩曲线。根据压缩曲线可以计算出土的压缩模量 E_s。压缩模量反映了土在侧限条件下抵抗压缩变形的能力，其值越大，土的压缩性越小。例如，相较于压缩模量为 5MPa 的土，压缩模量为 10MPa 的土，在相同荷载作用下的压缩变形更小。计算各层土的附加应力是关键步骤，附加应力是指由于建筑物荷载在地基土中产生的应力增量。根据弹性力学中的布辛奈斯克解，可计算出基础底面中心点下不同深度处的附加应力。附加应力随着深度的增加而逐渐减小，其大小与基础的形状、尺寸、埋深以及作用在基础上的荷载大小等因素有关。在实际计算过程中，常采用角点法将复杂形状的基础划分成若干个矩形，通过计算每个矩形角点下的附加应力，再叠加得到基础底面下任意点的附加应力。得到各层土的压缩模量和附加应力后，便可计算各层土的沉降量。根据分层总和法的基本公式，第 i 层土的沉降量为 $\Delta s_i = \dfrac{\sigma_{zi}}{E_{si}} \times h_i$，其中 σ_{zi} 为第 i 层土的平均附加应力，E_{si} 为第 i 层土的压缩模量，h_i 为第 i 层土的厚度。最后，将各层土的沉降量累加起来，得到地基的总沉降量 S，即 $S = \sum\limits_{i=1}^{n} \Delta s_i$，$n$ 为分层的总数。分层总和法适用于大多数常见的地基沉降的计算。对于较为均匀的地基土，该方法能够较为准确地估算地基沉降量。例如，在平原地区的一般建筑地基，土层分布相对均匀，采用分层总和法可以得到较为可靠的沉降计算结果。但该方法也存在一定的局限性。由于它假设地基土是均质、各向同性的半无限弹性体，在实际工程中，当地基土存在明显的非均匀性或各向异性时，计算结果可能与实际沉降存在偏差。而且，该方法没有考虑地基土的侧向变形对沉降的影响，对于一些软土地基，侧向变形可能较大，此时分层总和法的计算结果可能偏小。在实际工程应用中，以某住宅小区建设为例。该小区的建筑基础为筏板基础，底面尺寸为 20m×30m，基础埋深为 3m，作用于基础上的竖向荷载为 50000kN。通过地质勘察和室内试验，确定了地基土自上而下依次为粉质黏土、粉砂和黏土等土层，并得到了各土层的物理力学性质参数。按照分层总和法的步骤，将地基土进行分层，计算各层土的压缩模量和附加应力，进而计算出各层土的沉降量，最终累加得到地基的总沉降量为150mm。在施工过程中，对地基沉降进行了监测，实际沉降量与计算结果较为接近，验证了分层总和法在该工程中的适用性。分层总和法作为岩土地基沉降计算的经典方法，虽然存在一定的局限性，但因其概念清晰、计算相对简便，在工程实践中仍被广泛应用。在实际使用时，需结合工程实际情况，合理确定计算参数，必要时对计算结果进行修正，以确保能够较为准确地估算地基沉降量，为工程设计和施工提供可靠的依据。

四、应力历史修正

在岩土地基沉降分析领域，应力历史修正占据着举足轻重的地位，是准确获取地基沉降量的关键环节。应力历史这一概念，描述的是地基土在漫长的地质演化进程中所经历的应力变化轨迹。由于地基土在不同地质时期受到沉积、侵蚀、构造运动等多种因素的影响，其应力历史多样化，这直接导致土的微观结构和宏观力学性质产生显著差异，最终深刻影响着地基在建筑物荷载作用下的沉降表现。从地基土应力历史的类型来看，主要分为正常固结土、超固结土和欠固结土。正常固结土的形成过程相对平稳，它是在现有覆盖土层自重压力的持续作用下，逐步完成固结的土体。其显著特征是前期固结压力恰好等于当前上覆土层的自重压力。当建筑物荷载施加于这类土体时，土颗粒间的原有平衡状态被打破，它们需要重新排列组合，以适应新增荷载。在此过程中，土颗粒间孔隙不断减小，从而引发地基沉降。例如，在广袤的河流冲积平原地区，历经长时间的泥沙淤积，形成了大量正常固结土。一旦在这些区域实施建筑工程，地基土必然会因建筑物新增荷载而产生沉降。超固结土的形成则较为复杂，它在过去的某个地质时期，承受过远超当前上覆土层自重压力的作用。这种情况可能源于大规模的地质构造运动，如板块碰撞导致的地层挤压；或是古冰川时期，巨厚冰层的重压；甚至可能是早期人类大规模的人工堆载活动。超固结土内部结构紧密，土颗粒间的咬合程度极高，且存在较强的胶结作用。这使得在面对小于前期固结压力的荷载时，土颗粒犹如被"锁住"一般，难以移动，土体表现出较低的压缩性。然而，当荷载突破前期固结压力这一阈值后，土颗粒间的连接逐渐被破坏，土体开始进入类似正常固结土的状态，压缩性显著增大。以山区的残积土为例，这些土在长期的风化作用和复杂的地质变迁中，可能已经处于超固结状态。在进行工程建设时，若不充分考虑其超固结特性，对地基沉降量的计算必然会产生偏差。欠固结土的应力历史与前两者截然不同，其前期固结压力 P_c 小于现有上覆土层自重压力 P_0。这类土通常是新近沉积形成的，或者是在自重作用下尚未完成固结过程的土体。如滨海地区新淤积的淤泥质土，由于沉积时间较短，在自重作用下还未来得及充分固结。当建筑物荷载施加于欠固结土时，情况变得更为复杂。土体不仅要因新增荷载而产生沉降，还会在自重的持续作用下，继续完成固结过程，从而额外产生沉降量。这就导致欠固结土地基的沉降量相较于正常固结土和超固结土往往更大。鉴于不同应力历史的地基土具有如此迥异的沉降特性，在计算地基沉降时，对应力历史进行修正就显得尤为必要。对于正常固结土，传统的分层总和法依然是沉降计算的主要手段。但在考虑应力历史因素时，必须清楚认识到土的压缩性指标并非固定不变的，而是与应力状态紧密相关。在不同的应力水平下，土的压缩模量会发生显著变化。因此，在实际计算沉降量时，需要精准捕捉应力的动态变化，选取与之适配的压缩模量。对于超固结土，沉降计算需分阶段细致考量。当建筑物荷载 P 小于前期固结压力 P_c 时，应依据超固结土在该应力区间的压缩性指标进行沉降计算。具体而言，可通过室内高压固结试验等手段，精确测定超固结土在这一应力范围内的压缩模量 E_{s1}。而当 $P > P_c$ 时，土体进入正常固结状态，此时则需按照正常固结土的压缩性指标，即压缩模量 E_{s2} 来计算沉降量。最终的总沉降量，便是这两个阶段沉降量的累加值。欠固结土的沉降计算更为复杂，除了要考虑建筑物荷载所引发的沉降，还必须将自重作用下的继续固结沉降纳入考量范围。在计算过程中，首要任务是通过室内高压固结试验等专业方法，准确测定土的先期固结压力。随后，依据土的实际应力状态以及相应的压缩性指标，分别计算出自重和新增荷载所引起的沉降量，并将两者相加。在实际工程场景中，应力历史修正的重要性不言而喻。在高层建筑的地基设计中，若忽视地基土的超固结特性，可能高估沉降量，进而导致基础设计过于保守，无端增加工程成本。反之，若对欠固结土的继续固结沉降视而不见，极有可能低估沉降量，使建筑物在后续使用过程中产生过大沉降，严重威胁结构安全。例如，在某城市的旧城改造项目中，场地内存在部分超固结土。设计团队在进行地基沉降计算时，充分考虑了土的应力历史，通过翔实的地质勘察和土工试验，合理确定了基础的形式和尺寸。在施工完成后的长期监测中，建筑物沉降量始终处于设计允许范围内，有力地保障了工程的顺利推进。又如，在某沿海地区的工业园区建设中，场地土为新近淤积的欠固结土。工程团队通过细致入微的地质勘察和深入的应力历史分析，精确计算出地基沉降量。在地基处理阶段，有针对性地采用排水固结法，加速土体固结进程，有效控制了建筑物的沉降，确保了园区内各类建筑的安全性和稳定性。

第二章　地基承载力确定

第一节　地基破坏模式

一、整体剪切破坏

　　整体剪切破坏是地基破坏的重要模式之一，对岩土工程的稳定性和安全性有着深远的影响。在地基承受上部结构荷载的过程中，若出现整体剪切破坏，将导致地基承载力的急剧丧失，严重威胁建筑物的安全。整体剪切破坏通常发生在密实砂土或坚硬黏性土地基。当基础承受荷载时，地基土的变形过程可分为三个阶段。在初始阶段，即弹性变形阶段，基础底面压力较小，地基土处于弹性状态，变形随压力增加而呈线性增长。此时，地基土中的应力分布符合弹性力学规律，土颗粒之间的相对位移较小，地基土的变形主要是由于土颗粒的弹性压缩。随着荷载的逐渐增加，地基土进入塑性变形阶段。在基础边缘处，由于应力集中，土的剪应力首先达到抗剪强度，从而产生塑性变形区。这一区域的出现标志着地基土开始从弹性状态向塑性状态转变。随着荷载进一步增大，塑性变形区不断扩大。在这个过程中，土颗粒之间的相互咬合和摩擦作用逐渐被克服，土颗粒开始发生相对滑动和重新排列。当荷载增大到一定程度时，塑性变形区将连接形成连续的滑动面。此时，地基土进入破坏阶段，整体剪切破坏正式发生。基础会急剧下沉，同时土体沿着滑动面向上隆起，地面出现明显的裂缝。这一过程具有突发性，地基土的承载力在瞬间大幅降低，建筑物可能出现严重的倾斜、开裂甚至倒塌。影响整体剪切破坏的因素众多，土的密实度是关键因素之一。密实度高的土，其颗粒之间的排列紧密，相互咬合作用强，抗剪强度大。在承受荷载时，能够抵抗更大的剪应力，因此更易发生整体剪切破坏。例如，在经过强夯处理的砂土地基中，砂土的密实度显著提高，当基础承受过大荷载时，就可能发生整体剪切破坏。基础埋深对整体剪切破坏也有重要影响。基础埋深较浅时，基础底面以下的土体所受到的上覆压力较小，土体更容易发生滑动。在一些浅基础工程中，如果地基土为密实的砂土或坚硬的黏性土，且基础埋深不足，在建筑物荷载作用下，就可能出现整体剪切破坏。此外，基础的形状和尺寸也会影响整体剪切破坏的发生。一般来说，方形基础比圆形基础更容易发生整体剪切破坏，因为方形基础的角部更容易产生应力集中现象。当基础尺寸较大时，基础底面的接触压力相对均匀，发生整体剪切破坏的可能性相对较小。以某大型桥梁工程为例，该桥梁的桥墩基础采用扩大基础，地基为密实砂土。在桥梁施工过程中，由于对地基承载力估计不足，桥墩基础承受的荷载超过了地基的承载力，导致地基发生整体剪切破坏。在破坏过程中，桥墩基础急剧下沉，周边地面明显隆起，地面出现了大量裂缝，桥梁结构受到严重破坏，不得不暂停施工进行加固处理。为了预防整体剪切破坏的发生，在工程设计阶段，需要准确评估地基土的性质和承载力，通过详细的地质勘察和土工试验，获取地基土的物理力学参数，如土的密实度、内摩擦角、黏聚力等。根据这些参数，选择合适的地基承载力计算方法，合理设计基础的类型、尺寸和埋深。在施工过程中，要严格控制施工质量，避免对地基土造成过大的扰动。对于密实的砂土或坚硬的黏性土地基，在基础开挖时，要采取合理的支护措施，防止土体坍塌。同时，要按照设计要求进行基础的施工和加载，避免超载。在建筑物使用过程中，要对地基和建筑物进行定期监测，及时发现地基变形和破坏的迹象。一旦发现异常情况，要及时采取措施进行处理，如进行地基加固或调整建筑物的使用荷载等。整体剪切破坏是一种严重的地基破坏模式，其发生会对建筑物的安全造成巨大威胁。通过深入了解整体剪切破坏的现象、形成机制、影响因素，并采取有效的预防措施，可以降低整体剪切破坏发生的概率，确保岩土工程的安全性和稳定性。

二、局部剪切破坏

局部剪切破坏是地基破坏的一种重要形式，在岩土工程中具有独特的表现和影响。局部剪切破坏常发生于中等密实度的砂土或中等强度的黏性土地基。当基础承受荷载时，地基土变形发展过程与整体剪切破坏有所不同，但也可大致分为几个阶段。在初始加载阶段，地基土同样经历了弹性变形，此时基础底面压力较小，地基土中的应力与应变成正比，变形主要源于土颗粒的弹性压缩，土体整体处于弹性平衡状态。随着荷载逐渐增加，地基土进入塑性阶段。在基础边缘，由于应力集中，土体首先出现塑性变形。然而，与整体剪切破坏不同的是，此时塑性变形区发展并不连续且范围相对较小。随着荷载进一步增大，塑性变形区有所扩展，但依然局限于基础下方一定范围，未能形成贯穿至地面的连续滑动面。在这一阶段，基础沉降量逐渐增大，土体变形集中在基础下方，表现为基础的下沉以及周边土体的局部隆起，但隆起程度相较于整体剪切破坏要小，地面可能仅出现轻微裂缝。当荷载达到某一极限值时，地基土进入破坏阶段，但这种破坏并非像整体剪切破坏那样具有突然性。基础会持续下沉，地基土的承载力逐渐降低，建筑物可能出现一定程度的倾斜、开裂等情况，但破坏过程相对较为缓慢。影响局部剪切破坏的因素是多方面的，土的性质起着关键作用，中等密实度的砂土或中等强度的黏性土较易发生局部剪切破坏。这类土的颗粒间存在一定的咬合与胶结作用，但相较于密实的砂土或坚硬的黏性土又相对较弱。在荷载作用下，土颗粒间的连接较易被破坏，但又不至于迅速形成整体滑动面。基础的埋深对局部剪切破坏有重要影响，基础埋深较浅时，基础底面以下土体受到的约束较小，在荷载作用下更容易产生塑性变形。例如，在一些民用建筑的浅基础工程中，如果地基土为中等密实度的砂土，且基础埋深较浅，在建筑物逐渐加载过程中，就可能出现局部剪切破坏。基础的形状和尺寸也会影响局部剪切破坏的发生，一般来说，基础的长宽比较大时，更容易出现局部剪切破坏，因为这种情况下基础的应力分布相对不均匀，某些部位更容易出现应力集中。基础尺寸较小也会增加局部剪切破坏的可能性，因为较小的基础在承受相同荷载时，单位面积上的压力更大，更易引发地基土的塑性变形。与整体剪切破坏相比，局部剪切破坏的破坏过程更为渐进，没有形成明显的整体滑动面，地面隆起和裂缝现象相对不明显。整体剪切破坏多发生在密实的砂土或坚硬的黏性土地基，而局部剪切破坏主要出现在中等密实度的砂土或中等强度的黏性土地基。整体剪切破坏发生时地基承载力急剧丧失，而局部剪切破坏时地基承载力逐渐降低。以某城市的多层住宅小区为例，该小区的建筑基础采用条形基础，地基土为中等密实度的黏性土。在小区建设过程中，由于部分建筑的基础施工质量存在问题，基础下方的土体在建筑物荷载作用下逐渐出现塑性变形。随着建筑物的完工和入住，荷载不断增加，地基土的塑性变形区逐渐扩大，但未形成连续滑动面。最终，部分建筑物出现了一定程度的沉降和墙体开裂现象，经检测判断为局部剪切破坏。这一情况导致小区不得不对受损建筑物进行地基加固处理，增加了工程成本和时间。为了预防局部剪切破坏的发生，在工程设计阶段，需要充分了解地基土的性质。通过详细的地质勘察，准确测定土的密实度、内摩擦角、黏聚力等物理力学参数。根据这些参数，合理选择地基承载力计算方法，科学设计基础的类型、尺寸和埋深，确保基础能够均匀地传递荷载，减少应力集中现象。在施工过程中，要严格按照设计要求进行基础施工。对于中等密实度的砂土或中等强度的黏性土地基，在基础开挖时要注意保护地基土的原状结构，避免过度扰动。同时，要确保基础的施工质量，保证基础的尺寸、形状符合设计要求，避免因施工误差导致基础受力不均。在建筑物使用过程中，应建立完善的监测体系，定期对地基和建筑物进行监测。一旦发现地基有异常变形或建筑物出现裂缝等情况，要及时进行分析和处理。可以通过调整建筑物的使用荷载、对地基进行加固等措施，防止局部剪切破坏的进一步发展，确保建筑物的使用安全性。

三、冲剪破坏

冲剪破坏是地基破坏模式里较为特殊的一种，在特定的地基条件和工程环境下出现，对工程结构的稳定性影响显著。冲剪破坏通常发生在软土地基或基础埋深较大的情况下，当基础承受荷载时，随着荷载的逐渐增加，地基土在基础底面下发生竖向的剪切破坏。在这个过程中，基础如同一个刚体，向下"切入"土中。与整体剪切破坏和局部剪切破坏不同，冲剪破坏时地基土没有明显向四周滑动的趋势，也没有形成大规模的滑动面，地面一般不会出现明显的隆起现象，而基础周边土体主要随基础下沉产生竖向位移。在软土地基中，由于土的抗剪强度低，颗粒间的连接力较弱，当基础承受的荷载超过一定限度时，地基土无法承受基础传来的压力，就会在基础底面下发生冲剪破坏。而在基础埋深较大的情况下，基础底面处的土压力较大，加上软土本身的特性，使得冲剪破坏的可能性增加。例如，在沿海地区的一些城市，广泛分布着深厚的软土层，当在这些地区进行工程建设且基础埋深较大时，就容易出现冲剪破坏。冲剪破坏的发展过程相对较为直接。在初始阶段，基础承受的荷载较小，地基土处于弹性变形阶段，变形量较小且与荷载大小基本成正比。随着荷载的持续增大，地基土的变形逐渐从弹性阶段向塑性阶段过渡，但由于软土的特性，塑性变形区域主要集中在基础底面下方，且变形方向以竖向为主。当荷载达到地基土的极限承载力时，冲剪破坏突然发生，基础迅速下沉，地基土的承载力丧失。影响冲剪破坏的因素主要有土的抗剪强度、基础埋深、基础形状和尺寸以及上部结构荷载等，土的抗剪强度是冲剪破坏发生的关键因素之一。抗剪强度低的软土，如淤泥质土、粉质黏土等，更容易发生冲剪破坏。基础埋深越大，基础底面处的土压力越大，发生冲剪破坏的风险也就越高。基础形状和尺寸也会对冲剪破坏产生影响。一般来说，基础的长宽比越大，发生冲剪破坏的可能性相对越大，因为这种情况下基础的应力分布更不均匀。而基础尺寸较小，在承受相同荷载时，单位面积上的压力更大，也会提高冲剪破坏发生的概率。此外，上部结构荷载的大小和分布直接影响基础底面的压力，荷载越大且分布越不均匀，发生冲剪破坏的风险就越高。与整体剪切破坏相比，冲剪破坏没有明显的滑动面和地面隆起现象，破坏过程更突然，且地基土的变形主要是竖向的。整体剪切破坏通常发生在密实的砂土或坚硬的黏性土地基，有明显的滑动面，基础周边土体隆起明显。局部剪切破坏的过程相对渐进，且有一定的塑性变形区域扩展过程，而冲剪破坏的破坏过程更具突发性，冲剪破坏的塑性变形区域相对集中在基础底面下方。以某沿海城市的高层写字楼建设为例，该写字楼的基础采用筏板基础，地基土为淤泥质软土，基础埋深达到 10m。在施工过程中，由于对地基土的承载力估计不足，且施工过程中加载速度过快，当建筑物施工到一定高度时，地基发生了冲剪破坏：基础突然下沉，建筑物整体出现倾斜，周边土体也随着基础下沉产生了明显的竖向位移。这一事故导致工程暂停，影响了工程进度，对经济造成了巨大损失。为了预防冲剪破坏的发生，在工程设计阶段，需要对地基土进行详细的勘察和试验，准确测定土的抗剪强度、压缩性等物理力学参数。根据地基土的性质和上部结构的要求，合理选择基础类型、尺寸和埋深。对于软土地基，可以采用桩基础等形式，将荷载传递到深部的坚实土层，减少冲剪破坏的风险。同时，在设计过程中要充分考虑上部结构荷载的分布情况，尽量使基础底面的压力分布均匀。在施工过程中，要严格控制施工质量和加载速度。避免在基础施工过程中对地基土造成过大的扰动，尤其是软土地基。加载速度不宜过快，要按照设计要求逐步施加荷载，给地基土足够的时间来适应荷载变化。同时，要加强对地基土的监测，及时发现地基土的变形异常情况，采取相应的措施进行处理。在建筑物使用过程中，要建立长期的监测体系，定期对地基和建筑物进行监测。一旦发现地基有异常沉降或建筑物出现倾斜等情况，要及时进行分析和处理。可以通过对地基进行加固处理，如采用注浆加固、增设支撑等方法，提高地基土的承载力，防止冲剪破坏的进一步发展，确保建筑物的使用安全性。

四、破坏模式判别

在岩土工程中，准确判别地基破坏模式至关重要，直接关系到地基承载力的确定、基础设计的合理性以及建筑物的安全稳定性。地基破坏模式主要有整体剪切破坏、局部剪切破坏和冲剪破坏三种，每种模式都独具的特征，可通过多种方法进行判别。整体剪切破坏常发生于密实的砂土或坚硬的黏性土地基。当这种破坏模式发生时，地基土的变形过程存在明显的阶段性。在初始阶段，地基土处于弹性变形状态，随着荷载的增加，基础边缘产生塑性变形区，并且塑性变形区会持续扩大，直至形成连续的滑动面。此时，基础会急剧下沉，土体沿滑动面向上隆起，地面出现显著裂缝。从现场表现来看，整体剪切破坏的迹象十分明显，其破坏过程具有突发性，地基土承载力会在短时间内大幅降低。局部剪切破坏多出现在中等密实度的砂土或中等强度的黏性土地基。在加载初期，地基土同样经历弹性变形阶段，随着荷载的增加，基础边缘出现塑性变形区。不过，与整体剪切破坏不同，其塑性变形区发展不连续且范围有限。当达到破坏状态时，基础发生一定沉降，土体变形主要集中在基础下方，地面可能仅有轻微隆起，不会形成贯穿至地面的连续滑动面。整体而言，局部剪切破坏的过程相对渐进，地基承载力是逐渐降低的。冲剪破坏通常出现在软土地基或基础埋深较大的情况下。在这种破坏模式下，基础承受荷载时，地基土在基础底面下发生竖向剪切破坏，基础如同"切入"土中。其显著特点是没有明显向四周滑动的趋势，也不会形成大规模滑动面，地面一般无明显隆起，基础周边土体主要随基础下沉产生竖向位移。冲剪破坏的发生较为突然，一旦发生，基础迅速下沉，地基承载力迅速丧失。判别地基破坏模式的方法有多种，原位测试是常用的手段之一。通过标准贯入试验，获取标准贯入锤击数。若锤击数较高，表明土的密实度大，更倾向于发生整体剪切破坏；若锤击数处于中等范围，可能发生局部剪切破坏；而对于锤击数较低的软土，冲剪破坏的可能性较大。静力触探试验可测量探头在压入土中时的阻力，阻力大往往与整体剪切破坏相关，中等阻力可能对应局部剪切破坏，低阻力则与冲剪破坏联系紧密。理论计算方法也可辅助判别，根据土的抗剪强度指标、基础埋深、基础形状和尺寸等参数，运用相应的理论公式计算地基的极限承载力。在计算过程中，应分析地基土在不同荷载阶段的应力状态和应变状态。若应力分布呈现出明显的滑动趋势且应变集中在滑动面附近，可能是整体剪切破坏；若应变主要集中在基础下方一定范围且分布相对均匀，可能是局部剪切破坏；若应变主要为竖向且集中在基础底面下，冲剪破坏的可能性较大。土的性质是影响破坏模式判别的关键因素，密实的砂土或坚硬的黏性土，由于其颗粒间的咬合和胶结作用强，抗剪强度高，在荷载作用下更易产生整体剪切破坏。中等密实度的砂土或中等强度的黏性土，其颗粒间的连接强度适中，发生局部剪切破坏的概率较大。而抗剪强度低的软土，如淤泥质土、粉质黏土等，在承受荷载时，难以抵抗基础传来的压力，容易发生冲剪破坏。基础的埋深、形状和尺寸对破坏模式也有影响。基础埋深较浅时，基础底面以下土体受到的约束较小，相对更容易发生整体剪切破坏或局部剪切破坏；基础埋深较大时，尤其是在软土地基中，冲剪破坏发生的可能性增加。基础的长宽比较大时，应力分布不均匀，局部剪切破坏和冲剪破坏发生的可能性增大；基础尺寸较小，单位面积承受的荷载大，冲剪破坏发生的风险上升。在工程实践中，判别地基破坏模式需要综合多方面因素。通过详细的地质勘察，了解地基土的分布和性质；借助原位测试和理论计算，获取相关参数并分析应力状态和应变状态；同时，考虑基础的设计参数和上部结构荷载情况。例如，在某城市的高层建筑项目中，通过地质勘察确定地基土为中等密实度的砂土，基础采用筏板基础且埋深适中。通过原位测试得到标准贯入锤击数处于中等范围，结合理论计算分析，判断该地基在建筑物荷载作用下可能发生局部剪切破坏。基于此，在基础设计时采取了相应的加强措施，如增加基础的厚度和配筋，以提高基础抵抗不均匀沉降的能力，确保建筑物的安全性和稳定性。

第二节　理论计算方法

一、太沙基公式

　　太沙基公式在地基承载力的理论计算中占据重要地位，是岩土工程领域广泛应用的经典公式。该公式由美籍奥地利裔岩土工程师卡尔·太沙基（Karl Terzaghi）提出，为地基承载力的量化分析提供了科学依据。太沙基公式的推导基于一系列假设条件。首先，假定地基土是均质、各向同性的半无限体，即地基土在水平和垂直方向上的物理力学性质相同，且在空间上无限延伸。其次，认为基础是刚性的，在承受荷载过程中不发生变形。此外，还假设地基土的破坏模式为整体剪切破坏。在这种破坏模式下，地基土在基础边缘首先产生塑性变形区，随着荷载的增加，塑性变形区逐渐扩大并形成连续的滑动面，最终导致地基丧失承载力。其基本形式为 $q_u = c N_c + \gamma_0 d N_q + \frac{1}{2} \gamma b N_\gamma$，其中 q_u 表示地基极限承载力，即地基能够承受的最大荷载强度。c 为土的黏聚力，它反映了土颗粒之间的相互黏结作用，是衡量土体抗剪强度的重要指标之一。黏聚力的大小与土的类型、含水量以及土的结构性等因素有关。例如，黏性土的黏聚力通常大于砂土，因为黏性土颗粒细小，颗粒间的分子引力和化学键作用较强。γ_0 为基础埋深范围内土的加权平均重度，它考虑了基础埋深范围内不同土层重度的差异。在计算时，需根据各土层的厚度和重度进行加权平均。d 为基础埋深，是指基础底面至天然地面的垂直距离。基础埋深的大小直接影响地基土的约束条件和应力状态，一般来说，基础埋深越大，地基土的承载力相对越高。γ 为基础底面以下土的重度，它反映了基础底面以下土层的重量特性。b 为基础宽度，对于矩形基础，b 为短边尺寸；对于圆形基础，b 为直径。基础宽度的增加会使地基土的承载力有所提高，但两者并非线性关系。N_c、N_q、N_γ 为承载力系数，它们是根据土的内摩擦角 φ 通过理论推导得出的无量纲系数。内摩擦角 φ 是衡量土颗粒之间摩擦力大小的指标，它与土的颗粒形状、粗糙度以及密实度等因素有关。承载力系数随着内摩擦角的增大而增大，反映了土的抗剪强度随内摩擦角增加而提高的特性。在实际应用太沙基公式时，确定各项参数是关键步骤。土的黏聚力 c 和内摩擦角 φ 通常通过室内土工试验，如直剪试验、三轴压缩试验等测定。基础埋深范围内土的加权平均重度 γ_0 和基础底面以下土的重度 γ 可通过现场取样，在实验室测定土的密度后计算得到。基础埋深 d 和基础宽度 b 则根据工程设计图纸确定。太沙基公式适用于浅基础在黏性土和砂土中的承载力计算，浅基础一般指基础埋深小于基础宽度的基础。对于密实的砂土或坚硬的黏性土，当基础承受荷载时，破坏模式接近整体剪切破坏，此时太沙基公式能较好地反映地基的承载力。然而，太沙基公式也存在一定的局限性。实际地基土往往并非完全均质、各向同性的，且破坏模式也可能并非典型的整体剪切破坏。例如，在软弱地基或存在夹层的地基中，可能出现局部剪切破坏或冲剪破坏，此时直接使用太沙基公式计算地基承载力可能产生较大误差。此外，太沙基公式没有考虑基础形状、荷载偏心和倾斜等因素对地基承载力的影响。以某工业厂房建设为例，该厂房基础为矩形独立基础，基础宽度为3m，埋深为2m。地基土为粉质黏土，通过土工试验测得土的黏聚力 $c = 15\text{kPa}$，内摩擦角 $\varphi = 20°$，基础埋深范围内土的加权平均重度 $\gamma_0 = 18\text{kN/m}^3$，基础底面以下土的重度 $\gamma = 19\text{kN/m}^3$。根据内摩擦角 $\varphi = 20°$，查承载力系数表可得 $N_c = 17.69$，$N_q = 7.44$，$N_\gamma = 5.04$。将各项参数代入太沙基公式，通过计算得到该地基的极限承载力为676.83kPa，为厂房基础的设计提供了重要依据。太沙基公式为地基承载力的计算提供了一种有效的方法，但在实际应用中，需要充分考虑其假设条件和局限性，结合工程实际情况进行合理的修正和补充，以确保计算结果的准确性和可靠性。

二、普朗特尔公式

普朗特尔公式是地基承载力理论计算中的重要公式，它由德国数学家路德维希·普朗特尔（Ludwig Prandtl）提出，为分析地基承载力提供了理论基础。该公式的诞生，为岩土工程领域在地基承载力计算方面开辟了新的思路。普朗特尔公式的推导基于一系列理想化假设。首先，假设地基土是均质、各向同性的理想刚塑性体，即土在弹性阶段时如同刚体般不发生变形，当达到屈服状态后则表现为塑性流动，且在各个方向上的力学性质一致。其次，假定基础为绝对光滑的刚性平面，基础底面与地基土之间不存在摩擦力，这简化了基础与地基土相互作用的分析。最后，假设地基土在破坏时，其滑动面的形状遵循特定的曲线模式，由对数螺旋线和直线段组成。公式的基本形式为：$q_u = cN_c + \gamma dN_q$。在这个公式中，q_u 代表地基的极限承载力，即地基能够承受的最大荷载强度。c 为土的黏聚力，反映了土颗粒之间的黏结特性，它是决定土体抗剪强度的关键指标之一。不同类型的土，其黏聚力差异显著，如黏性土由于颗粒细小且含有较多的结合水，黏聚力通常较高；而砂土颗粒较大，颗粒间主要靠摩擦力作用，黏聚力相对较小。γ 为基础底面以下土的重度，它反映了土体单位体积的重量，该值越大，表明地基土越重，在相同条件下对基础产生的竖向作用力也越大。d 为基础埋深，即基础底面到天然地面的垂直距离。基础埋深的增加，会使地基土对基础的约束增强，从而提高地基的承载力。N_c 和 N_q 是承载力系数，它们是根据土的内摩擦角 φ 通过理论推导得出的无量纲参数。内摩擦角 φ 体现了土颗粒之间的摩擦特性，它与土的颗粒形状、粗糙度以及密实度等密切相关。随着内摩擦角的增大，土颗粒间的摩擦力增强，土体的抗剪强度提高，相应地，承载力系数 N_c 和 N_q 也会增大。在实际应用普朗特尔公式时，准确确定各项参数至关重要。土的黏聚力 c 和内摩擦角 φ 一般通过室内土工试验获取，如直剪试验、三轴压缩试验等。这些试验能够模拟土体在不同受力状态下的力学响应，从而得到较为准确的参数值。基础底面以下土的重度 γ 可通过现场取土样，在实验室测定土的密度后计算得出。基础埋深 d 则依据工程设计图纸明确。普朗特尔公式主要适用于基础底面光滑、埋深较浅且地基土破坏模式接近理想刚塑性体的情况，对于密实的砂土或坚硬的黏性土，当基础承受荷载时，若其破坏模式符合公式假设的滑动面形状，普朗特尔公式能较好地估算地基的承载力。例如，在一些对基础底面平整度要求较高的精密仪器基础设计中，可考虑采用普朗特尔公式进行地基承载力的初步计算。然而，普朗特尔公式也存在明显的局限性。实际地基土很难满足均质、各向同性以及基础绝对光滑等假设条件。天然地基土往往存在一定的非均质性，不同区域的土在颗粒组成、含水量等方面存在差异，导致其力学性质不一致。而且，基础与地基土之间必然存在摩擦力，这与公式中基础绝对光滑的假设不符。此外，实际地基土的破坏模式也较为复杂，不一定完全符合公式所假设的滑动面形状。在软弱地基或存在复杂地质构造的区域，使用普朗特尔公式计算地基承载力可能产生较大误差。以某小型建筑物基础设计为例，该建筑基础为矩形，基础宽度为 2m，埋深为 1.5m。地基土经检测为粉质黏土，通过土工试验测得土的黏聚力 $c = 12\text{kPa}$，内摩擦角 $\varphi = 18°$，基础底面以下土的重度 $\gamma = 18.5\text{kN/m}^3$。根据内摩擦角 $\varphi = 18°$，查阅相关承载力系数表，得到 $N_c = 15.77$，$N_q = 6.45$。将各项参数代入普朗特尔公式可得：

$$\varphi_u = \chi \, \Omega_c + \Gamma \delta \, \Omega_q$$
$$= 12 \times 15.77 + 18.5 \times 1.5 \times 6.45$$
$$= 189.24 + 178.9875$$
$$= 368.2275 \text{kPa}$$

通过计算得出该地基的极限承载力约为 368.2275kPa，为该小型建筑物的基础设计提供了重要参考。但在实际设计过程中，考虑到公式的局限性以及实际工程的复杂性，还需结合其他方法，如原位测试等，对计算结果进行进一步的验证和修正，以确保基础设计的安全性和可靠性。普朗特尔公式在地基承载力计算中具有重要的理论意义，但在实际应用时，必须充分认识到其假设条件与实际工程的差异，合理运用并结合其他手段，才能准确评估地基的承载力。

三、斯肯普顿公式

斯肯普顿公式是地基承载力理论计算中的重要公式之一，由英国土力学家 A. W. 斯肯普顿（A. W. Skempton）提出。该公式针对特定的地基土条件，为地基承载力的计算提供了有效的方法。斯肯普顿公式的推导基于对饱和软黏土地基的研究，在饱和软黏土中，由于土颗粒间存在大量结合水，其力学性质与一般土体有所不同。斯肯普顿通过对这类土体的特性进行分析，得出了适用于饱和软黏土地基承载力计算的公式。其基本形式为：$q_u = 5.14c_u + \gamma_0 d$。在这个公式中，$q_u$ 表示地基极限承载力，即地基能够承受的最大荷载强度。c_u 为土的不排水抗剪强度，它是饱和软黏土在不排水的条件下抵抗剪切破坏的能力指标。在饱和软黏土中，由于孔隙水无法排出，土体的抗剪强度主要取决于土颗粒间的黏结力和摩擦力，而不排水抗剪强度综合反映了这些因素。与一般的黏聚力不同，不排水抗剪强度考虑了饱和软黏土在特定排水条件下的力学特性。γ_0 为基础埋深范围内土的加权平均重度，反映了基础埋深范围内土体单位体积的重量。这一参数考虑了不同土层重度的差异，通过加权平均的方式来综合体现土体对基础的竖向作用力。d 为基础埋深，即基础底面至天然地面的垂直距离。基础埋深的大小对地基承载力有重要影响，随着埋深增加，地基土对基础的约束作用增强，从而提高了地基的承载力。在实际应用斯肯普顿公式时，应准确确定各项参数是关键。土的不排水抗剪强度 c_u 一般通过室内不排水三轴压缩试验或现场十字板剪切试验测定。不排水三轴压缩试验可以模拟土体在三向应力状态下的不排水剪切过程，从而得到较为准确的不排水抗剪强度值。现场十字板剪切试验则是在原位对饱和软黏土进行剪切测试，能够更真实地反映土体的不排水抗剪特性。基础埋深范围内土的加权平均重度 γ_0 可通过现场取土样，在实验室测定各土层的密度后，根据土层厚度进行加权平均计算得出。基础埋深 d 依据工程设计图纸确定。斯肯普顿公式主要适用于饱和软黏土地基，饱和软黏土在沿海地区、湖泊周边以及一些河流冲积平原等区域广泛分布。这类土体具有含水量高、孔隙比大、压缩性高、抗剪强度低等特点。在这些地区进行工程建设时，如果地基主要由饱和软黏土组成，且基础埋深相对较浅，斯肯普顿公式能够较为准确地估算地基的承载力。例如，在沿海城市的一些轻型建筑物或对沉降要求相对不高的构筑物基础设计中，可优先考虑使用斯肯普顿公式进行地基承载力计算。然而，斯肯普顿公式也存在一定的局限性。首先，该公式仅适用于饱和软黏土地基，对于其他类型的土体，如砂土、粉质土等并不适用。其次，公式假设地基土的不排水抗剪强度不随深度变化，这并不完全符合实际情况。实际上，饱和软黏土的不排水抗剪强度可能随着深度的增加而有所变化，尤其是在有土层变化的情况下。此外，斯肯普顿公式没有考虑基础的形状、荷载的偏心以及地基土的应力历史等因素对地基承载力的影响。在一些复杂的工程条件下，使用该公式计算地基承载力可能产生较大误差。以某沿海地区的小型仓库建设为例，该仓库基础为独立基础，基础宽度为 2.5m，埋深为 1.2m。地基土经勘察为饱和软黏土，通过现场十字板剪切试验测得土的不排水抗剪强度 $c_u = 10\text{kPa}$，通过现场取土样测定基础埋深范围内土的加权平均重度 $\gamma_0 = 17\text{kN/m}^3$。将各项参数代入斯肯普顿公式可得：

$$
\begin{aligned}
q_u &= 5.14c_u + r_o d \\
&= 5.14 \times 10 + 17 \times 1.2 \\
&= 51.4 + 20.4 \\
&= 71.8\text{kPa}
\end{aligned}
$$

通过计算得出该地基的极限承载力约为 71.8kPa，为仓库基础的设计提供了重要依据。但在实际设计过程中，考虑到公式的局限性，设计人员还结合了其他方法，如进行现场载荷试验，对计算结果进行验证和修正，以确保基础设计的安全性和可靠性。斯肯普顿公式为饱和软黏土地基承载力的计算提供了一种简单有效的方法。在实际应用过程中，需要充分认识到其适用条件和局限性，结合其他手段进行综合分析，以准确评估地基的承载力，确保工程的安全性和稳定性。

四、公式对比应用

在地基承载力的理论计算领域，存在多种不同的公式，如太沙基公式、普朗特尔公式、斯肯普顿公式等。这些公式各具特点，适用于不同的地基条件和工程场景，在实际工程中合理选择并正确应用公式对确保工程安全至关重要。太沙基公式基于地基土为均质、各向同性半无限体且发生整体剪切破坏的假设推导得出，其形式为 $q_u = cN_c + \gamma_0 dN_q + \dfrac{1}{2}\gamma bN_\gamma$。该公式考虑了基础形状、埋深、土的重度、内摩擦角和黏聚力等因素。该公式适用于浅基础在黏性土和砂土中的承载力计算。例如，在某大型工业厂房建设中，地基土为密实砂土，基础为浅埋独立基础。通过土工试验确定土的黏聚力、内摩擦角、重度等参数，结合基础的埋深和宽度，利用太沙基公式计算出地基极限承载力。由于砂土相对均质，且在该工程中基础破坏模式接近整体剪切破坏，太沙基公式能较好地反映地基承载力，为厂房基础设计提供了可靠依据。普朗特尔公式假设地基土是均质、各向同性的理想刚塑性体，基础为绝对光滑的刚性平面，其公式为 $q_u = cN_c + \gamma dN_q$。该公式主要适用于基础底面光滑、埋深较浅且地基土破坏模式接近理想刚塑性体的情况。在一些对基础底面平整度要求较高的精密仪器基础设计中，普朗特尔公式有一定应用价值。例如，在某科研实验室的基础设计中，基础底面需保持较高平整度，地基土为坚硬黏性土，通过土工试验确定相关参数后，运用普朗特尔公式计算地基承载力，为基础设计提供了初步的理论数值。斯肯普顿公式是专门针对饱和软黏土地基提出的，其形式为 $q_u = 5.14c_u + \gamma_0 d$。它考虑了饱和软黏土在不排水条件下的特性，以土的不排水抗剪强度 c_u 为关键参数。在沿海地区的工程建设中，饱和软黏土广泛分布，斯肯普顿公式应用较为频繁。如在某沿海城市的小型仓库建设中，地基土为饱和软黏土。基础埋深较浅。通过现场十字板剪切试验测得出土的不排水抗剪强度，结合基础埋深范围内土的加权平均重度，利用斯肯普顿公式计算出地基极限承载力。由于该仓库对沉降要求相对不高且地基土特性符合公式适用条件，斯肯普顿公式的计算结果为仓库基础设计提供了重要参考。从适用条件对比来看，太沙基公式适用范围相对较广，可用于黏性土和砂土的浅基础，但对于复杂地质条件和非整体剪切破坏模式需修正。普朗特尔公式对地基土和基础条件假设较为理想化，适用场景相对受限。斯肯普顿公式仅适用于饱和软黏土地基，针对性强。在参数确定方面，太沙基公式需确定土的黏聚力、内摩擦角、重度等多个参数，且承载力系数需根据内摩擦角查表得出。普朗特尔公式同样依赖土的黏聚力、内摩擦角和重度，承载力系数也与内摩擦角相关。斯肯普顿公式主要需确定土的不排水抗剪强度和基础埋深范围内土的加权平均重度，参数相对较少，但获取不排水抗剪强度的试验要求较高。以某桥梁工程为例，该桥梁基础部分处于砂土地基，部分处于饱和软黏土地基。对于砂土地基部分，工程师采用太沙基公式计算地基承载力，通过详细的土工试验确定各项参数，考虑基础的形状和埋深，得到较为准确的计算结果。而对于饱和软黏土地基部分，运用斯肯普顿公式进行计算，通过现场十字板剪切试验测定不排水抗剪强度，结合基础埋深相关参数，得出该部分地基的承载力。最终，根据不同公式计算的结果，对桥梁基础进行了针对性设计，确保了桥梁在不同地基条件下的安全性和稳定性。不同的地基承载力理论计算公式在实际工程应用中各有优劣。在实际操作中，工程师需要根据具体的地基条件、基础类型、工程要求等因素，综合考虑以选择合适的公式进行计算，并结合其他方法如原位测试、经验判断等，对计算结果进行验证和修正，以保证地基设计的安全性和可靠性，满足工程建设的需求。

第三节　原位测试技术

一、载荷试验

　　载荷试验是原位测试技术中用于确定地基承载力的重要手段，通过在现场直接对地基土施加荷载，观测地基土在荷载作用下的变形特性，从而获取地基土的承载力、变形模量等重要参数。载荷试验的原理基于地基土在承受荷载时的应力应变关系，在试验过程中，将一定尺寸的承载板放置在地基土表面或预定深度处，通过逐级施加竖向荷载，测量承载板在各级荷载作用下的沉降量。随着荷载的增加，地基土逐渐产生压缩变形，当荷载达到一定程度时，地基土可能出现局部剪切破坏甚至整体破坏。通过分析荷载与沉降的关系曲线，可确定地基土的极限承载力和允许承载力。进行载荷试验时，首先要确定试验位置，应选择具有代表性的地基土区域。其次在选定位置平整场地，安装承载板。承载板的尺寸和形状根据试验目的和地基土类型确定，一般对于浅层地基土，承载板面积为 $0.25\sim0.5\text{m}^2$，多为方形或圆形。承载板安装完成后，需设置反力装置，常见的反力装置有堆载平台反力装置、锚桩横梁反力装置等。堆载平台反力装置通过在承载板上方堆放重物提供反力；锚桩横梁反力装置则将锚桩与地基土的锚固力作为反力。最后，采用千斤顶等加载设备逐级施加荷载。每级荷载的增量一般根据地基土的性质和预估的地基承载力确定，通常为预估极限荷载的 $1/8\sim1/10$。在每级荷载施加后，按规定的时间间隔观测承载板的沉降量，直至沉降稳定。沉降稳定的标准一般为在连续两小时内，每小时的沉降量不超过 0.1mm。当达到预估的极限荷载或出现地基土破坏迹象时，停止加载。对载荷试验结果进行分析时，关键是绘制荷载—沉降（P-s）曲线。根据 P-s 曲线的形态，可判断地基土的承载特性。在曲线的初始阶段，荷载与沉降大致呈线性关系，此时地基土处于弹性变形阶段。随着荷载的增加，曲线斜率逐渐增大，表明地基土开始进入塑性变形阶段。当曲线出现明显的陡降段时，说明地基土已达到极限承载状态，对应的荷载即为极限承载力。根据极限承载力，再结合工程的安全系数要求，可确定地基土的允许承载力。载荷试验适用于各类地基土，包括黏性土、砂土、碎石土等。对于浅层地基土，可直接在地面进行试验；对于深层地基土，可采用深层平板载荷试验，将承载板放置在预定深度处进行测试。在确定大型建筑物、重要构筑物的地基承载力时，载荷试验因能直接反映地基土在现场条件下的承载性能，而被广泛应用。载荷试验的优点显著，它是在现场原位进行，能真实反映地基土在实际工程条件下的力学特性，避免了室内试验取土扰动对土样性质的影响。试验结果直观、可靠，为地基承载力的确定提供了直接依据。通过载荷试验得到的地基承载力和变形参数，可用于指导基础设计，确保建筑物的安全稳定。然而，载荷试验也存在一些局限性。试验过程较为复杂，需要专业的设备和人员进行操作，成本较高且试验周期较长，从准备工作到完成试验，可能需要数天甚至数周时间。而且，对于深层地基土，由于对试验设备要求高和操作难度增加，实施起来更为困难。此外，载荷试验只能反映承载板下一定范围内地基土的承载性能，对于整个地基的均匀性评估存在一定的局限性。与其他原位测试方法相比，如标准贯入试验、静力触探试验等，载荷试验的结果更直接、更能反映地基土的实际承载力。标准贯入试验和静力触探试验通过测量与土的力学性质相关的间接指标，再通过经验关系估算地基承载力，而载荷试验是直接对地基土施加荷载进行测试。标准贯入试验和静力触探试验操作相对简便、成本较低、效率较高，可在较短时间内获取大量数据，适用于对地基土进行初步勘察和大范围的测试。在实际工程中，通常根据工程的具体情况，综合运用载荷试验和其他原位测试方法，结合室内土工试验和理论分析，全面、准确地确定地基承载力，为工程设计和施工提供可靠的依据。例如，在某大型商业综合体的地基勘察中，首先采用标准贯入试验和静力触探试验对场地地基土进行初步勘察，了解地基土的大致分布和性质；其次，针对关键部位和有代表性的区域，进行载荷试验，以准确确定地基土的承载力和变形参数。综合运用多种方法，确保了商业综合体的地基设计安全可靠，满足了工程建设的需求。

二、标准贯入试验

标准贯入试验是原位测试技术应用的关键方法，在岩土工程领域广泛应用，对于确定地基土的力学性质和承载力具有重要意义。该试验原理基于土体对贯入器的抵抗能力，与土的密实程度、强度等力学性质紧密相关，具体而言，将标准规格的贯入器以规定的落锤能量打入土中，记录贯入一定深度所需的锤击数，以此锤击数作为衡量土的性质的指标。标准贯入试验设备主要由标准贯入器、触探杆和穿心锤组成。标准贯入器外径 51mm，内径 35mm，长约 700mm，下端有刃口；触探杆直径一般为 42mm，每根长度 1～2m；穿心锤质量为 63.5kg，落距为 760mm。在开展标准贯入试验时，首先要做好准备工作。需在选定的测试位置钻孔，钻孔直径应稍大于标准贯入器外径，一般为 100～150mm。钻孔过程中要注意保持孔壁的稳定性，防止塌孔。将钻杆下至孔底，然后将标准贯入器与触探杆连接，安装在钻杆下端。把穿心锤提升至规定高度，即 760mm，使其自由下落冲击触探杆，将贯入器打入土中。记录贯入器每贯入 30cm 的锤击数，此锤击数即为标准贯入锤击数 N。若在贯入过程中遇到异常情况，如锤击数过大或过小、贯入器偏斜等，应及时分析原因并采取相应措施。例如，若锤击数过大，可能是遇到坚硬土层或障碍物，需进一步观察或采取其他测试手段；若贯入器偏斜，可能是钻孔不垂直或土的不均匀性导致的，需调整钻孔或重新测试。对标准贯入试验结果进行分析，标准贯入锤击数 N 是关键数据。通过大量试验数据统计和经验总结，建立了标准贯入锤击数与地基土的密实度、强度、承载力等参数的经验关系。对于砂土，当 N 值较小时，表明砂土较为松散，承载力较低；随着 N 值的增大，砂土密实度增加，承载力也相应提高。一般来说，$N<10$ 为松散砂土，$10 \leqslant N<15$ 为稍密砂土，$15 \leqslant N<30$ 为中密砂土，$N \geqslant 30$ 为密实砂土。对于黏性土，N 值也能反映其软硬程度和强度：N 值越小，黏性土越软，强度越低。标准贯入试验适用于多种地基土，包括砂土、粉土、黏性土等。在砂土中，N 值能有效区分砂土的密实程度，为地基承载力的确定提供重要依据。在黏性土中，N 值可大致判断土的软硬状态和工程性质。对于一些含少量砾石的土，若砾石

含量不影响贯入器的正常贯入，也可采用标准贯入试验。标准贯入试验具有诸多优点：设备相对简单，操作便捷，不需要复杂的仪器设备和专业的操作技能；试验成本较低，适用于大规模的地基勘察项目；能够在不同地层深度进行测试，获取地基土沿深度方向的力学性质变化情况；试验结果能直接反映土的原位状态，避免了取土样过程中的扰动影响。不过，标准贯入试验也存在一定的局限性：试验结果受多种因素影响，如钻孔的垂直度、地下水的状态、土的不均匀性等；钻孔不垂直可能导致贯入器偏斜，使锤击数不准确；地下水位上升可能使土的有效应力降低，影响锤击数与土性质的关系。而且，标准贯入试验只是一种间接测试方法，通过锤击数与经验关系来推断土的性质，存在一定的不确定性。与载荷试验相比，标准贯入试验不能直接测定地基土的承载力，只是提供一个与承载力相关的参考指标。在实际工程中，标准贯入试验常常与其他原位测试方法配合使用。例如，在某高层建筑的地基勘察中，先通过标准贯入试验对场地地基土进行初步的分层和性质判断，确定不同土层的大致位置和工程性质，然后，针对关键部位和重要土层，采用载荷试验进行精确的承载力测定。同时，结合室内土工试验，对土样的物理力学性质进行详细分析。通过多种方法的综合运用，全面、准确地了解地基土的性质，为高层建筑的地基设计和施工提供可靠依据。

三、静力触探试验

静力触探试验是原位测试技术中一项重要手段，在岩土工程领域用于了解地基土的力学性质，为地基承载力的确定及工程设计提供关键数据支持。其原理基于探头在匀速压入土中的过程中，所受到的阻力与土的性质密切相关。通过测量探头所受阻力，能够推断出土的强度、压缩性等重要参数。静力触探试验设备主要由探头、触探杆、反力装置和量测记录仪器组成。探头是核心部件，常见的有单桥探头和双桥探头。单桥探头主要测量比贯入阻力 p_s，它反映了探头在贯入过程中所受的总阻力与探头截面积的比值；双桥探头则可同时测量锥尖阻力 q_c 和侧壁摩阻力 f_s，能更全面地反映土的力学特性。

触探杆一般采用高强度钢材制成，直径通常为 33~42mm，用于连接探头并传递压力。反力装置用于提供将探头压入土中的反力，常见的有地锚式、堆载式等。量测记录仪器用于实时记录探头在贯入过程中的阻力数据。在进行静力触探试验时，首先要根据场地条件和试验目的选择合适的探头类型和设备。在选定的测试位置，清理场地表面杂物，以确保触探设备能平稳放置。安装反力装置，使其能提供足够的反力以保证探头顺利压入土中。将探头与触探杆连接牢固，检查连接部位的密封性和强度，防止在压入过程中出现松动或损坏。将探头垂直对准测试点，启动反力装置，以匀速将探头压入土中。压入速度一般控制在 1.2m/min 左右，以保证测试数据的准确性和稳定性。在压入过程中，量测记录仪器实时记录探头所受的阻力数据，每隔一定深度（如 20~50cm）记录一次数据，形成连续的阻力随深度变化的曲线。对静力触探试验结果进行分析时，对于单桥探头，比贯入阻力 p_s 是关键指标。通过大量试验数据积累和经验总结，建立了比贯入阻力与地基土类型、密实度、承载力等参数的经验关系。例如，在砂土中，较高的比贯入阻力值通常表示砂土密实度较高，承载力也相应较大；在黏性土中，比贯入阻力值与土的软硬程度相关，值越大，土越硬，强度相对越高。对于双桥探头，结合锥尖阻力 q_c 和侧壁摩阻力 f_s，可以更准确地判断土的性质。通过 q_c 与 f_s 的比值，还能进一步区分不同类型的土：比值较大时，可能为砂土；比值较小时，可能为黏性土。静力触探试验适用于多种地基土，在黏性土、粉土、砂土以及含少量碎石的土。在黏性土地基中，能精确探测出土的软硬分层情况，为基础设计提供详细的土层信息。在砂土地基中，可有效评估砂土的密实状态，为确定地基承载力提供重要依据。对于含少量碎石的土，只要碎石粒径和含量不影响探头的正常贯入，就能获取较为可靠的测试数据。该试验具有诸多优点：测试数据连续，能够直观地反映地基土力学性质沿深度的变化情况，为工程设计提供全面的土层信息；测试精度较高，相较于一些间接测试方法，能更准确地反映土的实际力学特性；操作相对简便，试验速度较快，能在较短时间内完成大量测试工作，提高了勘察效率；试验过程对环境的影响较小，不需要进行大量土方开挖或其他复杂操作。然而，静力触探试验也存在一定的局限性。设备成本相对较高，尤其是高精度的双桥探头和先进的量测记录仪器，增加了试验的前期投入。在坚硬土层或含有大块石、障碍物的土层中，探头可能难以压入或被损坏，导致试验无法正常进行。此外，静力触探试验同样是基于经验关系来推断土的性质，虽然有大量数据支持，但仍存在一定的不确定性。与载荷试验相比，它不能直接测定地基土的极限承载力，只是提供与承载力相关的间接参数。在实际工程中，静力触探试验常与其他原位测试方法配合使用。例如在某大型桥梁工程的地基勘察中，首先利用静力触探试验快速确定不同土层的大致位置和力学性质，绘制出土层的初步轮廓。其次，针对关键部位和重点土层，采用载荷试验精确测定地基承载力。最后，结合标准贯入试验等其他方法，对土的性质进行进一步验证和补充。综合运用多种原位测试方法，可全面、准确地了解地基土的特性，为桥梁的基础设计和施工提供坚实可靠的依据。

四、试验数据处理

在原位测试技术中，试验数据处理是极为关键的环节，直接关系到对地基土性质的准确判断以及工程设计的可靠性。以标准贯入试验为例，其主要数据为标准贯入锤击数 N。在数据处理时，首先要对原始数据进行检查，排除因操作不当或异常情况导致的错误数据。例如，若在贯入过程中出现锤击偏心、触探杆弯曲等情况，可能会使记录的锤击数不准确。对于同一土层的多个测试点数据，需进行统计分析。计算该土层标准贯入锤击数的平均值、标准差和变异系数。平均值能反映该土层标准贯入锤击数的总体水平；标准差体现数据的离散程度，标准差越小，说明数据越集中，土层性质越均匀；变异系数则是标准差与平均值的比值，用于更直观地比较不同土层数据的离散情况。根据标准贯入锤击数与地基土性质的经验关系，可判断土层的密实度、强度等参数。如前文所述，对于砂土，通过不同的标准贯入锤击数范围划分其密实程度，进而评估其作为地基的承载力。静力触探试验的数据处理相对复杂，单桥探头获取的比贯入阻力 p_s 数据，需按一定深度间隔进行整理。绘制比贯入阻力随深度变化的曲线，从曲线的变化趋势可直观判断土层的分层情况。曲线出现明显突变，往往意味着土层性质发生改变。对于双桥探头，同时拥有锥尖阻力 q_c 和侧壁摩阻力 f_s 数据。除了分别绘制它们随深度的变化曲线，还需计算 q_c 与 f_s 的比值，以此进一步区分不同类型的土。例如，在某一深度处，若 q_c 与 f_s 比值较大，结合地质勘察资料，可初步判断该层土可能为砂土；若比值较小，则可能为黏性土。对这些数据进行综合分析，能更准确地确定地基土的力学性质，为地基承载力计算提供依据。载荷试验数据处理主要围绕荷载—沉降（P-S）曲线展开，首先要确保荷载施加的准确性和沉降测量的精度。在绘制 P-S 曲线后，对曲线进行详细分析。在曲线的初始阶段，确定其线性段，根据胡克定律，可计算地基土的初始变形模量。随着荷载增加，曲线进入非线性阶段，此时需关注曲线的变化趋势，判断地基土是否进入塑性变形阶段。当曲线出现明显陡降时，对应的荷载即为地基土的极限承载力。根据工程的安全要求，选取合适的安全系数，用极限承载力除以安全系数，得到地基土的允许承载力。同时，还可根据 P—s 曲线计算地基土的沉降量随荷载变化的规律，为基础设计中的沉降计算提供参考。十字板剪切试验数据处理主要是根据试验测得的扭矩值计算土的不排水抗剪强度，在计算过程中，需考虑十字板头的尺寸、形状以及试验过程中的修正系数。对同一土层不同位置的多个测试数据进行统计分析，确定该土层不排水抗剪强度的代表值。结合其他原位测试数据和地质勘察资料，综合评估该土层的稳定性和作为地基的适宜性。在对各类原位测试数据处理后，还需进行数据的验证和对比。将用不同测试方法得到的数据进行对比分析，如将标准贯入试验得到的地基土密实度信息与静力触探试验得到的比贯入阻力反映的土层性质进行对比。若数据之间存在较大差异，需分析原因，可能由测试点位置不同、土层不均匀或者测试方法本身的局限性导致。必要时，需增加测试点数量或采用其他补充测试方法，以确保数据的可靠性。原位测试技术中的试验数据处理是一个系统且严谨的过程，通过科学合理的数据处理方法，能够充分挖掘试验数据中的信息，准确判断地基土的性质，为岩土工程的设计和施工提供可靠的数据支持，保障工程的安全与稳定。

第四节　承载力修正

一、深度修正

在地基承载力确定过程中，深度修正占据着关键地位。它是基于实际工程中基础埋深对地基承载力的影响而进行的重要调整。随着基础埋深的增加，地基土对基础的约束作用显著增强。这主要有两方面原因。其一，基础埋深加大，基础底面以上土体的自重压力增大，使得地基土在水平方向上对基础的侧向约束增强。这种侧向约束能够有效限制基础的侧向位移，提高基础的稳定性，进而增强地基的承载力。其二，在较深的位置，地基土所处的应力状态与浅层有所不同。深层土受到的上覆压力较大，土颗粒之间的排列更加紧密，土体的抗剪强度相应提高。这使得地基在承受上部结构荷载时，能够更好地抵抗变形和破坏，从而提升地基的承载力。深度修正通过特定的计算公式来实现。常见的深度修正公式为 $q_d = q_k + \eta_d \gamma_m (d - 0.5)$，其中 q_d 是深度修正后的地基承载力特征值，反映了考虑基础埋深影响后地基能够承受的荷载大小。q_k 为地基承载力标准值，这一数值通常通过原位测试或理论计算获得，是深度修正的基础。η_d 为深度修正系数，它与土的类别紧密相关。不同类型的土，其力学性质和结构特点不同，因此对基础埋深的响应也有所差异。例如，黏性土由于颗粒细小，具有较强的黏结性，其深度修正系数在 1.0 ~ 1.6 之间；而砂土颗粒较大，颗粒间主要靠摩擦力作用，其深度修正系数取值范围与黏性土有所不同。γ_m 为基础底面以上土的加权平均重度，综合考虑了基础底面以上不同土层的重度差异。在计算时，需根据各土层的厚度和重度进行加权平均。d 为基础埋深，即基础底面至天然地面的垂直距离。准确确定公式中的各项参数至关重要。地基承载力标准值 q_k 的获取，可通过现场载荷试验、标准贯入试验等原位测试方法，也可依据土的物理力学性质参数，运用太沙基公式、普朗特尔公式等理论计算方法得出。深度修正系数 η_d 则需根据土的类别，查阅相关规范或经验表格来确定。基础底面以上土的加权平均

重度为 γ_m，需在现场进行土层勘察，采集各土层的土样，在实验室测定其重度后，按照土层厚度进行加权平均计算。基础埋深 d 根据工程设计图纸明确，需要注意的是，在实际测量时要确保测量的准确性，避免因测量误差导致深度修正结果出现偏差。以某高层建筑的基础设计为例，该建筑采用筏板基础，基础埋深为 5m。地基土经勘察为粉质黏土，通过现场标准贯入试验和室内土工试验，确定地基承载力标准值 q_k 为 160kPa。对基础底面以上的土层进行详细勘察，测定各土层的重度，并根据土层厚度计算出加权平均重度 γ_m 为 18kN/m³。查阅相关规范，对于粉质黏土，深度修正系数 η_d 取 1.3。将这些参数代入深度修正公式：

$$
\begin{aligned}
q_d &= q_k + \eta_d r_m (d - 0.5) \\
&= 160 + 1.3 \times 18 \times (5 - 0.5) \\
&= 160 + 1.3 \times 18 \times 4.5 \\
&= 160 + 105.3 \\
&= 265.3 \text{kPa}
\end{aligned}
$$

经深度修正后，地基承载力特征值从 160kPa 提高到 265.3kPa，显著提升了地基的承载力评估值。深度修正与宽度修正等措施相互关联，共同为准确确定地基承载力服务。在实际工程中，往往需要同时考虑深度修正和宽度修正，进行综合修正。例如，在上述高层建筑基础设计中，确定了深度修正后的地基承载力特征值后，还需根据基础宽度进行宽度修正，以进一步准确评估地基的承载力。深度修正对于工程具有重要意义，能够使地基承载力的确定更加符合实际工程情况，避免因忽略基础埋深对地基承载力的影响，导致地基设计出现偏差。合理的深度修正，既能确保地基在建筑物使用过程中具有足够的承载力，保障工程的安全性，又能避免过度设计，节约工程成本，实现工程的安全性与经济性的平衡。

二、宽度修正

在地基承载力的确定过程中，宽度修正作为重要的环节，对精准评估地基承载力起着关键作用。它主要针对基础宽度对地基承载性能的影响进行调整。当基础宽度发生变化时，地基的应力分布状况随之改变。基础宽度增大，地基所承受的荷载分布面积相应扩大，使得应力在更大范围内扩散。这就导致单位面积上所承受的应力减小，地基土的变形和破坏模式也有所不同。例如，在宽度较小的基础下，地基土更容易出现局部应力集中，进而引发局部剪切破坏；而基础宽度增大后，应力分布更加均匀，地基土的整体承载力提升。宽度修正通过特定的公式来实现，常见的宽度修正公式为 $q_b = q_d + \eta_b \gamma(b-3)$，其中 q_b 表示宽度修正后的地基承载力特征值，反映了在考虑基础宽度因素后地基的实际承载力。q_d 是经过深度修正后的地基承载力特征值，为宽度修正提供基础数据。η_b 为宽度修正系数，此系数与土的类别紧密相关。不同类型的土，因其颗粒组成、结构特性以及力学性质存在差异，对基础宽度变化的响应各不相同。例如，砂土颗粒较大，颗粒间主要靠摩擦力相互作用，其宽度修正系数相对较大；而黏性土颗粒细小，具有较强的黏结性，宽度修正系数相对较小。γ 为基础底面以下土的重度，它体现了基础底面以下土层的重量特性，对地基承载力的评估有重要影响。b 为基础宽度，需要注意的是，当基础宽度小于 3m 时，按 3m 计算；大于 6m 时，按 6m 计算。这是因为在实际过程中，过窄或过宽的基础在应力分布和承载特性上具有一定的特殊性，为确保计算的准确性和一致性，作出了这样的规定。准确确定公式中的各项参数对宽度修正的准确性至关重要。经过深度修正后的地基承载力特征值为 q_d，是在完成深度修正计算后得出的。宽度修正系数 η_b 需依据土的类别，查阅相关规范或经验表格来确定。基础底面以下土的重度 γ，通常通过现场取土样，在实验室测定土的密度后计算得出。基础宽度 b 根据工程设计图纸明确，在实际测量和取值时，务必严格按照规范要求，准确测量基础的实际宽度，以确保宽度修正结果的可靠性。在不同土质中，宽度修正的应用有所不同。砂土地基由于颗粒较大，应力扩散能力相对较强，基础宽度的增加对地基承载力的提升较为明显。例如，某砂土地基上的基础，经过深度修正后的地基承载力特征值为 200kPa，基础底面以下土的重度为 19kN/m³，宽度修正系数根据砂土特性取 3.0，基础宽度为 4m。将这些参数代入宽度修正公式：

$$\alpha_b = \alpha_d + \mu_b \Gamma (\beta - 3)$$
$$= 200 + 3.0 \times 19 \times (4 - 3)$$
$$= 200 + 57$$
$$= 257 \text{kPa}$$

可以看到，经过宽度修正，地基承载力特征值得到显著提升。对于黏性土地基，由于其颗粒细小且具有黏结性，基础宽度的增加对地基承载力的影响相对较小，但仍然不可忽视。例如，某黏性土地基的基础，深度修正后的地基承载力特征值为 180kPa，基础底面以下土的重度为 18kN/m³，宽度修正系数取 0.3，基础宽度为 5m。将这些参数代入公式可得：

$$\varphi_b = \varphi_d + \lambda_b \Gamma (\beta - 3)$$
$$= 180 + 0.3 \times 18 \times (5 - 3)$$
$$= 180 + 0.3 \times 18 \times 2$$
$$= 180 + 10.8$$
$$= 190.8 \text{kPa}$$

通过计算可知，虽然黏性土地基宽度修正后的承载力提升幅度相对较小，但在整体地基承载力的评估中起到了重要作用。宽度修正与深度修正紧密相连，共同为准确确定地基承载力服务。在实际工程中，往往需要先进行深度修正，得到结果后，再以此为基础进行宽度修正。例如，在某大型商业建筑的地基设计中，首先根据基础埋深进行深度修正，确定经过深度修正后的地基承载力特征值。其次，结合基础宽度，进行宽度修正，最终得到综合考虑深度和宽度因素后的地基承载力特征值。这样的综合修正过程，有助于更准确地反映地基在实际工程条件下的承载力。宽度修正对于工程具有重要意义，能够使地基承载力的确定更加符合实际工程情况，避免因忽略基础宽度而对地基承载力产生影响，导致地基设计不合理。合理的宽度修正，既能保证地基在建筑物使用过程中具有足够的承载力，保障工程的安全性，又能避免过度设计，节约工程成本，实现工程的安全性与经济性的平衡。在工程设计中，准确进行宽度修正，有助于优化基础设计，提高工程质量，确保建筑物的稳定性与安全性。

三、特殊土修正

在地基承载力确定过程中，特殊土的存在使得常规的承载力修正方法无法满足需求，需要针对性地进行特殊土修正。特殊土种类繁多，常见的有软土、湿陷性黄土、膨胀土、冻土等，每种特殊土因其独特的物理力学性质，在地基承载力修正方面有不同的考量。软土具有含水量高、孔隙比大、压缩性高、抗剪强度低等特点。在对软土地基进行承载力修正时，需着重考虑其低强度和高压缩性。软土的承载力修正往往需要结合其不排水抗剪强度指标。由于软土在短期加载情况下，排水固结过程缓慢，不排水抗剪强度成为关键参数。通过现场十字板剪切试验或室内不排水三轴压缩试验测定不排水抗剪强度，再根据相关经验公式进行承载力修正。例如，斯肯普顿公式在软土地基承载力计算中有一定应用，虽然它并非严格意义上的修正公式，但为基于不排水抗剪强度确定软土地基承载力提供了思路。在实际工程中，若软土地基上的基础为浅基础，可在考虑基础埋深和宽度的基础上，根据软土的不排水抗剪强度对初步计算的地基承载力进行修正，以适应软土的特性。湿陷性黄土的主要特征是在一定压力下被水浸湿后，土结构迅速破坏，产生显著附加下沉。对于湿陷性黄土地基的承载力修正，需考虑其湿陷性对承载力的影响。首先要确定黄土的湿陷类型（自重湿陷性、非自重湿陷性）和湿陷等级。在修正时，除了常规的深度和宽度修正，还需根据湿陷等级对地基承载力进行折减。例如，对于自重湿陷性黄土且湿陷等级较高的情况，地基承载力需大幅度折减，以确保在地基被水浸湿发生湿陷后，仍能满足建筑物的安全要求。在实际工程中，常通过现场载荷试验结合室内黄土湿陷性试验结果，确定湿陷性黄土地基的承载力修正系数，从而对初步计算的地基承载力进行修正。膨胀土具有显著的吸水膨胀和失水收缩特性，因此，对膨胀土地基的承载力修正，需考虑其胀缩性对基础稳定性的影响。在确定地基承载力时，要关注膨胀土的膨胀力和收缩变形。若膨胀土处于膨胀状态，会对基础产生向上的顶托力，影响基础的承载力。因此，在修正时，需根据膨胀土的膨胀性指标，如自由膨胀率、膨胀力等，对地基承载力进行调整。例如，当自由膨胀率较大时，说明膨胀土的膨胀性较强，需适当降低地基承载力的取值，以保证基础在膨胀土胀缩作用下的稳定性。同时，在基础设计时，也需采取相应的抗胀缩措施，如设置基础的埋深以避开膨胀土的活动层，或采用换填等方法处理膨胀土。冻土是指温度低于0℃且含有冰的土。在冻土地区，地基承载力修正需考虑冻土的冻融特性。当温度升高时，冻土融化，其力学性质会发生显著变化，承载力大幅降低。对冻土地基承的载力修正，要区分季节性冻土和多年冻土。对于季节性冻土，需考虑冬季冻结和夏季融化对地基承载力的不同影响。在冬季，冻土的强度较高，地基承载力相对较大；但在夏季融化后，地基承载力会显著下降。因此，在设计时，要根据夏季融化后的地基土状态进行承载力修正，确保建筑物在最不利工况下的安全性。对于多年冻土，要考虑其长期的稳定性和温度变化对其力学性质的影响，通过现场测试获取冻土的温度、含冰量等参数，结合相关理论和经验，对地基承载力进行合理修正。特殊土的承载力修正需充分考虑其独特的物理力学性质。在实际工程中，需通过详细的地质勘察，准确判断特殊土的类型和特性，采用合适的试验方法获取关键参数，结合相关规范和经验，对地基承载力进行科学合理的修正。只有这样，才能确保在特殊土地基上建设的建筑物具有足够的稳定性和安全性，满足工程的长期使用要求。

四、修正系数确定

在地基承载力修正过程中，修正系数的确定至关重要。它直接关系到修正后地基承载力的准确性，进而影响到工程的安全性与经济性。修正系数包括深度修正系数、宽度修正系数以及针对特殊土的各类修正系数，其确定需综合考虑多种因素。对于深度修正系数，主要与土的类别相关。在相关规范中，针对不同类型的土给出了相应的取值范围。例如，对于黏性土和粉土，深度修正系数取值在1.0~1.6之间。在确定修正系数的具体数值时，需进一步分析土的特性。若黏性土的塑性指数较高，土颗粒间的黏结力较强，对基础的侧向约束作用相对较大，此时深度修正系数可取值靠近1.6；反之，若塑性指数较低，深度修正系数则取值靠近1.0。对于砂土，其深度修正系数的取值范围与砂土的密实度有关。密实度高的砂土，深度修正系数相对较大，因为密实砂土对基础的侧向约束能力更强。在实际工程中，通过现场标准贯入试验或静力触探试验等，获取砂土的密实度指标，进而确定合适的深度修正系数。宽度修正系数同样与土的类别紧密相关。砂土由于颗粒较大，应力扩散能力相对较强，其宽度修正系数相对较大。在规范中，砂土的宽度修正系数的取值通常在 2.0~3.0 之间。对于不同级配的砂土，宽度修正系数也有所差异。级配良好的砂土，颗粒大小搭配合理，应力分布更均匀，宽度修正系数可取值较高；而级配不良的砂土，宽度修正系数相对较低。黏性土的宽度修正系数相对较小，一般在 0.1~0.3 之间。这是因为黏性土颗粒细小，具有较强的黏结性，基础宽度增加对其承载力的提升相对有限。在确定黏性土的宽度修正系数时，还需考虑土的含水量。含水量较高时，土的抗剪强度降低，宽度修正系数应适当降低取值。对特殊土的修正系数的确定更为复杂，以软土为例，其修正系数主要基于不排水抗剪强度 c_u。通过现场十字板剪切试验或室内不排水三轴压缩试验测定 c_u 后，根据大量工程实践和经验总结，建立不排水抗剪强度与承载力修正系数的关系。当 c_u 值较低时，说明软土的强度极低，为保证地基在建筑物荷载作用下的稳定性，修正系数需较大幅度地降低地基承载力的取值。对于湿陷性黄土，修正系数的确定与湿陷类型（自重湿陷性或非自重湿陷性）和湿陷等级密切相关。通过室内黄土湿陷性试验，确定黄土的湿陷系数，进而判断湿陷类型和等级。对于自重湿陷性黄土，若湿陷等级较高，修正系数需大幅折减地基承载力，以确保在地基被水浸湿发生湿陷后，建筑物仍能安全使用。在实际工程中，常结合现场载荷试验结果，对基于湿陷等级确定的修正系数进行调整，使其更符合实际情况。膨胀土的修正系数根据其膨胀性指标确定，自由膨胀率和膨胀力是关键指标。当自由膨胀率较大时，表明膨胀土的膨胀性较强，对基础的顶托力较大，为保证基础在膨胀土胀缩作用下的稳定性，需降低地基承载力，此时修正系数取值较小。同时，若膨胀土的膨胀力较大，修正系数需相应调整，以反映膨胀土对基础承载力的影响。对于冻土，修正系数的确定要考虑其冻融特性。对于季节性冻土，夏季融化后的地基土状态决定了修正系数的取值。若融化后的地基土变为软塑或流塑状态，承载力大幅降低，修正系数需显著降低地基承载力的取值。对于多年冻土，要考虑其温度、含冰量等参数。温度升高，冻土中的冰逐渐融化，土的力学性质改变，承载力下降，修正系数需根据温度变化对地基承载力进行调整。在实际工程中，确定修正系数时，需综合运用现场测试、室内试验以及相关规范和经验。不同的修正系数相互关联，共同影响地基承载力的修正结果。只有准确确定修正系数，才能合理修正地基承载力，为工程设计提供可靠依据，确保建筑物在特殊土地基上的安全性和稳定性。

第三章 浅基础设计

第一节 浅基础类型

一、独立基础

独立基础作为浅基础中的常见类型，在建筑工程领域应用广泛。其核心特点在于，每个柱子对应一个独立的基础，各基础之间相互独立、互不干扰。这种独立性使得独立基础在结构受力上较为清晰，每个基础仅需承担对应柱子传来的荷载，以便于进行针对性的设计与计算。独立基础的形状多样，最常见的是方形和矩形。方形独立基础在各个方向上的受力性能较为均衡，适用于柱子荷载较为均匀且无明显方向性的情况。矩形独立基础则可根据柱子在不同方向上的受力差异，调整长、宽尺寸，以更好地适应荷载分布。例如，当柱子在一个方向上承受较大弯矩时，可适当增加矩形独立基础在该方向的长度，提高基础的抗弯能力。此外，在一些特殊情况下，如圆形柱子或场地条件限制，也会采用圆形独立基础。圆形独立基础在各个方向上的刚度较为一致，能较好地适应圆形柱子的受力特点。在适用场景方面，独立基础主要适用于柱下。当柱距较大且地基条件较好时，独立基础具有显著优势。在单层工业厂房中，由于生产工艺的需求，柱距往往较大，一般在 6~9m 甚至更大。同时，工业厂房建设场地多经过前期处理，地基土多为承载力较高的砂土或黏性土。此时采用独立基础，施工相对简单，可直接将柱子的荷载传递到地基上，对地基土的适应性较强。不仅能满足承载要求，还能降低施工难度和成本。在一些多层框架结构的民用建筑中，若柱距较大且地基承载力满足要求，也可采用独立基础。设计独立基础时，精确计算柱子的内力是关键的一步。需准确计算柱子的轴力、弯矩和剪力等。轴力是柱子垂直方向上承受的压力，直接决定了基础的竖向承载需求。弯矩则反映了柱子在水平方向上受到的力所产生的转动效应，会对基础的底面尺寸和配筋产生影响。剪力是柱子在水平方向上承受的剪切力，对基础的抗剪设计至关重要。根据这些内力，结合地基承载力，确定基础的底面尺寸和高度。基础底面尺寸要保证在柱子荷载作用下，地基土所承受的压力不超过其允许承载力。基础高度则需满足抗冲切和抗弯的要求，防止基础在柱子荷载作用下发生冲切破坏和弯曲破坏。同时，要考虑基础的配筋。基础的配筋设计需根据内力计算结果，在基础的底部和侧面配置合适数量和规格的钢筋，以确保基础在承受荷载时不发生破坏，满足强度和变形的要求。在施工过程中，也有诸多需要注意的事项。首先，基础的定位要准确，确保柱子与基础的位置对应无误。在开挖基础土方时，要注意边坡的稳定性，防止塌方事故发生。若土质较差，可能需要采取支护措施。在基础混凝土浇筑过程中，要保证混凝土的浇筑质量，避免出现蜂窝、麻面等缺陷。同时，要注意混凝土的振捣，确保混凝土的密实度。在基础养护期间，要按照规定的时间和方法进行养护，以保证混凝土强度的正常增长。以某大型机械制造厂房为例，该厂房采用钢结构框架，柱距为8m，地基土为中密度的砂土，检测发现地基承载力较高。经过详细的结构计算和分析，决定采用方形独立基础。在设计过程中，精确计算柱子的内力，根据地基承载力确定基础底面尺寸为3m×3m，基础高度为1.2m。通过内力分析，合理配置基础的配筋。在施工过程中，严格按照设计要求进行基础定位、土方开挖、混凝土浇筑和养护等工作。厂房建成后，在多年的使用过程中，基础未出现任何异常情况，有效地保证了厂房的安全稳定运行。独立基础因独具特点和优势，在建筑工程中发挥着重要作用。通过合理的设计、精心的施工，独立基础能够满足各种建筑结构的承载需求，为建筑物的安全使用提供坚实的保障。

二、条形基础

条形基础是浅基础体系中的重要组成部分，在建筑工程中应用颇为广泛。它通常沿着墙体或柱列方向连续布置，这一特点使其在荷载传递和结构稳定性方面具有独特优势。从受力角度来看，条形基础能够将上部结构传来的荷载较为均匀地分散到地基土上。对于墙下条形基础，它如同一条连续的承载梁，承担着墙体的全部重量，并将这些荷载扩散到地基，有效减小了地基土单位面积上所承受的压力。对于柱下条形基础，当柱距较小且地基土承载力相对较低时，它能够将多个柱子的荷载整合起来，通过自身的连续结构传递到地基，增强了基础的整体性和稳定性。条形基础的主要类型包括墙下条形基础和柱下条形基础。墙下条形基础多应用于砌体结构的建筑物，如多层住宅、办公楼等。这类基础一般采用混凝土或砖石材料建造。混凝土墙下条形基础具有较好的抗压和抗弯能力，施工时可根据设计要求现场浇筑，能够适应不同的基础形状和尺寸要求。砖石墙下条形基础则具有一定的历史文化价值，在一些传统建筑中较为常见，它利用砖石的砌筑工艺，形成稳定的基础结构。柱下条形基础主要适用于框架结构中柱距较小的情况。当柱子的荷载较大，而地基土的承载力不足以支撑单个独立基础时，柱下条形基础通过将多个柱子连接起来，共同承担荷载，从而提高基础的承载力。在适用场景方面，墙下条形基础适用于以墙体为主要承重结构的建筑。在多层砖混结构住宅中，墙体承担了建筑物的大部分竖向荷载，此时采用墙下条形基础能够有效地将墙体荷载传递到地基，保证建筑物的稳定性。例如，在某多层砖混结构住宅小区的建设中，根据地质勘察报告，地基土为粉质黏土，承载力满足要求。设计人员采用了混凝土墙下条形基础，基础宽度根据墙体荷载和地基承载力确定，一般在 1~1.5m 之间。通过合理的设计和施工，该小区建成后，基础未出现明显沉降和裂缝等问题，保障了居民的居住安全。柱下条形基础则常用于框架结构中柱距较密的情况，在一些商业建筑的底层框架部分，由于空间布局的需要，柱子布置较为密集，且柱子所承受的荷载较大。此时，若采用独立基础,可能导致基础之间的相互影响较大,且地基土的承载力难以得到充分利用。而柱下条形基础能够将相邻柱子的荷载进行整合,通过连续的基础梁将荷载传递到地基,有效解决了这一问题。例如,在某商业综合体的底层框架结构设计中,柱距为4~5m,柱子所承受的荷载较大。经分析计算,采用了柱下条形基础,基础梁的高度和宽度根据柱子荷载和地基承载力进行了优化设计。施工过程中,严格控制基础梁的钢筋布置和混凝土浇筑质量,确保了基础的承载力和整体性。在设计条形基础时,需考虑多个关键因素。首先,要准确计算上部结构传来的荷载,包括恒载、活载以及可能的附加荷载等。根据这些荷载,结合地基承载力,确定基础的宽度和高度。基础宽度要保证地基土所承受的压力在允许范围内,基础高度则需满足抗弯和抗剪的要求。对于墙下条形基础,要考虑墙体的稳定性和基础的不均匀沉降问题。在设计过程中,可通过设置基础圈梁等措施,增强基础的整体性和抵抗不均匀沉降的能力。对于柱下条形基础,要进行详细的内力分析,包括基础梁的弯矩、剪力和轴力计算等。根据内力分析结果,合理配置基础梁的钢筋,确保基础梁在承受荷载时不会发生破坏。在施工过程中,也有诸多注意事项。在基础定位放线时,要确保基础的位置准确无误,尤其是对于墙下条形基础,基础的位置偏差可能影响墙体的砌筑质量。在开挖基础土方时,要注意边坡的支护,防止土方坍塌。在土质较差的情况下,可采用钢板桩、灌注桩等支护方式。在混凝土浇筑过程中,要保证混凝土的浇筑质量,避免出现冷缝、孔洞等缺陷。同时,要注意混凝土的振捣,确保混凝土的密实度。在基础养护期间,要按照规定的时间和方法进行养护,以保证混凝土强度的正常增长。对于砖石条形基础,要注意砖石的砌筑质量,保证灰缝饱满、平整,墙体垂直。条形基础凭借其独特的结构形式和承载特点,在建筑工程中发挥着重要作用。通过合理的设计和精心的施工,条形基础能够有效地将上部结构荷载传递到地基,确保建筑物的安全性和稳定性。

三、筏板基础

筏板基础是浅基础类型中一种具有特殊结构和承载性能的基础形式,在各类建筑工程中发挥着重要作用。它以大面积的连续板状结构直接坐落于地基之上，将上部结构传来的荷载均匀分布到地基土中。从结构特点来看，筏板基础犹如一块巨大的平板覆盖在地基表面，整体性极强。这种结构使得筏板基础在承受荷载时，能将集中的上部荷载有效地分散开来，避免了局部应力集中现象。与其他浅基础类型相比，筏板基础的刚度较大，能够较好地适应地基土的不均匀性，有效减少了基础的沉降量和不均匀沉降。筏板基础适用于多种复杂的工程场景。当遇到地基承载力较低的情况时，如在软土地基区域，普通的浅基础无法满足上部结构的承载需求，而筏板基础通过增大基础与地基的接触面积，降低了地基土单位面积所承受的压力，从而使地基能够承受更大的荷载。同时，对于上部结构荷载较大的建筑物，如高层建筑、大型商业综合体等，筏板基础凭借强大的承载力和良好的整体性，能够确保建筑物在长期使用过程中的稳定性。此外，对不均匀沉降要求严格的建筑，如精密仪器厂房、医院等，筏板基础的均布荷载特性和高刚度能有效控制基础的沉降差异，保证建筑物的正常使用。根据其结构形式，筏板基础可分为平板式筏板基础和梁板式筏板基础。平板式筏板基础构造相对简单，它是一块等厚度的钢筋混凝土板，可直接放置在地基上。平板式筏板基础施工方便，模板工程相对简单，适用于地基条件较好、上部结构荷载相对较小的情况。例如，在一些多层建筑中，当地基土为中等强度的黏性土或砂土，且上部结构为一般的框架结构时，平板式筏板基础能够满足承载和沉降要求。梁板式筏板基础则是在平板的基础上，设置了纵横方向的梁。这些梁可以增加筏板基础的抗弯和抗剪能力，适用于上部结构荷载较大、地基条件相对较差的情况。在高层建筑中，由于荷载巨大，采用梁板式筏板基础能够更好地将荷载传递到地基，增强基础的稳定性。在设计筏板基础时，需综合考虑多个关键因素。首先，要精确计算上部结构传来的各类荷载，包括恒载、活载以及风荷载、地震作用等偶然荷载。根据这些荷载以及地基承载力特征值，确定筏板基础的厚度和平面尺寸。筏板基础的厚度需满足抗冲切、抗剪切和抗弯的要求，以防止基础在荷载作用下发生破坏。平面尺寸要保证地基土所承受的压力不超过其允许承载力。同时，要进行详细的内力分析，确定筏板基础的配筋。对于平板式筏板基础，配筋主要考虑板在两个方向上的弯矩和剪力；而对于梁板式筏板基础，除了考虑板的配筋，还需对梁进行专门的配筋设计，确保梁和板在承受荷载时协同工作，共同保证基础的安全。在施工过程中，筏板基础也有诸多注意事项。在基础施工前，要进行准确的定位放线，以确保筏板基础的位置符合设计要求。在开挖基础土方时，要注意边坡的稳定性，对于较深的基坑，可能需要采用支护结构，如地下连续墙、土钉墙等，以防止土方坍塌。在筏板基础的钢筋绑扎过程中，要严格按照设计要求确定钢筋的间距和数量，确保钢筋的连接质量。对于梁板式筏板基础，要注意梁和板钢筋的交叉布置，保证结构具有整体性。在混凝土浇筑时，由于筏板基础的混凝土方量较大，可能需要采用分层浇筑、分段浇筑等方法，以确保混凝土的浇筑质量，避免出现冷缝、孔洞等缺陷。同时，要加强混凝土的振捣，确保混凝土的密实度。在基础养护期间，要按照规定的时间和方法进行养护，保证混凝土强度的正常增长。此外，还需注意筏板基础的防水处理，特别是对于有地下室的建筑，要做好筏板基础的防水卷材铺设或采用抗渗混凝土，防止地下水渗漏。以某高层写字楼为例，该建筑高度为100m，采用框架—核心筒结构，上部结构荷载较大。经地质勘察，地基土为软土，承载力较低。经过详细的结构计算和分析，决定采用梁板式筏板基础。在设计过程中，根据上部结构荷载和地基承载力，确定筏板基础的厚度为2m，平面尺寸根据建筑物的占地面积进行了优化设计。通过内力分析，合理配置了筏板基础的钢筋，包括板钢筋和梁钢筋。在施工过程中，采用地下连续墙进行基坑支护，确保了土方开挖的安全性。在钢筋绑扎和混凝土浇筑过程中，严格控制施工质量。经过精心施工，该写字楼建成后，基础沉降量控制在允许范围内，有效保证了建筑物的安全稳定。

四、箱形基础

箱形基础是浅基础体系中一种具有独特构造和卓越性能的基础形式，在建筑工程领域发挥着关键作用。其结构由钢筋混凝土顶板、底板以及纵横交错的隔墙共同组成，形成一个封闭的箱体结构。从结构特性来看，箱形基础的空间刚度极大。顶板、底板和隔墙相互连接，协同工作，赋予了箱形基础强大的整体性和稳定性。相较于其他浅基础类型，箱形基础的封闭箱体结构使其能够更好地抵抗各种复杂荷载作用下的变形。在承受上部结构传来的竖向荷载时，箱形基础能够将荷载均匀地分布到整个基础结构上，有效避免了局部应力集中现象。同时，在面对水平荷载，如地震力、风力时，箱形基础凭借较大的空间刚度，形成了较强的抗侧移能力，确保了建筑物在恶劣工况下的稳定性。箱形基础适用于多种特定的工程场景，在高层建筑领域，由于建筑物高度大，上部结构荷载巨大，且对基础的稳定性和抗沉降能力要求极高，箱形基础成为理想的选择。其强大的承载力和良好的整体性能够有效支撑高层建筑的重量，控制基础的沉降量和不均匀沉降，保证建筑物的使用安全。例如，在城市中心的超高层建筑建设中，面对复杂的地质条件和巨大的上部荷载，箱形基础能够充分发挥其优势，为建筑物提供可靠的基础支撑。对于对不均匀沉降要求极为严格的建筑物，如精密仪器制造厂房、医院的特殊病房楼等，箱形基础的高刚度和均布荷载特性能够将基础的沉降差异控制在极小范围内，确保了建筑物内部的设备正常运行和结构稳定。在设计箱形基础时，需要综合考虑多个关键因素。首先，要对上部结构传来的各类荷载进行精确计算，包括恒载、活载以及地震作用、风荷载等偶然荷载。根据这些荷载以及地基承载力特征值，确定箱形基础的整体尺寸，包括长度、宽度和高度。箱形基础的高度既要满足上部结构荷载的承载需求，又要考虑地下室的使用功能要求。例如，若地下室需要作为停车场使用，需保证足够的净空高度。顶板和底板的厚度需根据荷载大小和结构内力分析结果确定，以满足抗弯、抗剪和抗冲切的要求。隔墙的布置和厚度设计要考虑结构的空间刚度和传力路径，确保荷载能够有效地在基础结构内传递。同时，要进行详细的结构内力分析，确定顶板、底板和隔墙的配筋。配筋设计要保证基础在各种荷载组合作用下，结构构件不会发生破坏，满足强度和变形要求。在施工过程中，箱形基础的施工有诸多注意事项。在基础施工前，要进行准确的定位放线，确保箱形基础的位置符合设计要求。在开挖基础土方时，对于较深的基坑，必须重视边坡的稳定性。可能需要采用各种支护结构，如地下连续墙、排桩支护等，以防止土方坍塌，保证施工安全。在钢筋绑扎过程中，要严格按照设计要求布置钢筋的间距和数量，特别要注意顶板、底板和隔墙钢筋的交叉连接部位，确保钢筋的连接质量，保证结构的整体性。在混凝土浇筑时，由于箱形基础的混凝土方量较大，且结构复杂，可能需要采用分层浇筑、分段浇筑的方法，确保混凝土的浇筑质量，避免出现冷缝、孔洞等缺陷。同时，要加强混凝土的振捣，确保混凝土的密实度。在基础养护期间，要按照规定的时间和方法进行养护，保证混凝土强度的正常增长。此外，对于箱形基础的防水处理至关重要，特别是有地下室的情况。要做好顶板、底板和隔墙的防水卷材铺设或采用抗渗混凝土，防止地下水渗漏，确保地下室能够正常使用。以某城市的大型医院住院楼为例，该建筑高度为 50m，采用框架—剪力墙结构，上部结构荷载较大，且对不均匀沉降要求严格。经地质勘察，地基土为软土，承载力相对较低。经过详细的结构计算和分析，决定采用箱形基础。在设计过程中，根据上部结构荷载和地基承载力，确定箱形基础的长度为 80m，宽度为 30m，高度为 5m，其中，地下室有两层，为停车场和设备用房。通过内力分析，合理配置了箱形基础顶板、底板和隔墙的钢筋。在施工过程中，采用了地下连续墙进行基坑支护，确保了土方开挖的安全性。在钢筋绑扎和混凝土浇筑过程中，严格控制施工质量，经过精心施工，该住院楼建成后，基础沉降量极小且均匀，有效保证了建筑物的安全稳定，满足了医院对建筑稳定性的严格要求。

第二节　基础埋深确定

一、工程地质因素

在确定基础埋深的过程中，工程地质因素起着决定性作用。工程地质条件涵盖了地基土的类型、分布状况、物理力学性质以及是否存在不良地质现象等多个方面。这些因素相互交织，共同影响着基础埋深的选择。地基土的类型是首要考虑的因素，不同类型的土具有不同的承载力和变形特性。例如，岩石地基通常具有极高的承载力，能够承受较大的上部荷载。若建筑场地的地基为完整坚硬的岩石，在满足其他条件的情况下，基础埋深可以相对较浅。然而，现实中岩石地基的情况较为复杂，可能存在风化层、节理裂隙等情况。若岩石存在较厚的强风化层，其承载力会大幅降低，此时基础需穿过强风化层，置于中风化或微风化的岩石上，以确保基础的稳定性，这就意味着基础埋深要相应增加。黏性土地基在建筑工程中极为常见。黏性土的工程性质与土的含水量、孔隙比、塑性指数等密切相关。当黏性土含水量较高、孔隙比较大时，土的强度较低，压缩性较高。对于这类软黏性土地基，为保证基础的稳定性和控制沉降量，基础埋深需适当增加，可能需要将基础置于下部较密实的黏性土层或其他较好的土层上。相反，若黏性土处于硬塑或坚硬状态，其承载力相对较高，基础埋深可适当减小。砂土地基的承载力和稳定性与砂土的密实度紧密相关。密实的砂土具有较高的承载力和良好的抗剪强度，基础埋深可以相对较浅。但在某种情况下，砂土地基可能存在液化的风险，尤其是在地震区。当砂土的粒径、级配以及地下水位等条件满足一定要求时，在地震作用下，砂土可能发生液化，导致地基丧失承载力。为避免这种情况，在地震区的砂土地基上确定基础埋深时，不仅要考虑砂土的常规承载力，还要考虑抗震要求，可能需要增加基础埋深，以增强基础的稳定性和抗液化能力。地基土的分布状况同样对基础埋深的确定至关重要，若地基土呈均匀分布，基础埋深的确定相对较为简单，只需根据土的性质和上部荷载等因素进行常规计算即可。然而，在实际工程中，地基土往往是不均匀分布的，可能存在软硬土层交替的情况。例如，上部为较薄的硬土层，下部为深厚的软土层。此时，若将基础置于上部硬土层上，虽然短期内可以满足承载要求，但随着时间推移或在较大荷载作用下，硬土层可能发生冲切破坏，导致基础沉降过大。因此，在这种情况下，需要增加基础埋深，穿过上部硬土层，置于下部相对较好的土层上，以保证基础的长期稳定性。此外，地基土的物理力学性质参数，如土的重度、内摩擦角、黏聚力等，对基础埋深的确定也有直接影响。土的重度影响地基土的自重应力，进而影响基础底面的附加应力分布。内摩擦角和黏聚力则决定了土的抗剪强度，与地基的稳定性密切相关。

通过这些物理力学性质参数，可以进行地基承载力计算和稳定性分析，从而确定合适的基础埋深。不良地质现象也是确定基础埋深时不可忽视的工程地质因素，如场地内存在滑坡、泥石流、溶洞、暗浜等不良地质现象。基础埋深的确定必须充分考虑这些因素的影响。对于滑坡地段，基础应避免设置在滑坡体上，若无法避开，需采取有效的抗滑措施，且基础埋深要足够深，以确保基础在滑坡推力作用下的稳定性。在溶洞地区，要查明溶洞的分布范围、大小和充填情况等。基础应尽量避开溶洞，若无法避开，需对溶洞进行处理，并根据处理后的情况确定合适的基础埋深。工程地质因素在基础埋深确定中占据核心地位，在实际工程中，必须通过详细的工程地质勘察，全面了解地基土的类型、分布、物理力学性质以及是否存在不良地质现象等，综合考虑各种因素，才能准确确定基础埋深，确保建筑物的安全性、稳定性和正常使用。

二、水文地质因素

在基础埋深确定的过程中，水文地质因素扮演着极为重要的角色，对建筑物基础的稳定性、耐久性以及工程造价等方面均有重要影响。水文地质条件主要涉及地下水位、地下水的腐蚀性、含水层分布等内容。这些因素相互关联，共同制约着基础埋深的设计。地下水位是首要考量的关键水文地质因素，地下水位直接影响基础的设计与施工。当基础位于地下水位之上时，施工过程相对简单，无须考虑过多的防水措施，基础的耐久性也相对容易保证。然而，若地下水位较高，基础施工时需采取降水措施，以确保施工环境的干燥，便于基础的开挖与浇筑。但降水过程可能引发周边地层的沉降，对邻近建筑物产生不利影响。从基础稳定性角度出发，若基础埋深过浅，地下水位变化可能导致地基土的有效应力改变，进而影响地基的承载力。在地下水位季节性变化较大的地区，水位上升时，地基土的重度增加，且可能使原本处于非饱和状态的土变为饱和状态，降低土的抗剪强度。为避免此类情况对基础稳定性构成威胁，需适当增加基础埋深，以保证基础始终处于稳定的应力状态。地下水的腐蚀性也是不可忽视的因素。地下水可能含有各种化学成分，如硫酸根离子、氯离子等。当这些具有腐蚀性的成分含量较高时，会对基础材料，尤其是混凝土和钢筋产生腐蚀作用。对于混凝土基础，硫酸根离子会与混凝土中的水泥成分发生化学反应，生成膨胀性物质，导致混凝土结构开裂、强度降低。而氯离子则容易侵蚀钢筋表面的钝化膜，引发钢筋锈蚀，使钢筋的力学性能下降，严重影响基础的耐久性。若建筑物所在场地的地下水具有腐蚀性，在确定基础埋深时，一方面要考虑基础的耐久性要求，适当增加基础的保护层厚度；另一方面要将基础埋深加大，使基础尽量避开腐蚀性较强的上层地下水，或者采取特殊的防腐措施，如使用抗腐蚀的混凝土添加剂、对钢筋进行防腐处理等。但无论采取何种措施，都需要综合考虑基础埋深的调整，以确保基础在设计使用年限内能够正常工作。含水层分布状况同样对基础埋深确定有着重要影响。若场地内存在多个含水层，且含水层之间存在水力联系，基础埋深的确定需谨慎。当基础穿越不同含水层时，可能面临涌水、流砂等问题。例如，在一些冲积平原地区，存在多层砂质含水层，且含水层之间水力联系密切。若基础埋深不当，在施工过程中可能遭遇大量涌水，导致施工困难甚至危及施工安全。此外，不同含水层的渗透性不同，基础在不同含水层中的稳定性也会有所差异。渗透性较大的含水层，地下水的流动速度较快，可能带走地基土中的细颗粒，导致地基土的强度降低。因此，在确定基础埋深时，要充分了解含水层的分布情况，尽量使基础避开渗透性过大的含水层，或者采取相应的止水、排水措施，保证基础的稳定性。此外，地下水的浮力作用也与基础埋深密切相关。当基础位于地下水位以下时，基础会受到地下水的浮力作用。而对于地下室等具有较大地下空间的建筑物，浮力的影响更为显著。若基础埋深过浅，地下水浮力可能超过基础及上部结构的自重，导致建筑物上浮，破坏基础的稳定性。为确保建筑物的稳定性，需要根据地下水的浮力大小，结合基础及上部结构的重量，通过计算确定合适的基础埋深，使基础能够抵抗地下水的浮力作用。同时，在设计过程中，还需考虑浮力的变化情况，如在雨季地下水位上升时，基础仍能满足抗浮要求。水文地质因素在基础埋深确定中具有重大影响，在实际工程中，必须通过详细的水文地质勘察，全面掌握地下水位、地下水腐蚀性、含水层分布等情况，综合考虑各种因素，科学合理地确定基础埋深，以保障建筑物的安全、稳定和长久使用。

三、建筑物用途

在确定基础埋深时，建筑物用途是一个不可忽视的重要因素。不同用途的建筑物，因其功能需求、结构特点以及对变形和稳定性的要求各异，使得基础埋深的确定呈现出多样化的特点。对于一般的住宅建筑，其用途主要是满足人们的居住需求。这类建筑通常层数相对较低，结构形式多为砖混结构或框架结构。由于住宅建筑对居住的舒适性和安全性要求较高，基础埋深的确定需考虑多方面因素。在满足地基承载力要求的前提下，要尽量控制基础的沉降量，避免因沉降过大带来墙体开裂、门窗变形等问题，影响居民的正常生活。一般来说，多层住宅的基础埋深在 1.5~3m 之间。若建筑场地的地基土较为均匀且承载力较好，基础埋深可相对浅一些；若地基土存在软弱土层，则可能需要适当增加基础埋深，将基础置于较好的土层上。例如，在某住宅小区建设中，场地地基土上部为 2m 厚的粉质黏土，下部为中等密度的砂土。为保证住宅的稳定性，基础埋深确定为 2.5m，穿过粉质黏土层，置于砂土上，有效控制了基础的沉降。工业建筑的用途较为复杂，其涵盖了生产、仓储等多种功能。工业建筑往往需要承受较大的设备荷载和动力荷载，对基础的承载力和稳定性要求极高。例如，重型机械制造厂房内，大型机械设备的重量较大，且在运行过程中会产生振动和冲击力。为了确保基础能够承受这些荷载，基础埋深通常较大。同时，工业建筑的柱距一般较大，基础形式多采用独立基础或柱下条形基础。在确定基础埋深时，不仅要考虑上部结构荷载，还要考虑设备的安装和运行要求。对于有地下室用于仓储的工业建筑，基础埋深的确定还需考虑地下室的使用功能和抗浮要求。例如，某大型汽车制造厂房，由于设备荷载大，且部分区域有地下仓储需求，基础埋深达到了 5m，采用了筏板基础，以保证基础的承载力和稳定性。公共建筑的用途多样，包括办公楼、商场、医院、学校等。这些建筑人员密集，对安全性和使用功能的要求极为严格。以医院为例，为了保证医疗设备的正常运行，对基础的沉降控制要求极高，基础埋深需要根据地质条件和上部结构荷载进行精确计算，以确保基础的稳定性。医院的一些特殊科室，如手术室、影像室等，对地面的平整度和稳定性要求更高，基础埋深可能需要适当加大。对于商场建筑，其内部空间较大，柱网布置较为复杂，且可能存在较大的商业荷载，基础埋深需综合考虑这些因素。在一些大型商场的设计中，基础埋深可能达到3~4m，采用筏板基础或箱形基础，以满足承载和稳定性要求。高层建筑的用途广泛，可能是住宅、办公、商业等多种功能的组合。高层建筑因其高度大，上部结构荷载巨大，对基础的承载力和稳定性提出了极高的要求。从结构稳定性角度考虑，高层建筑的基础埋深通常要达到建筑物高度的一定比例。根据相关规范，对于非岩石地基，基础埋深不宜小于建筑物高度的1/15；对于岩石地基，基础埋深不宜小于建筑物高度的1/18。例如，一座100m高的高层建筑，在非岩石地基上，其基础埋深可能需要达到6.7m。高层建筑的基础多采用筏板基础、箱形基础或桩基础与筏板基础的组合形式。在确定基础埋深时，除了考虑上部结构荷载和地质条件，还需考虑风荷载、地震作用等水平荷载对基础的影响，确保基础在各种工况下都能保持稳定。对于一些有特殊用途的建筑物，如纪念碑、塔架等，基础埋深的确定有独特的要求。纪念碑通常作为城市的标志性建筑，对稳定性和耐久性要求极高。为了确保纪念碑在长期的自然环境作用下不发生倾斜、沉降等问题，基础埋深需要根据地质条件和纪念碑的高度、重量等因素进行专门设计。塔架类建筑，如输电塔、通信塔等，由于较高且承受较大的水平荷载，基础埋深不仅要满足承载要求，还要具备足够的抗倾覆能力。在一些山区或沿海地区，输电塔的基础埋深可能需要根据地形条件和风力情况进行特殊设计，以保证塔架在恶劣环境下的稳定性。

四、相邻基础影响

在确定基础埋深时，相邻基础的影响是一个不容忽视的重要因素。相邻基础之间的相互作用，可能对基础的稳定性、沉降变形以及施工过程产生显著影响。相邻基础的间距是影响基础埋深的关键因素之一。当相邻基础间距较小时，它们之间的应力叠加效应明显。根据土力学原理，基础在承受上部结构荷载后，会在地基土中产生应力扩散。若相邻基础间距过小，各自产生的应力区域相互重叠，则基土中的附加应力增大。这可能使地基土的压缩变形增加，进而引起基础沉降量增大。例如，在某城市的旧城改造项目中，两栋相邻的多层建筑，由于规划原因，基础间距仅 2m。在施工过程中发现，两栋建筑的基础沉降量均超出了预期，且出现了不均匀沉降的迹象。经分析，正是由于相邻基础间距过小，应力叠加导致地基土变形过大。为避免此类情况，在确定基础埋深时，需要根据相邻基础的荷载大小、地基土的性质等因素，合理控制基础间距。一般来说，对于黏性土地基，相邻基础的净距不宜小于基础底面高差的 1~2 倍；对于砂性土地基，净距不宜小于基础底面高差的 2~3 倍。若无法满足上述间距要求，则需要采取相应的措施，如对地基进行加固处理，以减小应力叠加的影响。新建基础与既有基础的关系也是确定基础埋深时需要重点考虑的内容。当在既有建筑物附近新建基础时，新建基础的施工和使用可能对既有基础产生不利影响。一方面，新建基础的开挖可能导致既有基础周围土体的侧向位移和应力释放，从而影响既有基础的稳定性。例如，在既有建筑物旁边进行深基坑开挖时，如果不采取有效的支护措施，可能使既有基础发生倾斜甚至被破坏。另一方面，新建基础的沉降也可能对既有基础产生影响。若新建基础的沉降量过大，可能引起相邻土体的变形，进而导致既有基础产生附加沉降。因此，在确定新建基础的埋深时，需要充分考虑既有基础的情况。若既有基础埋深较浅，且地基土较为软弱，新建基础在满足自身承载要求的前提下，应尽量减小埋深，以减小对既有基础的影响。同时，在施工过程中，要采取相应的保护措施，如设置挡土墙、进行土体加固等，确保既有基础的安全性。不同基础形式之间的相互影响也会影响基础埋深的确定，例如，当相邻基础分别为浅基础和桩基础时，桩基础在施工过程中可能对周围土体产生挤土效应。特别是在饱和软黏土地基中，桩基础的打入会使周围土体产生侧向挤压和向上隆起，这可能对相邻的浅基础产生不利影响。为了避免出现这种情况，在确定浅基础的埋深时，需要考虑桩基础施工的挤土影响范围。一般来说，挤土影响范围与桩的类型、桩径、桩间距以及土体性质等因素有关。在实际工程中，可通过现场试验或经验公式来估算挤土影响范围。若浅基础位于桩基础的挤土影响范围内，可适当增加浅基础的埋深，或者调整桩基础的施工顺序和方法，以减小相互影响。此外，相邻基础的使用功能和上部结构形式也会对基础埋深确定产生影响。例如，相邻的两栋建筑，一栋为商业建筑，其上部结构荷载较大，采用了筏板基础；另一栋为住宅建筑，上部结构荷载相对较小，采用了独立基础。在确定住宅建筑基础埋深时，需要考虑商业建筑筏板基础的影响。由于筏板基础的刚度较大，对地基土的应力扩散范围也较大，住宅建筑的独立基础可能受到筏板基础应力扩散的影响。为了保证住宅建筑基础的稳定性，需要适当增加基础埋深，或者采取其他措施，如设置沉降缝，将两栋建筑的基础分开，以减小相互影响。相邻基础的影响在基础埋深确定中具有重要意义，在实际工程中，需要充分考虑相邻基础的间距、新建基础与既有基础的关系、不同基础形式的相互影响以及相邻基础的使用功能和上部结构形式等因素，通过合理确定基础埋深和采取相应的措施，确保相邻基础的安全、稳定和正常使用。

第三节　基础底面尺寸计算

一、轴心荷载作用

在基础底面尺寸计算过程中，轴心荷载作用是一种较为常见且基础的受力工况。当基础仅承受轴心荷载时，其受力状态相对简单，计算过程也有相应的特点和方法。在轴心荷载作用下，基础所承受的荷载合力通过基础底面的形心。这就意味着基础底面的压力分布是均匀的。从力学原理角度分析，这种均匀的压力分布使得基础在各个方向的受力较为均衡，对基础的稳定性和地基土的承载力评估相对容易。对于独立基础，在轴心荷载作用下，其底面尺寸的计算相对直接。根据前面提到的基础底面面积计算公式 $A =$

$\dfrac{N}{f_a - \gamma_d d}$，这里的 N 即为柱子传来的轴心荷载。例如，有一个柱下独立基础，柱子传来的轴心荷载 N 为 800kN，修正后的地基承载力特征值 f_a 为 180kPa，基础底面以上土的加权平均重度 γ_d 为 17kN/m^3，基础埋深 d 为 1.8m。将这些参数代入公式可得：

$$
\begin{aligned}
A &= \frac{800}{180 - 17 \times 1.8} \\
&= \frac{800}{180 - 30.6} \\
&= \frac{800}{149.4} \\
&\approx 5.36 \text{m}^2
\end{aligned}
$$

若基础底面为正方形，可进一步计算出底面边长 $a = \sqrt{A} = \sqrt{5.36} \approx 2.32\text{m}$。通过这样的计算，初步确定了独立基础在轴心荷载作用下的底面尺寸。在实际工程中，还需考虑一些构造要求和施工便利性等因素，对计算结果进行适当调整。例如，根据模板尺寸、钢筋布置等因素，将基础底面尺寸调整为整数，同时要确保调整后的底面尺寸满足地基承载力要求。对于条形基础，在轴心荷载作用下，计算同样基于地基承载力公式。以墙下条形基础为例，假设墙体传来的线荷载为 q，则根据公式 $b = \dfrac{q}{f_a - \gamma_d d}$ 计算基础底面宽度。例如，某墙体传来的线荷载 q 为 120kN/m，修正后的地基承载力特征值 f_a 为 160kPa，基础底面以上土的加权平均重度 γ_d 为 16kN/m^3，基础埋深 d 为 1.3m。将这些参数代入公式可得：

$$
\begin{aligned}
b &= \frac{120}{160 - 16 \times 1.3} \\
&= \frac{120}{160 - 20.8} \\
&= \frac{120}{139.2} \\
&\approx 0.86 \text{m}
\end{aligned}
$$

在实际设计中，需要考虑墙体的厚度、基础的边缘尺寸等因素，对计算得到的基础底面宽度进行适当调整。同时，要保证调整后的宽度能使基底压力满足地基承载力要求，即基底压力 $p = \dfrac{q}{b} \leqslant f_a$。在轴心荷载作用下基础底面尺寸计算的准确性，依赖于各项参数的准确获取。地基承载力特征值 f_a 的确定至关重要，它通常通过现场载荷试验、标准贯入试验等原位测试方法，结合土的物理力学性质参数，依据相关规范进行计算和修正得到。上部结构传来的轴心荷载，需要通过准确的结构分析计算得出，考虑恒载、活载等各种荷载组合情况。基础底面以上土的加权平均重度 γ_d，需通过对基础所在场地的土层进行详细勘察，测定各土层的重度，再根据土层厚度进行加权平均计算。基础埋深 d 则根据工程实际情况，综合考虑建筑物的稳定性、地下水位、相邻建筑物等因素确定。以某小型工业厂房为例，其采用柱下独立基础和墙下条形基础相结合的形式。在计算柱下独立基础底面尺寸时，柱子传来的轴心荷载经过准确计算为 1200kN，通过现场试验和规范计算，确定修正后的地基承载力特征值为 220kPa，基础底面以上土的加权平均重度为 18kN/m³，基础埋深为 2.2m。按照轴心荷载作用下独立基础底面尺寸计算方法，计算出基础底面面积，再根据实际情况调整为合适的尺寸。在计算墙下条形基础底面宽度时，墙体传来的线荷载计算准确，结合地基承载力等参数，计算出基础底面宽度，并进行适当调整。该工业厂房建成后，经过多年使用，基础未出现明显的沉降和破坏现象，证明了在轴心荷载作用下基础底面尺寸计算的合理性和准确性。在基础底面尺寸计算中，轴心荷载作用下的计算方法是基础且重要的。通过准确的参数获取和合理的计算，针对不同类型基础采用相应的计算公式，能够确定满足地基承载力要求的基础底面尺寸，为建筑物的安全稳定提供保障。

二、偏心荷载作用

在基础底面尺寸计算中，偏心荷载作用是较为复杂但常见的工况。当基础承受偏心荷载时，其受力状态与轴心荷载作用下截然不同，对基础底面尺寸的计算也提出了更高要求。在偏心荷载作用下，基础所承受的荷载合力不通过基础底面的形心。这导致基础底面的压力分布不再均匀，一侧压力增大，另一侧压力减小。运用力学原理分析发现，这种不均匀的压力分布会使基础产生倾斜趋势，为基础的稳定性和地基土的承载力评估带来挑战。若基底压力分布不均程度过大，可能导致地基土局部应力集中，进而引发地基土的剪切破坏或过大沉降。对于独立基础，在偏心荷载作用下，其底面尺寸计算需考虑偏心距对基底压力的影响。偏心距 e 是指荷载合力作用点至基础底面形心的距离。首先计算基础底面的抵抗矩 W，对于矩形基础，$W = \dfrac{lb^2}{6}$，其中 l 为基础底面长度，b 为基础底面宽度。其次根据偏心距和荷载大小计算基础底面边缘的最大压力 p_{max} 和最小压力 p_{min}，计算公式为 $p_{max} = \dfrac{N}{A} + \dfrac{M}{W}$，$p_{min} = \dfrac{N}{A} - \dfrac{M}{W}$，其中 N 为基础所承受的竖向荷载，M 为偏心荷载对基础底面形心的力矩，A 为基础底面面积。为保证基础的稳定性和地基土的承载力，需满足 $p_{max} \le 1.2 f_a$ 且 $p_{min} \ge 0$，这里 f_a 为修正后的地基承载力特征值。例如，某柱下独立基础，承受竖向荷载 $N = 1000\text{kN}$，偏心荷载对基础底面形心的力矩 $M = 200\text{kN} \cdot \text{m}$，假设基础底面为矩形，长度 $l = 3\text{m}$，宽度 $b = 2\text{m}$，则 $A = 3 \times 2 = 6\text{m}^2$，$W = \dfrac{3 \times 2^2}{6} =$

2m^3。代入公式可得 $p_{max} = \dfrac{1000}{6} + \dfrac{200}{20} = \dfrac{1000}{6} + 10 = \dfrac{1000+60}{6} = \dfrac{1060}{6} \approx 176.7\text{kPa}$，

$p_{min} = \dfrac{1000}{6} - \dfrac{200}{2} = \dfrac{1000}{6} - 10 = \dfrac{1000-60}{6} = \dfrac{940}{6} \approx 156.7\text{kPa}$。若修正后的地基承载力特征值 $f_a = 200\text{kPa}$，则 $p_{max} > 1.2 f_a$，不满足要求，需要调整基础底面尺寸，重新计算，直至满足条件。对于条形基础，在偏心荷载作用下，同样需要考虑偏心距对基底压力的影响。以墙下条形基础为例假设墙体传来的竖向荷载为 q，偏心距为 e。基础底面边缘的最大压力 $p_{max} = \dfrac{q}{b}\left(1 + \dfrac{6e}{b}\right)$，最小压力 $p_{min} = \dfrac{q}{\iota}$

$\left(1 - \dfrac{6e}{\iota}\right)$，其中 b 为基础底面宽度。通过调整基础底面宽度，使 $p_{max} \le 1.2 f_a$ 且 $p_{min} \ge 0$。例如，某墙下条形基础，墙体传来的竖向荷载 $q = 150\text{kN/m}$，偏心距

$e = 0.2\text{m}$，假设基础底面宽度 $b = 1.5\text{m}$，则 $p_{max} = \dfrac{150}{1.5}\left(1 + \dfrac{6 \times 0.2}{1.5}\right) = 100 \times (1 + 0.8) = 180\text{kPa}$，$p_{min} = \dfrac{150}{1.5}\left(1 - \dfrac{6 \times 0.2}{1.5}\right) = 100 \times (1 - 0.8) = 20\text{kPa}$。若修正后的地基承载力特征值 $f_a = 160\text{kPa}$，$p_{max}^{1.0} > 1.2f_a$，则需要调整基础底面宽度并重新计算。在偏心荷载作用下，计算基础底面尺寸时，准确获取各项参数至关重要。与轴心荷载作用类似，地基承载力特征值 f_a 需通过合理的测试和计算确定，同时要考虑深度和宽度修正。上部结构传来的竖向荷载和偏心荷载产生的力矩，需要通过精确的结构分析计算得出，充分考虑各种荷载组合情况。偏心距的计算要准确，它与上部结构的布置、荷载作用点等因素密切相关。以某大型商业建筑的独立基础设计为例，该建筑柱子承受较大的偏心荷载。经过详细的结构分析，确定柱子承受竖向荷载 $N = 1500\text{kN}$，偏心荷载对基础底面形心的力矩 $M = 300\text{kN} \cdot \text{m}$。通过现场试验和规范计算，确定修正后的地基承载力特征值 $f_a = 250\text{kPa}$。首先假设基础底面尺寸，按照偏心荷载作用下独立基础底面尺寸计算方法，计算基底边缘的最大压力和最小压力。通过多次调整基础底面尺寸，最终确定满足 $p_{max} \leqslant 1.2f_a$ 且 $p_{min} \geqslant 0$ 的基础底面尺寸。该商业建筑建成后，基础稳定，未出现因偏心荷载导致的不均匀沉降和破坏现象，验证了在偏心荷载作用下基础底面尺寸计算的准确性。在偏心荷载作用下基础底面尺寸计算较为复杂，但通过准确的参数获取、合理的计算公式运用以及反复的计算调整，可以确定满足工程要求的基础底面尺寸，确保建筑物在偏心荷载作用下的安全稳定性。

三、软弱下卧层验算

在基础底面尺寸计算过程中，软弱下卧层验算是确保基础设计安全的关键环节。当在基础持力层以下存在软弱土层时，若不进行合理的软弱下卧层验算，可能导致基础沉降过大甚至破坏，严重影响建筑物的稳定性和安全性。软弱下卧层验算是基于地基土的应力分布原理，在基础承受上部结构荷载后，地基土中的应力会随着深度逐渐扩散。当基础持力层以下存在软弱下卧层时，软弱下卧层处的附加应力和自重应力之和可能超过其承载力，从而引发地基的过量沉降或剪切破坏。因此，需要通过验算来确定基础的尺寸和埋深是否满足要求，以保证软弱下卧层的稳定性。弱下卧层的压缩模量比 $E_{s1}/E_{s2} \geqslant 3$ 时，软弱下卧层顶面处的附加应力 p_z 可按公式 $p_z = \dfrac{b(p_k - p_c)}{b_1 + 2a_1 + \tan\theta}$ 计算，其中 b 为基础底面宽度，其他参数意义同独立基础。同样地，对于独立基础，软弱下卧层验算的步骤如下。首先，确定基础底面的压力分布。根据基础所承受的荷载类型（轴心荷载或偏心荷载），计算出基础底面的平均压力 p_k 和边缘最大压力 $p_{k_{\max}}$（假设为偏心荷载）。其次，根据土力学中的应力扩散原理，计算软弱下卧层顶面处的附加应力 p_z。对于矩形基础，当基础持力层与软弱下卧层的压缩模量比 $E_{s1}/E_{s2} \geqslant 3$ 时，附加应力 p_z 可按公式 $p_z = \dfrac{b(p_k - p_c)}{(l + 2z\tan\theta)(b + 2z\tan\theta)}$ 计算，其中 l 和 b 分别为基础底面的长度和宽度，p_c 为基础底面处土的自重应力，z 为基础底面至软弱下卧层顶面的距离，θ 为地基压力扩散角，其值与 E_{s1}/E_{s2} 和 z/b 有关，可通过查表确定。再次，计算软弱下卧层顶面处的自重应力 p_{cz}，它等于基础底面至软弱下卧层顶面各土层的重度与土层厚度乘积之和。最后，进行软弱下卧层承载力验算，需满足 $p_z + p_{cz} \leqslant f_{az}$，其中 f_{az} 为软弱下卧层经深度修正后的地基承载力特征值。若不满足该条件，则需要调整基础底面尺寸或采取地基处理措施。对于条形基础，软弱下卧层验算的原理与独立基础类似，但计算公式有所不同。计算软弱下卧层顶面处的自重应力 p_{cz}，并进行软弱下卧层承载力验算，要求 $p_z + p_{cz} \leqslant f_{az}$。在软弱下卧层验算过程中，准确获取各项参数至关重要。地基承载力特征值 f_{az} 需通过现场试验或经验公式确定，同时要考虑深度修正。基础底面处土的自重应力 p_c 和软弱下卧层顶面处的自重应力 p_{cz} 的计算，需要准确测定各土层的重度和厚度。地基压力扩散角 θ 的取值要根据 E_{s1}/E_{s2} 和 z/b 准确查表确定。此外，基础所承受的荷载以及基础底面尺寸等参数也必须准确无误。以某多层住宅建筑为例，该建筑采用柱下独立基础。经地质勘察，发现基础持力层以下 3m 处存在一层软弱粉质黏土层。基础底面尺寸初步设计为长 4m、宽 3m，基础埋深 2m，基础所承受的轴心荷载为 1500kN。首先计算基础底面的平均压力 p_k，然后根据上述公式计算软弱下卧层顶面处的附加应力 p_z 和自重应力 p_{cz}。通过现场试验确定软弱下卧层经深度修正后的地基承载力特征值 f_{az}。经计算发现 $p_z + p_{cz} > f_{az}$，不满足软弱下卧层承载力要求。于是调整基础底面尺寸，将长度增加到 4.5m，宽度增加到 3.5m，重新进行验算。经过调整后 $p_z + p_{cz} \leq f_{az}$，满足要求。该住宅建筑建成后，经过长期观测，基础沉降稳定，未出现因软弱下卧层导致的异常情况，证明了软弱下卧层验算的重要性和准确性。软弱下卧层验算是基础底面尺寸计算中不可或缺的环节。通过准确的原理运用、公式计算以及参数获取，针对不同类型基础进行合理的软弱下卧层验算，可以确保基础设计的安全性和建筑物的稳定性，避免因软弱下卧层问题引发的工程事故。

四、地基稳定性验算

在基础底面尺寸计算中，地基稳定性验算是保障建筑物安全的核心步骤之一。地基稳定性直接关系到建筑物在整个使用周期内能否正常运行，若地基失稳，将导致建筑物倾斜、开裂甚至倒塌等严重后果。地基稳定性验算主要涉及抗滑稳定性、抗倾覆稳定性以及防止地基土发生整体剪切破坏等方面。抗滑稳定性是指地基抵抗因水平荷载作用而产生滑动的能力。在实际工程中，水平荷载可能来自风荷载、地震作用、土压力等。若地基抗滑稳定性不足，基础可能沿某一滑动面发生滑动，危及建筑物安全。抗倾覆稳定性则是针对那些承受较大偏心荷载或位于斜坡等特殊地形的基础而言，基础需具备足够的抵抗绕某一倾覆点发生倾覆的能力。而防止地基土发生整体剪切破坏，是确保地基在承受上部结构荷载时，不会出现地基土整体滑动形成连续滑动面的情况。对于承受水平荷载的基础，如位于地震区或风力较大区域的建筑基础，抗滑稳定性验算尤为重要。通常采用抗滑力与滑动力的比值来衡量，即抗滑稳定安全系数 $K_s = \dfrac{R}{T}$，其中 R 为抗滑力，T 为滑动力。抗滑力主要由基础底面与地基土之间的摩擦力以及基础侧面土压力产生的被动土压力提供。滑动力则由水平荷载施加。例如，对于一个矩形基础，假设基础底面与地基土之间的摩擦系数为 μ，基础所受竖向荷载为 N，水平荷载为 H，基础侧面被动土压力产生的抗滑力为 P_p。则抗滑力 $R = \mu N + P_p$，滑动力 $T = H$。为保证地基的抗滑稳定性，一般要求抗滑稳定安全系数 $K_s \geqslant 1.2 \sim 1.3$，具体取值根据工程的重要性和实际情况确定。若计算得到的 K_s 值不满足要求，需采取增加基础埋深、设置抗滑键、对地基土进行加固等措施，以提高抗滑力，确保地基的抗滑稳定性。对于承受偏心荷载或位于斜坡上的基础，抗倾覆稳定性验算是关键。以位于斜坡上的基础为例，需计算基础绕某一可能的倾覆点的抗倾覆力矩和倾覆力矩。假设基础底面宽度为 b，基础埋深为 d，基础所受竖向荷载为 N，偏心荷载对基础底面形心的力矩为 M，斜坡的坡度为 α。倾覆力矩主要由偏心荷载产生的力矩以及基础自重沿斜坡方向的分力产生的力矩组成。抗倾覆力矩则由基础自重垂直于斜坡方向的分力与基础底面宽度一半的乘积提供。抗倾覆稳定安全系数 $K_t = \dfrac{M_r}{M_o}$，其中 M_r 为抗倾覆力矩，M_o 为倾覆力矩。一般要求抗倾覆稳定安全系数 $K_t \geqslant 1.5 \sim 1.8$。若 K_t 值不满足要求，可通过调整基础的尺寸、增加基础埋深、改变基础的形状或采取抗倾覆措施等方法来提高抗倾覆稳定性。防止地基土发生整体剪切破坏的验算，通常采用极限平衡法。根据土的抗剪强度指标（内摩擦角 φ 和黏聚力 c）以及地基土的应力状态，计算地基的极限承载力。常用的极限承载力计算公式有太沙基公式、普朗特尔公式等。例如，太沙基极限承载力公式为 $p_u = c N_c + \gamma d N_q + \dfrac{1}{2} \gamma b N_\gamma$，其中 p_u 为地基的极限承载力，N_c、N_q、N_γ 为承载力系数，与土的内摩擦角 φ 有关，可通过查表确定，γ 为地基土的重度，b 为基础底面宽度。在实际计算中，需将基础底面的压力与极限承载力进行比较，要求基础底面的压力小于极限承载力的一定比例，一般为 $p \leqslant \dfrac{p_u}{K}$，其中 K 为安全系数取值，通常在 2~3 之间。若不满足该条件，说明地基可能发生整体剪切破坏，需调整基础底面尺寸或对地基进行处理。在地基稳定性验算过程中，准确获取各项参数至关重要。土的抗剪强度指标需通过现场试验或经验数据确定。基础所承受的竖向荷载、水平荷载以及偏心荷载等，要通过准确的结构分析计算得出。基础的尺寸、埋深以及地基土的重度等参数必须准确无误。以某位于山区的高层建筑为例，该建筑基础位于斜坡上，且处于地震设防区。在进行地基稳定性验算时，首先计算基础所承受的竖向荷载、水平地震作用以及偏心荷载。其次分别进行抗滑稳定性验算和抗倾覆稳定性验算。通过现场试验确定土的抗剪强度指标和地基土的重度。经计算发现，抗滑稳定安全系数和抗倾覆稳定安全系数均不满足要求。于是对基础设计进行调整，增加基础埋深，扩大基础底面尺寸，并在基础底部设置抗滑键。重新进行验算后，各项安全系数均满足要求。该高层建筑建成后，经过多次地震考验，基础稳定，未出现任何安全问题，证明了地基稳定性验算的重要性和有效性。

第四节　基础结构设计

一、混凝土强度选择

在基础结构设计中，混凝土强度的选择是极为关键的环节，直接关乎基础的承载力、耐久性以及整个建筑物的安全稳定。混凝土强度的确定并非随意为之，而是需要综合考虑多方面因素。基础所承受的荷载大小是决定混凝土强度的重要因素之一，基础作为建筑物的支撑结构，需承受上部结构传来的恒载、活载以及可能的偶然荷载。对于承受较大荷载的基础，如高层建筑的筏板基础、大型工业厂房的柱下独立基础等，为保证基础在长期荷载作用下不发生破坏，需选用较高强度等级的混凝土。例如，在某超高层建筑中，由于上部结构荷载巨大，其筏板基础采用了 C50 强度等级的混凝土。较高强度的混凝土能够提供足够的抗压能力，有效抵抗基础所承受的巨大压力，确保基础的稳定性。相反，对于一些承受荷载较小的小型建筑基础，如普通单层住宅的独立基础，选用 C25~C30 强度等级的混凝土即可满足要求。基础的类型也对混凝土强度选择有显著影响。独立基础通常承受柱子传来的集中荷载，对混凝土的抗冲切和抗弯能力要求较高。为满足这些要求，独立基础的混凝土强度等级一般不宜过低。当独立基础承受的荷载较大时，可能需要采用 C35 及以上强度等级的混凝土。条形基础分为墙下条形基础和柱下条形基础。墙下条形基础主要承受墙体的均布荷载，可根据荷载大小和地基条件选用 C20~C35 强度等级的混凝土。柱下条形基础由于要承受多个柱子传来的荷载，且需考虑基础梁的受力性能，选用的混凝土强度等级通常比墙下条形基础略高。筏板基础由于有大面积的连续结构，需承受较大的上部结构荷载，且对基础的整体性和抗变形能力要求较高。一般情况下，筏板基础的混凝土强度等级不低于 C30，对于高层建筑或对基础要求较高的工程，可能采用 C40、C50 等更高强度等级的混凝土。箱形基础具有较大的空间刚度，其顶板、底板和隔墙需承受复杂的荷载作用，选用的混凝土强度等级一般也较高，通常在 C30~C45 之间。混凝土的耐久性与强度密切相关，在选择混凝土强度时也需充分考虑。耐久性是指混凝土在使用环境中抵抗各种破坏因素的作用，长期保持强度和外观完整性的能力。在有侵蚀性介质的环境中，如基础处于地下水位较高且含有腐蚀性化学物质的地区，为保证混凝土在长期使用过程中不被侵蚀破坏，需选用高强度等级且具有抗侵蚀性能的混凝土。同时，耐久性还与混凝土的抗渗性、抗冻性等性能相关。对于有抗渗要求的基础，如地下室的筏板基础，混凝土强度等级的选择需考虑抗渗等级。一般来说，较高强度等级的混凝土，其抗渗性能相对较好。在寒冷地区，基础混凝土需具备良好的抗冻性，这也会影响混凝土强度等级的选择。通常情况下，抗冻混凝土的强度等级不宜过低，以保证混凝土在反复冻融循环作用下仍能保持良好的性能。特殊环境下的基础对混凝土强度选择有着特殊要求。在高温环境下（如靠近锅炉房等热源）的基础，混凝土强度会随着温度的升高而降低。为保证基础在高温环境下的承载力，需选用耐高温的混凝土，其强度等级也需相应提高。在海洋环境中，基础混凝土会受到海水的侵蚀，海水中的氯离子等会对混凝土中的钢筋产生腐蚀作用。因此，在海洋环境下的基础，不仅要选用高强度等级的混凝土，还需采取特殊的防腐措施，如添加抗氯离子渗透的外加剂等，以提高混凝土的耐久性。若混凝土强度选择不当，会带来严重后果。若强度选择过低，基础在承受荷载时可能发生破坏，如混凝土开裂、压碎等，导致建筑物出现沉降、倾斜甚至倒塌等安全事故。相反，若强度选择过高，虽然能保证基础的安全性，但会增加工程造价，造成浪费。例如，对于一个普通的多层住宅基础，若选用过高强度等级的混凝土，会使混凝土成本大幅增加，同时高强度混凝土的水泥用量较大，可能导致混凝土在硬化过程中产生较大的收缩裂缝，反而影响基础的耐久性。

二、钢筋配置原则

在基础结构设计里，钢筋配置原则是确保基础具备足够强度与稳定性的关键所在。钢筋作为基础结构中的重要受力部件，其合理配置对基础能否有效承受上部结构荷载、适应各种复杂工况起着决定性作用。依据荷载情况进行钢筋配置是首要原则，基础承受的荷载包括恒载、活载以及偶然荷载，不同的荷载组合会使基础产生不同的内力，如弯矩、剪力和轴力等。在弯矩作用下，基础的受拉区需配置足够的钢筋来抵抗拉力。以独立基础为例，柱子传来的偏心荷载会在基础底部产生弯矩，此时需根据弯矩大小计算受拉区钢筋的数量和直径。通过结构力学计算，确定基础底部受拉边缘的拉力大小，再依据钢筋的抗拉强度设计值，计算出所需钢筋的截面面积。例如，经计算某独立基础底部受拉区需承受 500kN 的拉力，选用 HRB400 钢筋，其抗拉强度设计值为 $360\text{N}/\text{mm}^2$，则所需钢筋的截面面积为 $500 \times 1000 \div 360 \approx 1389\text{mm}^2$，根据钢筋的规格和间距要求，确定钢筋的直径和数量。在剪力作用下，基础需配置箍筋来抵抗剪切力。箍筋的间距和直径需根据剪力大小确定，一般剪力较大的部位，箍筋间距要小，箍筋直径要相应增大。对于承受较大轴力的基础，可能还需要配置纵向钢筋来辅助混凝土承受压力。适配基础类型也是钢筋配置的重要原则，独立基础根据其受力特点，在基础底部两个方向通常都要配置受力钢筋，以抵抗两个方向的弯矩。当独立基础承受较大的集中荷载时，除了底部钢筋，在基础的高度方向可能还需要配置抗冲切钢筋，如弯起钢筋或箍筋，以防止基础发生冲切破坏。在条形基础中，墙下条形基础主要在基础底部配置纵向受力钢筋，以承受基础的纵向弯矩，同时配置横向分布钢筋，起到固定纵向钢筋和抵抗横向剪力的作用；柱下条形基础除了上述钢筋配置外，由于其基础梁的受力较为复杂，需根据梁的内力分析结果，在梁的顶部和底部配置合适数量的钢筋，同时在梁的两侧配置腰筋，以提高梁的抗扭和抗弯能力。在筏板基础中，对于平板式筏板基础，根据板在两个方向上的弯矩和剪力，在板的顶部和底部配置双向钢筋；对于梁板式筏板基础，除了板的钢筋配置外，梁的钢筋配置更为关键。梁的顶部和底部钢筋要根据梁的弯矩计算确定，箍筋要根据梁的剪力计算确定，同时还要考虑梁的抗扭要求，合理配置抗扭钢筋。箱形基础的顶板、底板和隔墙都需配置钢筋。顶板和底板的钢筋配置类似筏板基础，隔墙的钢筋则要根据隔墙的受力情况，配置竖向和横向钢筋，以保证隔墙的强度和稳定性。钢筋配置还需考虑耐久性要求，在有侵蚀性介质的环境中，如基础处于海边或地下水中含有腐蚀性化学物质的地区，钢筋容易被腐蚀。为提高钢筋的耐久性，一方面，要保证钢筋有足够的混凝土保护层厚度，防止侵蚀性介质直接接触钢筋；另一方面，可选用耐腐蚀的钢筋，如环氧涂层钢筋，或在混凝土中添加阻锈剂等。在寒冷地区，要考虑钢筋在混凝土冻融循环过程中的性能变化。混凝土冻融可能导致钢筋与混凝土之间的黏结力下降，因此在钢筋配置时，要适当增加钢筋的锚固长度，以保证钢筋与混凝土之间的可靠黏结。遵循构造要求也是钢筋配置不可忽视的原则，钢筋的间距要满足施工要求和混凝土的浇筑要求，一般钢筋间距不宜过小，以免影响混凝土的振捣密实。同时，钢筋的锚固长度要符合规范要求，确保钢筋在混凝土中能够可靠地传递应力。例如，对于受拉钢筋，其最小锚固长度要根据钢筋的种类、直径、混凝土强度等级以及抗震等级等因素确定。在抗震设计中，钢筋的锚固长度和搭接长度等要求更为严格，以保证基础在地震作用下的整体性和稳定性。若钢筋配置不当，会带来严重后果。钢筋配置不足会导致基础在承受荷载时发生破坏，如混凝土开裂、钢筋屈服等，影响建筑物的安全。而钢筋配置过多，不仅会增加工程造价，还可能因钢筋过于密集影响混凝土的浇筑质量，降低基础的整体性能。例如，在某基础设计中，因钢筋配置不足，在建筑物投入使用后，基础出现裂缝，经检测发现是钢筋承受的拉力超过其设计值，导致钢筋变形，混凝土随之开裂。而在另一个工程中，因设计人员对钢筋配置计算失误，钢筋配置过多，造成混凝土浇筑困难，出现蜂窝麻面等质量问题，同时也增加了不必要的成本。

三、抗冲切计算

在基础结构设计中，抗冲切计算是确保基础在承受集中荷载时不发生冲切破坏的关键环节。冲切破坏是指基础在集中荷载作用下，沿基础与柱子或墙等结构构件的交界面，以一定角度向下形成冲切锥体，导致基础局部破坏的现象。这种破坏一旦发生，基础将无法正常承载上部结构荷载，严重威胁建筑物的安全。

对于独立基础，抗冲切计算具有特定的原理和方法。当柱子传来集中荷载时，独立基础需具备足够的抗冲切能力。假设柱子截面尺寸为 $b_c \times h_c$，基础高度为 h，基础有效高度为 h_0（一般为基础高度减去保护层厚度与钢筋直径一半之和）。冲切破坏锥体的底面尺寸为 $(b_c + 2h_0) \times (h_c + 2h_0)$。冲切力 F_l 等于柱子传来的集中荷载减去冲切破坏锥体范围内基础自重和其上覆土重。抗冲切承载力为 $0.7\beta_h f_t u_m h_0$，其中 β_h 为截面高度影响系数，当 $h \leqslant 800\text{mm}$ 时，$\beta_h = 1.0$；当 $h \geqslant 2000\text{mm}$ 时，$\beta_h = 0.9$，其间按线性内插法取值；f_t 为混凝土轴心抗拉强度设计值；u_m 为距冲切破坏锥体斜截面短边中点处的周长。为保证基础的抗冲切安全性，需满足 $F_l \leqslant 0.7\beta_h f_t u_m h_0$。例如，某独立基础，柱子截面尺寸为 $400\text{mm} \times 400\text{mm}$，基础高度为 1000mm，混凝土强度等级为 C30，$f_t = 1.43\text{N}/\text{mm}^2$，基础底面尺寸为 $2000\text{mm} \times 2000\text{mm}$，基础有效高度 $h_0 = 900\text{mm}$，柱子传来的集中荷载为 1500kN，冲切破坏锥体范围内基础自重和其上覆土重为 200kN，则冲切力 $F_l = 1500 - 200 = 1300\text{kN}$，$u_m = 2 \times (400 + 900 + 400 + 900) = 5200\text{mm}$，$\beta_h = 1.0$，代入抗冲切承载力公式可得 $0.7 \times 1.0 \times 1.43 \times 5200 \times 900 = 4684680\text{N} = 4684.68\text{kN}$，$F_l < 4684.68\text{kN}$，满足抗冲切要求。条形基础在承受墙传来的集中荷载时，也需进行抗冲切计算。对于墙下条形基础，可将其视为宽度为墙厚的独立基础进行抗冲切计算。假设墙厚为 b_w，基础高度为 h，基础有效高度为 h_0，冲切力 F_l 同样为墙传来的集中荷载减去冲切破

坏锥体范围内基础自重和其上覆土重，抗冲切承载力计算与独立基础类似，为 $0.7\beta_h f_t u_m h_0$，其中 u_m 为距冲切破坏锥体斜截面短边中点处的周长，对于墙下条形基础，$u_m = 2 \times (b_w + 2h_0)$。墙下条形基础的抗冲切承载力同样需满足 $F_l \leq 0.7\beta_h f_t u_m h_0$。在抗冲切计算中，准确确定各项计算参数至关重要。混凝土轴心抗拉强度设计值 f_t 需根据混凝土强度等级确定，不同强度等级的混凝土的 f_t 值不同。截面高度影响系数 β_h 要根据基础实际高度取值。基础有效高度 h_0 的计算要准确，需考虑混凝土保护层厚度和钢筋布置情况。冲切破坏锥体范围内基础自重和其上覆土重的计算，要准确测定基础和覆土的重度以及冲切破坏锥体的体积。以某大型工业厂房的柱下独立基础为例，该基础承受较大的集中荷载。在进行抗冲切计算时，首先要准确计算柱子传来的集中荷载，可通过详细的结构分析和荷载组合计算得出。其次根据基础设计尺寸，确定基础的有效高度、冲切破坏锥体底面尺寸等参数。经过计算发现，原设计基础的抗冲切能力不足，于是调整基础高度和配筋，增加基础的有效高度，重新进行抗冲切计算，最终满足抗冲切要求。该工业厂房建成后，基础稳定，未出现冲切破坏现象。若抗冲切计算错误，可能导致严重后果。若计算时低估了冲切力，或高估了抗冲切承载力，使基础实际抗冲切能力不足，在建筑物投入使用后，基础可能发生冲切破坏，导致建筑物局部坍塌，危及生命财产安全。而若过度保守地进行抗冲切计算，可能使基础设计过于庞大，增加不必要的工程造价。例如，在某工程中，由于设计人员对抗冲切计算参数取值错误，导致基础抗冲切能力计算错误，基础在施工过程中就出现了冲切裂缝，不得不返工重新设计和施工，不仅造成了巨大的经济损失还延误了工期。

四、抗滑移计算

在基础结构设计中，抗滑移计算是保障基础在各种工况下稳定性的关键要素。当基础受到水平荷载作用时，如风力、地震力、土压力等，若基础抗滑移能力不足，就可能发生滑移现象，进而导致建筑物整体失稳，严重威胁建筑物的安全和正常使用。抗滑移计算的核心原理是力的平衡，基础在水平方向上受到滑动力和抗滑力的作用，为保证基础不发生滑移，抗滑力必须大于或等于滑动力。滑动力主要由外部施加的水平荷载产生，而抗滑力则主要源于基础底面与地基土之间的摩擦力以及基础侧面被动土压力等。对于独立基础，在进行抗滑移计算时，假设基础底面与地基土之间的摩擦系数为 μ，基础所受竖向荷载为 N，水平荷载为 H，基础侧面被动土压力产生的抗滑力为 P_p。滑动力 $T = H$，抗滑力 $R = \mu N + P_p$。抗滑移稳定安全系数 $K_s = \dfrac{R}{T} = \dfrac{\mu N + P_p}{H}$。一般要求抗滑移稳定安全系数 $K_s \geq 1.2 \sim 1.3$，具体取值根据工程的重要性和实际情况确定。例如，某独立基础，基础所受竖向荷载 $N = 1000\text{kN}$，水平荷载 $H = 200\text{kN}$，经测定基础底面与地基土之间的摩擦系数 $\mu = 0.3$，通过计算，基础侧面被动土压力产生的抗滑力 $P_p = 50\text{kN}$。则抗滑力 $R = 0.3 \times 1000 + 50 = 350\text{kN}$，抗滑移稳定安全系数 $K_s = \dfrac{350}{200} = 1.75$，满足抗滑移要求。条形基础的抗滑移计算原理与独立基础类似。对于墙下条形基础，假设基础所受竖向荷载为 q，水平荷载为 q_h，基础长度为 L，基础底面与地基土之间的摩擦系数为 μ，基础侧面被动土压力产生的抗滑力为 P_p（可按单位长度计算后乘以基础长度）。滑动力 $T = q_h L$，抗滑力 $R = \mu q L + P_p$。抗滑移稳定安全系数 $K_s = \dfrac{R}{T} = \dfrac{\mu q L + P_p}{a_t L_t}$。同样地，$K_s$ 需满足一定的安全系数要求。在抗滑移计算中，准确确定各项计算参数至关重要。基础底面与地基土之间的摩擦系数 μ 需通过现场试验或参考经验数据确定。不同类型的地基土，其摩擦系数差异较大。例如，砂土的摩擦系数一般在 $0.3 \sim 0.5$ 之间，黏性土的摩擦系数在 $0.2 \sim 0.4$ 之间。基础所受的竖向荷载和水平荷载要通过精确的结构分析和荷载组合计算得出。基础侧面被动土压力的计算较为复杂，需要考虑地基土的性质、基础的埋深以及基础侧面的形状等因素。一般可根据朗肯土压力理论或库仑土压力理论进行计算。以某位于地震区的高层建筑基础为例，该建筑基础采用筏板基础。在进行抗滑移计算时，首先通过地震反应分析计算出基础所受的水平地震力，同时准确计算出上部结构传来的竖向荷载。其次根据地质勘察报告确定地基土的性质，进而确定基础底面与地基土之间的摩擦系数。通过土压力理论计算基础侧面被动土压力。经计算发现，原设计基础的抗滑移稳定安全系数略低于要求值。于是采取增加基础埋深的措施，一方面增大了基础底面与地基土之间的摩擦力；另一方面增加了基础侧面被动土压力。重新计算后，抗滑移稳定安全系数满足要求。该高层建筑建成后，经受多次地震作用，基础未发生滑移现象，保证了建筑物的安全。若抗滑移计算错误，可能引发严重后果。若计算时低估了滑动力，或高估了抗滑力，使基础实际抗滑移能力不足，在遭遇较大水平荷载时，基础可能发生滑移，导致建筑物倾斜、开裂甚至倒塌。例如，在某工程中，由于设计人员对水平荷载计算错误，低估了地震力作用，使得抗滑移计算结果错误，基础在一次小地震中就发生了轻微滑移，虽未造成人员伤亡，但对建筑物结构造成了严重损害，需要进行大量修复工作。而若过度保守进行抗滑移计算，则会使基础设计过于庞大，增加不必要的工程造价。例如，在另一个工程中，设计人员对基础侧面被动土压力计算过于保守，导致抗滑力计算值过大，为满足抗滑移要求，基础尺寸被设计得过大，浪费了大量建筑材料和资金。

第四章　深基础设计

第一节　桩基础概论

一、桩的分类

桩的分类方式丰富多样，依据不同的标准，可划分出多种类型的桩，每种桩都具有其独特的特性与适用场景。按桩的材料分类，混凝土桩是最为常见且应用广泛的桩型。混凝土桩可细分为预制混凝土桩和灌注桩。预制混凝土桩在工厂或施工现场预先制作，其质量易于把控，桩身强度和尺寸精度都能得到有效保障。这类桩的施工速度较快，能显著缩短工程工期。在一般的工业与民用建筑中，预制混凝土桩凭借其稳定性和经济性优势，被大量采用。例如，在城市住宅建设中，预制混凝土桩能够快速、高效地完成基础施工任务。灌注桩则是在施工现场利用机械或人工成孔，然后在孔内放置钢筋笼并浇筑混凝土而成。灌注桩的突出优势在于，其能够根据不同的地质条件灵活调整桩的直径和长度，尤其适用于地质条件复杂多变的工程。在一些大型桥梁基础建设中，由于地质条件复杂，灌注桩能够更好地适应各种地层情况，确保基础的稳固性。钢桩以高强度、质量轻、运输便捷以及施工方便等特点，在特定工程领域发挥着重要作用。钢桩通常用于大型桥梁、港口码头等对基础承载力和稳定性要求极高的工程。在跨海大桥建设中，钢桩能够承受巨大的水平荷载和竖向荷载，保证桥梁在复杂的海洋环境下的安全性和稳定性。不过，钢桩的造价相对较高，且存在一定的腐蚀风险，所以在使用时需要充分考虑工程的经济性和耐久性要求，并采取相应的防腐措施。木桩由于耐久性欠佳，在现代工程中的应用逐渐减少。但在一些小型临时工程，如园林景观中的临时支撑结构，或对环境要求苛刻的生态工程，如湿地保护项目的轻型基础建设中，木桩仍具有一定的应用价值。木桩取材方便、对环境影响小，能够满足一些特殊工程的需求。按桩的承载性状分类，端承桩主要依靠桩端阻力来承受上部结构传来的荷载。当桩端持力层为坚硬的岩石或密实的土层时，端承桩能够发挥强大的承载力。在山区建设高层建筑时，由于下部存在坚实的基岩，采用端承桩将桩端嵌入基岩中，可以为建筑物提供稳固的支撑，确保建筑物在复杂的地质条件下的稳定性。摩擦桩则主要依靠桩侧摩阻力来承载荷载。在软土地基中，由于浅层地基土的承载力较低，摩擦桩通过桩身与周围土体的摩擦力，将上部荷载传递到较大范围的土层中。在沿海地区的多层建筑基础中，摩擦桩的广泛应用，有效地解决了软土地基的承载问题。此外，还有端承摩擦桩和摩擦端承桩。端承摩擦桩在承载过程中，桩端阻力和桩侧摩阻力共同发挥作用，且桩侧摩阻力占比较大。这种桩型适用于上部土层相对较软、下部存在一定厚度较硬土层的地质情况。摩擦端承桩也是桩端阻力和桩侧摩阻力共同发挥作用，但桩端阻力占比较大，适用于上部有一定厚度较好土层、下部为坚硬持力层的地质情况。这两种桩型在多种复杂地质条件的工程中得到了广泛应用，能够根据具体的地质条件和荷载分布情况，合理分配桩端阻力和桩侧摩阻力，确保基础具有足够的承载力和稳定性。按桩的施工方法分类，可分为打入桩、压入桩、灌注桩和旋挖桩等。打入桩是通过锤击、振动等方式将预制桩打入地基土层中。打入桩的施工速度较快，但在施工过程中会产生较大的噪声和振动，对周围环境有一定的影响。压入桩则是利用静压力将桩压入地基土层，施工过程较为安静，对周围环境影响较小，适用于对环境要求较高的城市中心区域的工程。灌注桩前面已提及，其成孔方式多样，包括人工挖孔、机械钻孔等。旋挖桩是一种新型的灌注桩施工方法，利用旋挖钻机成孔，具有成孔速度快、孔壁稳定性好、施工效率高等优点，在大型建筑工程中的应用越来越广泛。桩的分类基于多种因素，不同类型的桩在材料特性、承载性状和施工方法等方面各具特点。在实际工程中，需要根据具体的地质条件、上部结构类型、工程环境以及经济性等因素，综合选择合适的桩型，以确保桩基础的安全性、稳定性、经济性，满足工程需求。

二、桩的承载性状

桩的承载性状是桩基础设计的核心要素，深刻影响着桩基础在工程中的应用效果与安全性。不同承载性状的桩，其荷载传递机制各异。这决定了它们在不同地质条件与工程需求下的适应性。端承桩以桩端阻力为主要承载力量，当桩端抵达坚硬的岩石或密实的土层时，桩身承受的上部结构荷载便通过桩端直接传递到该持力层。在这种情况下，桩侧摩阻力相对微弱，在计算中常被忽略。桩端持力层如同稳固的基石，为桩基础提供了强大的支撑力。在山区进行高层建筑施工时，下部多为坚硬的基岩，将端承桩的桩端嵌入基岩，能够有效承载巨大的竖向荷载。由于桩端持力层具有高强度特性，端承桩的沉降量极小，能为建筑物提供稳定且可靠的基础支撑。这种桩型适用于对基础沉降要求严苛、上部结构荷载巨大的工程，如大型工业厂房、超高层建筑等。但需要注意的是，端承桩对桩端持力层的要求极为严格，施工前必须进行精确的地质勘察，确保桩端能够稳固地落在坚硬的持力层之上，否则桩基础的承载力与稳定性将受到严重影响。摩擦桩主要依靠桩侧摩阻力来承载上部结构荷载。在软弱地基中，桩身与周围土体紧密接触，产生摩擦力，将荷载分散传递到较大范围的土层中。摩擦桩的桩身就像深入土体的锚固装置，通过与周围土体紧密结合来提供承载力。在沿海地区，软土地基较为常见，多层建筑基础采用摩擦桩能够充分发挥其特性，有效解决软土地基的承载问题。摩擦桩的承载力受桩长和桩径的影响较大，一般而言，增加桩长可以扩大桩侧摩阻力的作用面积，从而提升承载力。同时，桩身表面的粗糙度以及土体的性质，如土体的黏性、密实度等，都会对桩侧摩阻力的大小产生影响。摩擦桩适用于浅层地基土较软，但具有一定厚度，且下部不存在合适坚硬持力层的地质情况。相较于端承桩，摩擦桩的沉降量相对较大，但在满足建筑物变形要求的前提下，其经济性与适用性更为突出。当上部土层相对较软，下部存在一定厚度的较硬土层时，端承摩擦桩能够依据土层特性，合理分配荷载传递方式。在这类地质条件下，桩身的大部分荷载通过桩侧摩阻力传递给周围土体，而桩端阻力仅起到辅助支撑的作用。比如，在一些地质条件复杂的区域，上部为软塑状的黏性土，下部为中密度的砂土层，端承摩擦桩能够充分利用这两层土的承载力，为建筑物提供稳定的基础。端承摩擦桩的设计需要综合考量桩身长度、桩径、桩端入土深度以及土层的物理力学性质等诸多因素，以确保桩端阻力与桩侧摩阻力能够协同工作，达到最佳效果。在上部有一定厚度的较好土层、下部为坚硬持力层的地质条件下，摩擦端承桩的桩身首先通过桩侧摩阻力将部分荷载传递给上部土层，然后将大部分荷载通过桩端传递到下部坚硬持力层。例如，在某些地区，上部为可塑状的粉质黏土，下部为坚硬的岩石层，摩擦端承桩能够充分发挥上部土层的摩阻力作用，同时借助下部岩石层的强大承载力，为建筑物提供可靠的基础支撑。摩擦端承桩的设计关键在于，准确确定桩端进入坚硬持力层的深度，以及合理设计桩身的长度和直径，以实现桩端阻力与桩侧摩阻力的优化组合。除了上述常见的承载性状，还有一些特殊情况下的桩承载性状值得关注。例如，在一些大型桥梁工程中，可能遇到水平荷载较大的情况，此时需要考虑桩的水平承载性状。桩的水平承载力主要与桩身的刚度、桩侧土体的抗力以及桩的入土深度等因素有关。通过合理设计桩的截面形状、配筋以及桩的布置方式，可以提高桩的水平承载力。在一些地震频发地区，桩基础还需要具备良好的抗震承载性状。这就要求桩在承受竖向荷载的同时，能够有效地抵抗地震力产生的水平荷载和上拔力。通过采用合适的桩型、增加桩的锚固长度以及优化桩与承台的连接方式等措施，可以提高桩基础的抗震性能。

三、桩基础工作机理

桩基础作为一种常用的深基础形式，其工作机理较为复杂，涉及桩与土之间的相互作用，以及在不同荷载工况下的力学响应。在竖向荷载作用下，桩基础的工作机理与桩的承载性状密切相关。对于端承桩，如前文所述，当桩端进入坚硬的岩石或密实的土层时，桩身承受的上部结构荷载主要通过桩端传递至持力层。这是因为桩端持力层具有较高的抗压强度，能够直接承受并扩散荷载。在这个过程中，桩身自身的压缩变形相对较小，桩侧摩阻力对整体承载贡献较小，桩端阻力发挥主导作用。以在山区建设的重型工业厂房为例，其基础采用端承桩，桩端嵌入基岩，厂房的巨大荷载通过桩端迅速传递到基岩，使得厂房能够稳定矗立。摩擦桩则是另一种工作模式，在软弱地基中，由于浅层土无法提供足够的端承力，摩擦桩主要依靠桩侧摩阻力来承担上部结构荷载。当桩顶受到竖向荷载时，桩身相对于周围土体有向下位移的趋势，从而在桩身表面与土体之间产生摩擦力。这种摩擦力沿着桩身向上分布，将荷载分散传递到周围的土体中。随着桩身入土深度的增加，桩侧摩阻力的作用范围随之扩大，承载力也相应的提高。例如，在沿海软土地基上建造的多层住宅，通过采用摩擦桩，将建筑物荷载有效地分散到较厚的软土层中，满足了建筑物的承载和变形要求。端承摩擦桩和摩擦端承桩则是两种承载性状协同作用的情况。端承摩擦桩以桩侧摩阻力为主，桩端阻力为辅。在这类桩型中，桩身先将大部分荷载通过桩侧摩阻力传递给周围土体，当土体的摩阻力逐渐发挥到一定程度时，桩端阻力开始发挥作用。例如，在地质条件为上部软土、下部中密度砂土的场地，端承摩擦桩能够合理利用这两层土的承载力，保障基础的稳定性。摩擦端承桩则与之相反，先通过桩侧摩阻力传递部分荷载，随着荷载增加，桩端进入坚硬持力层，桩端阻力成为主要承载力量。比如，在上部为黏性土、下部为坚硬岩石层的场地，摩擦端承桩能充分发挥两种土层的优势。在水平荷载作用下，桩基础的工作机理有所不同。桩身如同一个悬臂梁，在水平力的作用下，桩身产生弯曲变形。桩身的水平位移和内力分布取决于桩身的刚度、桩侧土体的抗力以及桩的入土深度。桩身刚度越大，抵抗水平变形的能力越强；桩侧土体的抗力则提供了对桩身的约束作用，土体越密实、强度越高，对桩身的约束效果越好。桩的入土深度增加，也能有效提高桩的水平承载力。例如，在桥梁工程中，桥墩基础的桩需要承受较大的水平荷载，通过合理设计桩身的截面尺寸、配筋以及选择合适的桩长，来满足水平承载的要求。群桩基础的工作机理更为复杂，当多根桩组成群桩时，桩与桩之间会相互影响，这种现象称为群桩效应。群桩效应主要体现在桩侧摩阻力和桩端阻力的变化上。由于群桩中各桩之间的距离较近，桩侧摩阻力的发挥会受到限制，导致群桩侧摩阻力总和小于单桩侧摩阻力之和。同时，桩端阻力也会因桩间土的相互挤压和应力叠加而发生变化。在设计群桩基础时，需要考虑群桩效应，通过合理确定桩间距、桩的布置方式等，来减小群桩效应的不利影响，确保群桩基础的承载力和稳定性。桩基础的工作机理涵盖了竖向荷载、水平荷载以及群桩效应等多个方面。不同的桩型在不同的地质条件和荷载工况下，通过桩与土之间的相互作用，实现对上部结构荷载的有效传递和承载。在实际工程中，深入理解桩基础的工作机理，对于合理设计桩基础、确保建筑物的安全稳定具有重要意义。只有准确把握桩基础的工作机理，才能根据具体的工程需求，选择合适的桩型、桩长、桩径以及桩的布置方式，从而实现桩基础的优化设计，满足工程建设的要求。

四、桩基础适用范围

桩基础作为一种高效且应用广泛的基础形式，其适用范围极为广泛，涵盖了多种不同地质条件、建筑类型以及特殊工程需求的场景。在地质条件方面，桩基础在软土地基中具有显著优势。软土地基通常具有含水量高、压缩性大、承载力低等特点，难以直接承受上部结构的荷载。沿海地区存在着大量深厚的软土层，如淤泥质土等。在这些地区建设建筑物时，采用桩基础能够有效地将荷载传递到下部较坚实的土层或岩层中。例如，在上海等沿海城市，众多高层建筑都采用了桩基础。通过将桩打入深厚的软土层，直至下部的砂质土层或基岩，成功解决了软土地基承载力不足的问题，确保了建筑物的稳定性。在山区，地质条件往往较为复杂，可能存在岩石裸露、土层分布不均等情况。对于建在岩石地基上的建筑物，若岩石表面较为平整且风化程度较低，可采用端承桩，将桩端直接嵌入岩石中，充分利用岩石的高强度承载力。例如，在山区的一些大型水电站建设中，厂房基础采用端承桩，桩端牢固地嵌入基岩，承受着巨大的设备荷载和建筑物自重。而在土层分布不均的区域，可根据具体情况选择合适的桩型。若上部土层较软，下部有一定厚度的较硬土层，可采用端承摩擦桩；若上部有一定厚度的较好土层，下部为坚硬持力层，则可采用摩擦端承桩。对于砂土和粉土地基，桩基础同样适用。在地震区，砂土和粉土在地震作用下可能发生液化现象，导致地基承载力大幅降低。桩基础可以穿透液化土层，将荷载传递到下部稳定土层，提高建筑物的抗震性能。例如，在一些地震频发的平原地区，建筑物采用桩基础，有效避免了因砂土液化而导致的建筑物破坏。从建筑类型来看，高层建筑是桩基础的主要应用场景之一。高层建筑的上部结构荷载巨大，对基础的承载力和稳定性要求极高。桩基础具有较强的竖向承载力，能够减小基础的沉降量，确保高层建筑的安全性。在城市中心的摩天大楼建设中，通常采用大直径的灌注桩或预制桩，桩长可达数十米甚至上百米，以满足高层建筑对基础的严苛要求。大型工业厂房也是桩基础的常见应用场景，工业厂房往往需要承受较大的设备荷载和动力荷载，且对基础的不均匀沉降要求严格。例如，在重型机械制造厂房中，大型机械设备的重量和运行时产生的振动，都需要可靠的基础支撑。采用桩基础可以有效地将这些荷载传递到地基深处，保证厂房的结构安全和设备的正常运行。在桥梁工程中，桩基础更是不可或缺的存在。桥梁的墩台基础需要承受巨大的竖向荷载、水平荷载以及地震力等。桩基础能够适应复杂的地质条件，如在河流、湖泊等水域环境下，通过桩基础将桥梁的荷载传递到河床底部的坚实土层或岩层中。例如，长江大桥、黄河大桥等大型桥梁的建设，大多采用了桩基础，确保了桥梁在各种复杂工况下的稳定性。在一些特殊工程中，桩基础也发挥了重要作用。例如，在一些对沉降控制要求极高的精密仪器厂房、核电站等工程中，桩基础能够提供高精度的沉降控制，保证仪器设备的正常运行和核电站的安全。在一些大型油罐、水坝等工程中，桩基础可以承受巨大的水平推力和上拔力，确保工程的安全稳定。此外，在一些既有建筑物的改造和加固工程中，桩基础也常被采用。当既有建筑物的地基承载力不足或出现不均匀沉降等问题时，通过在建筑物周边或内部增设桩基础，可以有效提高地基的承载力，调整建筑物的沉降，保障建筑物的安全使用。桩基础的适用范围广泛，无论是在复杂的地质条件下，还是不同类型的建筑以及特殊工程需求场景中，都能发挥其独特的优势，为工程建设提供可靠的基础支撑。在实际工程中，需要根据具体的地质、建筑和工程需求等因素，综合选择合适的桩型和桩基础设计方案，以确保工程的安全性、稳定性和经济性。

第二节　单桩竖向承载力

一、经验参数法

在确定单桩竖向承载力的诸多方法中，经验参数法凭借其基于实践经验和理论推导的特点，在工程领域得到了广泛应用。经验参数法的核心原理是依据大量工程实践数据和理论分析，总结出与桩的承载力相关的参数，并通过特定的计算公式来估算单桩竖向承载力。这些参数主要涉及桩侧摩阻力和桩端阻力的计算，它们与桩的类型、地质条件以及桩的施工工艺等因素密切相关。对于杆侧摩阻力的计算，不同的土质类型对应不同的经验参数。例如，在黏性土地基中，杆侧摩阻力主要取决于土的黏聚力、桩身表面的粗糙度以及桩土之间的相对位移等因素。根据经验，黏性土的桩侧摩阻力可通过公式 $q_{sik} = \zeta_{si} q_{sk}$ 计算，其中 q_{sik} 为第 i 层土的桩侧极限摩阻力标准值，ζ_{si} 为第 i 层土的桩侧阻力修正系数，q_{sk} 为柱侧土的极限摩阻力经验值。q_{sk} 的值通常根据土的状态，如软塑、可塑、硬塑等，以及土的液性指数、塑性指数等指标，通过查阅相关规范或经验表格确定。在砂土地基中，桩侧摩阻力与土的密实度、内摩擦角等因素有关。一般来说，砂土越密实，桩侧摩阻力越大。其计算公式也有所不同，如对于粉砂、细砂，桩侧摩阻力可通过类似的经验公式结合砂土的密实度参数进行计算。桩端阻力的计算同样依赖于经验参数。在端承桩中，桩端阻力是主要承载力量，其计算更为关键。对于杆端持力层为岩石的情况，桩端阻力与岩石的单轴抗压强度、桩端进入岩石的深度等因素相关。

经验公式中，桩端极限阻力标准值 q_{pk} 可根据岩石的饱和单轴抗压强度标准值 f_{rk}，通过一定的折减系数来计算，如 $q_{pk} = \zeta_p f_{rk}$，其中 ζ_p 为桩端阻力修正系数，其取值与柱的入土深度、桩径以及岩石的完整性等因素有关。在桩端持力层为土层的情况下，桩端阻力与土的密实度、土的类别等因素密切相关。例如，对于密实的砾砂、粗砂等土层，桩端阻力相对较大，可通过相应的经验公式，结合土层的物理力学参数进行计算。在实际应用中，经验参数法对于不同桩型有不同的计算方式。对于预制桩，由于其桩身质量稳定，在施工过程中对桩周土的扰动相对较小，在计算桩侧摩阻力和桩端阻力时，可根据桩周土和桩端持力层的性质，直接选取相应的经验参数进行计算。而对于灌注桩，由于成孔方式不同，对桩周土的影响各异，在计算经验参数时需要考虑成孔工艺的影响。例如，在泥浆护壁灌注桩成孔过程中，泥浆可能在桩周形成泥皮，影响桩侧摩阻力的发挥，因此在计算桩侧摩阻力的经验参数时，需要对泥皮的影响进行修正。经验参数法在工程中的应用场景广泛，在一些地质条件相对简单、有较多类似工程经验参考的地区，经验参数法能够快速、有效地估算单桩竖向承载力。例如，在城市的一般住宅建设中，地质条件相对稳定，通过参考当地以往的工程经验，利用经验参数法可以快速确定桩基础的设计参数，节省设计时间和成本。在一些小型工程或对设计精度要求不是特别高的工程中，经验参数法也能满足工程需求。然而，经验参数法也存在一定的局限性。由于其基于经验总结，对于一些复杂地质条件或新型桩型，经验参数的准确性可能受到影响。不同地区的地质条件差异较大，同一经验参数可能并不适用于不同地区。而且，经验参数法难以全面考虑桩土相互作用的复杂因素，对于一些特殊工况下的桩基础，如承受较大水平荷载或上拔力的桩，经验参数法的计算结果可能与实际情况存在偏差。与现场静载荷试验相比，经验参数法不需要进行复杂的现场试验，成本较低、速度较快。但现场静载荷试验能够直接反映桩在实际工作状态下的承载力，结果更为可靠。与理论计算法相比，经验参数法更为简便实用，不需要复杂的数学模型和大量参数输入，但理论计算法在考虑桩土相互作用的复杂性方面具有一定的优势，能够更深入地分析桩的承载机理。

二、静载荷试验法

在确定单桩竖向承载力的众多方法中，静载荷试验法是一种最为直观且可靠的方式，在工程实践中占据重要地位。静载荷试验法的主要目的是通过在现场对单桩施加竖向荷载，模拟桩在实际工作状态下的受力情况，从而准确测定单桩的竖向极限承载力。这一极限承载力是桩基础设计的关键参数，能够为后续的桩基础设计提供坚实的数据支持，确保桩基础在实际使用中既安全可靠又经济合理。在进行静载荷试验前，需要做好充分的准备工作。首先是场地的选择与处理。应挑选具有代表性的桩位进行试验，以确保所选桩位的地质条件与整个工程场地的地质条件基本一致。对试验场地进行平整，清除桩顶周围的杂物和松散土层，保证试验设备能够稳定放置。同时，要对试验桩进行精心准备，确保桩身质量符合要求。检查桩的完整性，避免桩身存在裂缝、空洞等缺陷而影响试验结果。在桩顶设置合适的加载装置和沉降观测装置，加载装置一般采用千斤顶，通过反力系统将荷载施加到桩顶；沉降观测装置通常使用百分表或电子位移计，用于精确测量桩在加载过程中的沉降量。试验过程严格遵循一定的规范和流程，加载方式一般采用慢速维持荷载法，即逐级等量加载，每级荷载施加后，按规定的时间间隔观测桩的沉降量，当桩顶沉降速率达到相对稳定标准后，再施加下一级荷载。加载分级不宜少于 8 级，每级荷载增量宜为预估极限荷载的 $1/10 \sim 1/8$。在加载过程中，要密切关注桩的沉降情况和周围土体的变化。桩顶沉降量达到一定数值，或出现其他异常现象，如桩身倾斜、周围土体隆起等，可能预示着桩即将达到极限承载状态，此时应谨慎加载，并详细记录相关数据。试验结束后，对试验数据进行科学分析是确定单桩竖向极限承载力的关键步骤。根据试验得到的荷载—沉降（$P-S$）曲线采用相应的方法确定极限承载力。常见的方法：当 $P-S$ 曲线有明显的陡降段时，将陡降段起点所对应的荷载值作为极限承载力；当 $P-S$ 曲线无明显陡降段时，可根据柱顶沉降量确定，如对于一般建筑工程桩，将 $\sigma = 40 \sim 60\text{mm}$ 所对应的荷载值作为极限承载力；对于大直径桩，可取 $\sigma = 0.03 \sim 0.06\Delta$（$\Delta$ 为桩径）所对应的荷载值；对于细长桩（$\lambda/\delta \geq$

80，λ 为桩长，δ 为桩径），可取 $\sigma = 60 \sim 80\text{mm}$ 所对应的荷载值。此处还可通过更精确的数学关系来描述，设桩的沉降量为 σ，当考虑桩的沉降与极限承载力的关系时，对于一些特殊桩型，可将通过试验得到的沉降量 σ 值代入经验公式 $\Phi_u = \alpha\sigma + \beta$（其中，$\Phi_u$ 为极限承载力，α 和 β 为根据桩的类型、地质条件等因素确定的系数），进而计算出极限承载力 Φ_u。通过这些方法确定的极限承载力，再除以相应的安全系数，即可得到单桩竖向承载力特征值，用于桩基础的设计计算。静载荷试验法具有诸多显著优点，能够真实地反映桩在实际工作条件下的承载性能，考虑了桩土相互作用的各种复杂因素，试验结果可靠性高。这对于一些对基础承载力要求严格、地质条件复杂或重要的大型工程来说，具有不可替代的作用。例如，在超高层建筑、大型桥梁等工程的桩基础设计中，静载荷试验法能够为设计提供最为准确的单桩竖向承载力数据，确保工程的安全性、稳定性。然而，静载荷试验法也存在一定的局限性。静载荷试验过程较为复杂，需要专业的设备和人员进行操作，耗费时间较长、成本较高。而且，由于试验桩数量有限，对于整个工程场地的代表性可能存在一定的局限性。在应用静载荷试验法时，需要注意一些事项。试验桩的选择要具有代表性，尽量涵盖不同的桩型、桩长、桩径以及不同地质条件的区域。在试验过程中要严格按照规范进行操作，确保试验数据的准确性和可靠性。同时，要结合工程实际情况，合理确定试验的加载等级、加载速率以及沉降观测时间间隔等参数。此外，对于试验结果的分析和应用，要综合考虑工程的重要性、地质条件的变异性等因素，合理确定安全系数，确保桩基础设计既安全又经济。

三、动力试桩法

在确定单桩竖向承载力的方法体系中，动力试桩法凭借独特的优势和特点，在工程实践中发挥着重要作用。动力试桩法是利用瞬态或稳态的动荷载作用于桩顶，通过量测桩顶的响应信号，依据桩土动力学理论和相关分析方法，来推断单桩竖向承载力及桩身完整性等参数。动力试桩法主要分为高应变动力试桩和低应变动力试桩。高应变动力试桩通过重锤冲击桩顶，使桩产生足够的贯入度，模拟桩在竖向静载作用下的工作状态。在冲击过程中，利用安装在桩顶附近的力传感器和加速度传感器，同时测量桩顶所受的力和加速度响应。力传感器测量桩顶受到的冲击力，加速度传感器测量桩顶的加速度，通过积分可得到桩顶的速度。根据牛顿第二运动定律和波动方程，将力和速度信号进行分析处理，从而推算出桩侧摩阻力、桩端阻力以及单桩竖向极限承载力。例如，在一个大型桥梁基础工程中，对灌注桩采用高应变动力试桩。重锤以一定的落距冲击桩顶，传感器采集到的力和速度信号显示，在冲击瞬间，桩顶受到较大的冲击力，随着桩身的贯入，桩侧摩阻力和桩端阻力逐渐发挥作用。通过专业软件对信号进行分析，得出了单桩竖向极限承载力，为后续的基础设计提供了重要依据。低应变动力试桩则主要用于检测桩身的完整性，同时也能在一定程度上估算单桩竖向承载力。它通过在桩顶施加一个小能量的瞬态激振，使桩身产生弹性波。弹性波沿着桩身向下传播，当遇到桩身缺陷或桩底时，会产生反射波。安装在桩顶的传感器接收反射波信号，通过分析反射波的到达时间、幅值和相位等特征，判断桩身是否存在缺陷，如缩径、扩径、断裂等，并对桩身的完整性进行分类。虽然低应变动力试桩对单桩竖向承载力的估算精度相对较低，但在一些地质条件相对简单、桩型较为单一的工程中，能提供有参考价值的信息。例如，在某住宅小区的桩基础检测中，通过低应变动力试桩，快速检测出部分桩存在轻微的缩径现象，同时结合经验公式和工程地质条件，对单桩竖向承载力进行了初步估算，为后续的处理措施提供了依据。动力试桩有着严格的操作流程。对于高应变动力试桩，首先要选择合适的锤重和落距，确保能使桩产生足够的贯入度，但不能因贯入度过大导致桩身损坏。一般情况下，锤重宜为单桩预估极限承载力的 $1.0\% \sim 1.5\%$。在安装传感器时，要保证其与桩身紧密连接，且安装位置准确，以获取准确的力和速度信号。在试验过程中，要进行多次锤击，取有效信号进行分析。低应变动力试桩中，激振设备的选择要根据桩的类型、尺寸和地质条件等因素确定。激振点和传感器的安装位置也有严格要求，一般情况下，激振点位于桩顶中心，传感器安装在距桩顶一定距离且桩身完好的部位。在采集信号时，要保证信号的质量，避免干扰信号的影响。动力试桩法的结果分析依赖于专业的分析软件和经验丰富的技术人员。对于高应变动力试桩,通过分析力和速度信号的时程曲线、拟合曲线等,可确定桩侧摩阻力和桩端阻力的分布情况,进而计算出单桩竖向极限承载力。对于低应变动力试桩,根据反射波信号的特征,判断桩身缺陷的位置和程度,同时结合经验公式或地区经验,对单桩竖向承载力进行估算。动力试桩法具有明显的优点,与静载荷试验法相比,动力试桩法操作相对简便,试验时间短、成本较低。在一些工期紧张的工程中,能够快速提供单桩竖向承载力的相关信息。而且,动力试桩法不仅能检测单桩竖向承载力,还能对桩身完整性进行检测,实现了"一检多用"。然而,动力试桩法也存在一定的局限性。其结果的准确性受到多种因素的影响,如桩土参数的不确定性、传感器的安装质量、试验人员的操作水平等。在复杂地质条件下,动力试桩法的估算精度可能受到较大影响。动力试桩法适用于多种工程场景,在大规模的桩基础工程中,如城市高层建筑群、大型工业厂房等项目中,动力试桩法可以快速对大量桩进行检测,筛选出可能存在问题的桩,提高检测效率。对于一些对桩身完整性要求较高的工程,如桥梁工程、核电站基础等,动力试桩法既能检测桩身的完整性,又能估算单桩竖向承载力,具有重要的应用价值。

四、桩侧、桩端阻力

在单桩竖向承载力的构成中,桩侧阻力和桩端阻力是两个关键要素,两者共同决定了桩基础承载上部结构荷载的能力。桩侧阻力是指桩身与周围土体之间由于相对位移而产生的摩擦力,当桩顶承受竖向荷载时,桩身有向下移位的趋势,从而使桩身表面与周围土体之间产生剪切力,这个剪切力就是桩侧阻力。桩侧阻力沿着桩身分布,其大小和分布规律受到多种因素的影响。首先,桩周土的性质起着关键作用。对于黏性土,桩侧阻力主要来源于土的黏聚力和桩土之间的摩擦力,土的黏聚力越大,含水量越低,桩侧阻力越大。在可塑状态的黏性土中,桩侧阻力一般较为稳定;而在软塑或流塑状态的黏性土中,桩侧阻力相对较小。对于砂性土,桩侧阻力与土的密实度和内摩擦角密切相关。密实的砂性土中,桩侧阻力较大,因为土颗粒之间的咬合作用更强,能提供更大的摩擦力。桩的表面粗糙度也会影响桩侧阻力:表面越粗糙，桩土之间的摩擦力越大，桩侧阻力越大。例如，灌注桩由于桩身表面相对粗糙，其桩侧阻力一般比表面光滑的预制桩略大。桩端阻力是指桩端对下部持力层的压力，在桩基础承载过程中发挥着重要作用。桩端阻力的大小主要取决于桩端持力层的性质。当桩端持力层为坚硬的岩石时，桩端阻力能够充分发挥，提供强大的承载力。例如，在山区的高层建筑基础中，桩端嵌入基岩，桩端阻力成为主要承载力量，能有效承受巨大的上部结构荷载。而当桩端持力层为较软的土层时，桩端阻力相对较小。此外，桩端的形状和尺寸也会对桩端阻力产生影响。一般来说，扩大桩端直径可以增加桩端的承载面积，从而提高桩端阻力。一些工程会采用扩底桩的形式，通过扩大桩端的尺寸，增强桩端阻力的承载力。在不同桩型中，桩侧阻力和桩端阻力的作用有所不同。对于端承桩，桩端阻力是主要的承载力量，桩侧阻力相对较小。这类桩通常适用于桩端持力层为坚硬岩石或密实土层的情况，如在岩石地基上建造的大型工业厂房，端承桩能够将上部荷载直接传递到桩端持力层，确保基础的稳定性。而对于摩擦桩，桩侧阻力则是承载的主要部分，桩端阻力相对次要。在软土地基中，由于浅层土无法提供足够的端承力，摩擦桩通过桩侧阻力将荷载分散传递到较大范围的土层中。例如，沿海地区的多层建筑基础，多采用摩擦桩来解决软土地基的承载问题。端承摩擦桩和摩擦端承桩则是两种阻力共同发挥作用，只是在不同情况下，桩侧阻力和桩端阻力的占比有所不同。确定桩侧阻力和桩端阻力的方法有多种，在动力试桩法中，如高应变动力试桩，通过重锤冲击桩顶，利用力传感器和加速度传感器测量桩顶的力和加速度响应，再根据波动方程和相关理论，对力和速度信号进行分析处理，从而推算出桩侧阻力和桩端阻力的分布情况及大小。在经验参数法中，根据桩周土和桩端持力层的性质，通过查阅相关规范或经验表格，获取相应的桩侧阻力和桩端阻力的经验参数，再结合桩的尺寸等因素，计算出桩侧阻力和桩端阻力。现场静载荷试验也可以间接确定桩侧阻力和桩端阻力，通过逐级加载，观察桩的沉降情况，分析桩侧阻力和桩端阻力的发挥过程和大小。桩侧阻力和桩端阻力之间存在着相互影响的关系，在桩的加载初期，桩侧阻力首先发挥作用，随着荷载的增加，桩侧阻力逐渐增大，当桩侧阻力达到一定值后，桩端阻力开始逐渐发挥作用。在这个过程中，桩侧阻力和桩端阻力发挥作用的程度会相互影响。例如，当桩侧阻力较大时，桩身的沉降相对较小，桩端阻力发挥作用的可能受到一定的抑制；而当桩侧阻力较小时，桩身沉降较大，桩端阻力可能更快地发挥作用。

第三节　群桩基础设计

一、群桩效应分析

群桩效应是指群桩中各桩之间相互作用，导致群桩的承载性能与单桩存在差异的现象。这种效应源于桩与桩之间、桩与土之间复杂的相互关系。在群桩基础设计中，群桩效应是一个无法忽视的关键因素，对群桩基础的承载性能和稳定性有着深远影响。在群桩基础中，当上部结构荷载施加于承台上时，各桩会共同承担荷载，但由于桩间距有限，桩间土和桩端土的应力状态会发生改变，进而影响到桩的承载性能。群桩效应在桩侧摩阻力方面表现明显。当桩间距较小时，桩间土在桩的影响下产生应力叠加现象。以摩擦桩为例，在单桩情况下，桩侧摩阻力沿着桩身均匀发挥作用，周围土体能够提供充分的摩擦力。但在群桩中，由于桩间土应力叠加，使得桩侧摩阻力的作用范围减小。例如，在一个桩间距较小的群桩基础中，原本每根桩的桩侧摩阻力作用可发挥到理论最大值，但因群桩效应，部分桩的桩侧摩阻力作用只能发挥到最大值的 70%~80%，导致群桩的侧摩阻力总和小于单桩的侧摩阻力之和。这就意味着在设计群桩基础时，不能简单地将单桩的侧摩阻力乘以桩数来计算群桩的侧摩阻力，而需要考虑群桩效应的折减问题。桩端阻力同样受到群桩效应的影响，桩端处的应力扩散在群桩中与单桩有显著不同。在单桩中，桩端阻力主要由桩端下一定范围内的土体提供。而在群桩中，各桩桩端应力相互影响，导致桩端阻力的分布与单桩不同。对于端承桩，群桩的桩端阻力可能小于按单桩计算的总和。例如，在一个由多根端承桩组成的群桩基础中，由于桩端应力的相互干扰，桩端阻力无法充分发挥作用，每根单桩在群桩中实际承受的荷载会降低。这是因为群桩中桩端应力扩散范围扩大，土体的承载力未能得到充分利用。群桩基础在承受竖向荷载时，各桩之间的相互作用还会导致桩顶荷载分布不均匀。位于群桩边缘的桩，其承受的荷载相对较大，而中心部位的桩承受的荷载相对较小。这是由于边缘桩受到的约束相对较小，桩侧摩阻力和桩端阻力发挥的作用相对独立，更容易承担上部荷载。而中心桩受到周围桩的影响，桩侧摩阻力和桩端阻力发挥的作用受到一定限制，从而导致其承受的荷载相对较小。这种桩顶荷载分布不均匀的现象，在设计群桩基础时需要特别注意，以确保每根桩都能在其承载力范围内工作，避免因部分桩荷载过大而发生破坏。为了减少群桩效应的不利影响，可采取一系列措施。合理增大桩间距是最直接有效的方法。一般来说，桩间距不宜小于 3 倍桩径，对于摩擦型桩，适当增大桩间距能有效减少桩间土的应力叠加，提高桩侧摩阻力和桩端阻力的发挥程度。优化桩的布置方式也能起到一定作用。例如，采用梅花形布置比行列式布置能更有效地利用桩间土的承载力，减少群桩效应的影响。在施工过程中，控制施工顺序和施工工艺也至关重要。合理的施工顺序可以减少对桩间土的扰动，降低群桩效应的不利影响。例如，采用间隔跳打的方式进行灌注桩施工，能避免相邻桩施工时对已完成桩的影响。以某大型高层建筑的群桩基础为例，在设计阶段，设计人员充分考虑了群桩效应。通过计算，确定了合理的桩间距和桩的布置方式。在施工过程中，应严格控制施工顺序和工艺，确保桩间土的应力状态不受过大扰动。在建筑物建成后的监测中发现，群桩基础的沉降量和桩顶荷载分布均在设计允许范围内，证明在设计和施工中有效控制了群桩效应。群桩效应在群桩基础设计中具有重要意义，深入了解群桩效应的影响机制，采取有效的应对措施，能够提高群桩基础的承载性能和稳定性，确保建筑物的安全性和可靠性。在实际工程中，需要根据具体情况，综合考虑各种因素，对群桩效应进行合理分析和控制，以实现群桩基础的优化设计。

二、群桩沉降计算

群桩沉降是指群桩基础在承受上部结构荷载后，产生的竖向位移。在群桩基础设计中，群桩沉降计算是至关重要的环节，直接关系到建筑物的稳定性和正常使用。准确计算群桩沉降，对于控制建筑物的沉降量、确保建筑物的安全具有重要意义。群桩沉降的产生原因较为复杂。首先，桩身压缩变形是导致群桩沉降的原因之一。当上部结构荷载通过承台传递到桩顶时，桩身会受到压力而发生压缩变形。桩身的压缩量与桩身材料的弹性模量、桩长以及所承受的荷载大小有关。一般来说，桩身越长、所承受的荷载越大，桩身的压缩变形也就越大。例如，在一个高层建筑的群桩基础中，桩长达到数十米，上部结构荷载巨大，桩身的压缩变形在群桩沉降中占据一定比例。其次，桩端土的压缩变形也是群桩沉降的重要原因。桩端持力层在桩端压力作用下会发生压缩变形。桩端土的压缩量与桩端持力层的性质、厚度以及桩端压力大小等因素密切相关。如果桩端持力层为软土层，其压缩性较大，在桩端压力作用下，桩端土的压缩变形较为明显，从而导致群桩沉降量增大。如果桩端持力层为坚硬的岩石或密实的土层，其压缩性较小，桩端土的压缩变形相对较小。最后，桩侧土的变形也会对群桩沉降产生影响。在群桩基础中，桩侧土受到桩身的挤压和摩擦作用，会发生一定的变形。尤其是在桩间距较小的情况下，桩间土的应力叠加会导致桩侧土的变形增大。例如，在一个桩间距较小的群桩基础中，桩间土的应力集中，使得桩侧土的变形增加，进而影响群桩沉降。群桩沉降的计算方法有多种，实体深基础法是一种较为常用的方法。该方法将群桩视为一个假想的实体基础，其底面位于桩端平面，顶面位于承台底面。根据基础的埋深、尺寸以及地基土的压缩模量等参数，利用分层总和法计算实体基础的沉降量。在计算过程中，需要将地基土划分为若干分层，分别计算各分层的压缩量，然后累加得到总的沉降量。例如，对于一个由多根桩组成的群桩基础，假设将地基土划分为 5 个分层，每个分层的厚度和压缩模量已知，通过计算各分层在实体基础底面压力作用下的压缩量，再将这些压缩量相加，即可得到群桩基础的沉降量。明德林—盖得斯法基于弹性理论，考虑了桩侧摩阻力和桩端阻力的分布情况，以及桩间土的相互作用，计算结果相对准确。该方法将桩身视为弹性半空间内的竖向荷载，通过积分求解得到地基土中的附加应力，进而计算地基土的沉降量。在计算过程中，需要确定桩侧摩阻力和桩端阻力的分布函数，以及地基土的弹性参数。例如，在一个复杂地质条件下的群桩基础中，采用明德林—盖得斯法，通过详细的地质勘察确定地基土的弹性模量、泊松比等参数，结合桩的设计参数，计算出群桩基础的沉降量。群桩沉降的计算受到多种因素的影响，其中桩间距是一个重要因素。桩间距过小，会导致桩间土的应力叠加严重，桩侧土和桩端土的变形增大，从而使群桩沉降量增加。一般来说，增大桩间距可以减小群桩效应的影响，降低群桩沉降量。桩的数量和布置方式也会影响群桩沉降。桩的数量越多，群桩基础的承载力越大，但同时桩间土的应力状态也会更加复杂，可能导致沉降量增加。合理的桩布置方式可以优化桩间土的应力分布，减少沉降量。例如，采用梅花形布置比行列式布置能更有效利用桩间土的承载力，可使群桩沉降量相对较小。在计算群桩沉降时，需要注意一些要点，其中确定地基土的参数是关键。地基土的压缩模量、泊松比等参数对沉降计算结果影响较大，需要通过现场勘察和试验准确获取。同时，要合理选择计算方法。不同的计算方法适用于不同的地质条件和桩基础类型，需要根据实际情况选择合适的方法。例如，在地质条件较为简单、桩间距较大的情况下，实体深基础法可能较为适用；而在地质条件复杂、桩间距较小的情况下，明德林—盖得斯法能更准确地反映群桩沉降情况。以某大型桥梁的群桩基础为例，在设计阶段，设计人员采用明德林—盖得斯法进行群桩沉降计算。通过详细的地质勘察，获取了地基土的各项参数。在计算过程中，考虑了桩侧摩阻力和桩端阻力的分布情况，以及桩间土的相互作用。经过多次计算和优化，确定了合理的桩间距和桩的布置方式。在桥梁建成后的监测中发现，群桩基础的沉降量与计算结果较为接近，证明了沉降计算的准确性和设计的合理性。

三、群桩内力分析

在群桩基础设计中，群桩内力分析是一项关键工作，它对于准确把握群桩在承受上部结构荷载时各桩的受力状态，进而合理设计桩基础具有重要意义。群桩内力分析的目的在于确定每根桩所承受的竖向力、水平力以及弯矩等内力，为桩基础的设计提供依据。当上部结构荷载传递到群桩基础时，各桩并非均匀受力，通过内力分析，能够明确各桩的受力差异，从而有针对性地进行桩身结构设计和配筋计算。例如，在一个大型商业综合体的群桩基础中，由于上部结构的布局和荷载分布不均匀，不同位置的桩所承受的内力各不相同，通过内力分析，可以确定哪些桩承受较大的竖向力，哪些桩受到较大的水平力或弯矩，以便合理设计桩的尺寸和配筋。进行群桩内力分析时，需要考虑诸多因素。首先，上部结构的荷载特性，包括荷载大小、分布情况以及作用位置等。如果上部结构为高层建筑，其竖向荷载巨大，且可能存在偏心荷载，这会导致群桩基础中各桩所承受的竖向力不均匀。同时，风荷载、地震作用等水平荷载也会使群桩受到水平力和弯矩。其次，桩的布置方式对群桩内力有显著影响。行列式布置和梅花形布置的群桩，在承受相同荷载时，桩的内力分布有所不同。例如，梅花形布置的群桩在抵抗水平荷载时，由于桩的排列方式，桩间土的协同作用更好，各桩所承受的水平力分布相对更均匀。最后，桩间距也是影响群桩内力的重要因素。桩间距过小，群桩效应明显，桩间土的应力叠加会改变桩的受力状态；桩间距过大，则会增加基础的造价和占地面积。常用的群桩内力分析方法有多种，简化计算方法（如刚性承台假定法）假设承台为绝对刚性。在承受荷载后，承台只发生整体平移和转动，各桩顶的位移与承台的位移协调一致。根据这一假定，可以通过静力平衡方程计算出各桩所承受的竖向力。例如，对于一个承受竖向中心荷载的群桩基础，根据刚性承台假定，各桩所承受的竖向力相等，可通过将总荷载除以桩数得到每根桩的竖向力。弹性承台法考虑了承台的弹性变形，将承台视为弹性体，通过建立桩—土—承台的共同作用模型，利用弹性力学理论进行分析。这种方法能够准确地反映群桩的受力状态，但计算过程相对复杂。有限元分析法是一种更为精确的方法，它将桩、土和承台离散为有限个单元，通过建立单元刚度矩阵，组装成整体刚度矩阵，再结合荷载条件求解各单元的位移和应力，从而得到群桩的内力。在复杂地质条件和结构形式下，有限元分析法能够充分考虑各种因素的影响，为群桩内力分析提供详细准确的结果。群桩内力分析还受到多种因素的影响，地质条件就是一个重要方面。不同的土层性质，如土层的压缩模量、内摩擦角等，会影响桩侧摩阻力和桩端阻力发挥作用，进而影响群桩的内力分布。在软土地基中，桩侧摩阻力相对较小，桩的内力分布可能更依赖于桩端阻力；而在坚硬的岩石地基上，桩端阻力较大，桩的内力分布会有所不同。此外，在施工过程中的因素也不容忽视。例如，桩的施工顺序会影响桩间土的应力状态，先施工的桩可能对后施工的桩产生影响，从而改变群桩的内力分布。在进行群桩内力分析时，需要注意一些要点。确定计算参数是关键，包括上部结构荷载、桩的几何参数、地基土的力学参数等。这些参数的准确性直接影响内力分析的结果。同时，要根据实际情况合理选择分析方法。对于简单的群桩基础，可采用简化计算方法快速得到大致的内力结果；对于复杂的工程，应采用弹性承台法或有限元分析法，以确保分析结果的准确性。此外，在分析过程中，要考虑各种可能的荷载组合，如恒载与活载组合、风荷载与地震作用组合等，以满足不同工况下的设计要求。以某跨海大桥的群桩基础为例，在设计阶段，设计人员采用有限元分析法进行群桩内力分析。考虑到海上复杂的地质条件和桥梁所承受的巨大荷载，包括自重、车辆荷载、风荷载、波浪力以及地震作用等，通过建立详细的桩—土—承台共同作用模型，对各种荷载组合下的群桩内力进行了分析。分析结果显示，在不同荷载工况下，群桩中各桩的内力分布差异较大。根据这些分析结果，设计人员对桩的布置方式、桩间距以及桩身结构进行了优化设计，确保群桩基础能够安全可靠地承受各种荷载。

四、承台设计要点

在群桩基础设计体系中，承台设计是不可或缺的重要环节。高质量的承台设计直接关系到群桩基础能有效承载上部结构荷载，确保建筑物的稳定性与安全性。承台的首要作用是将上部结构传来的荷载均匀且有效地传递给各桩，并协调各桩共同工作。承台如同一个桥梁，将上部结构与桩基础紧密相连，使群桩能形成一个有机的整体，从而发挥承载效能。在高层建筑群桩基础中，承台将上部建筑巨大的竖向荷载、可能的偏心荷载以及水平荷载等，通过合理的应力分布传递到每一根桩上，避免因荷载传递不均导致部分桩受力过大或过小。承台尺寸确定需综合考量多方面因素。平面的尺寸，要依据桩的布置方式与桩间距来确定。如果桩采用行列式布置，承台的长和宽需保证能覆盖所有桩位，并预留足够的边缘距离，以确保承台有足够的稳定性和刚度。一般情况下，承台边缘至最外一排桩的净距，对于桩径小于或等于800mm 的桩，不宜小于桩径或边长的 0.5 倍，且不宜小于 250mm；对于桩径大于 800mm 的桩，不宜小于桩径的 0.3 倍，且不宜小于 500mm。承台的厚度至关重要，直接影响承台的承载力和抗冲切、抗剪切性能。通常根据上部结构荷载大小、桩的布置形式以及地基土的承载力等因素，通过计算确定。例如，在承受较大荷载的工业厂房群桩基础中，经计算分析，可能需要将承台厚度设计为 1.5m 甚至更厚，以满足抗冲切和抗剪切要求。在计算过程中，要考虑桩对承台产生的冲切力和剪切力，确保承台在这些力的作用下不发生破坏。配筋设计是承台设计的关键步骤。承台的配筋需根据其受力情况进行计算。在竖向荷载作用下，承台底部会产生弯矩，因此需要在底部配置受弯钢筋，以抵抗弯矩产生的拉力。受弯钢筋的数量和直径根据弯矩大小计算确定，一般采用 HRB 400 等强度较高的钢筋。同时，在承台的侧面和顶部，可能需要配置一定数量的构造钢筋，以提高承台的整体性和抗裂性能。对于承受较大水平荷载或偏心荷载的承台，还需要考虑配置抗剪钢筋和抗扭钢筋。抗剪钢筋通常采用箍筋的形式，布置在承台的周边和内部，以抵抗剪切力。抗扭钢筋则根据扭矩大小计算配置，一般在承台的四个角和侧面布置。承台设计还需满足一系列构造要求，混凝土强度等级一般不宜低于 C20，以保证承台有足够的强度和耐久性。在承台的混凝土浇筑过程中，要保证混凝土的密实性，避免出现蜂窝、麻面等缺陷。承台的钢筋保护层厚度要符合规范要求，一般情况下，当有混凝土垫层时，钢筋保护层厚度不应小于 40mm；无混凝土垫层时，钢筋保护层厚度不应小于 70mm。此外，承台与桩的连接也有严格要求。桩顶嵌入承台的长度，对于大直径桩，不宜小于 100mm；对于中等直径桩，不宜小于 50mm。桩顶钢筋锚入承台的长度也需满足规范要求，以确保桩与承台之间的可靠连接，使荷载能够顺利传递。耐久性设计对于承台同样重要。在有侵蚀性介质的环境中，如沿海地区的建筑物基础，承台容易受到海水侵蚀。此时，要采取相应的防腐措施，如提高混凝土的抗渗等级、在混凝土中添加防腐外加剂、采用环氧涂层钢筋等。同时，还要考虑承台在长期使用过程中的冻融循环影响，对于寒冷地区的承台，要保证混凝土有足够的抗冻性能，可通过添加引气剂等方式提高混凝土的抗冻等级。在施工过程中，承台设计要点也需严格落实。在模板安装时，要保证模板的平整度和垂直度，防止在混凝土浇筑过程中出现跑模现象。混凝土浇筑时，要控制浇筑速度和振捣质量，确保混凝土均匀且密实。在混凝土浇筑完成后，要及时进行养护，保证混凝土在规定的时间内达到设计强度。此外，在承台施工过程中，要注意对桩的保护，避免在施工过程中对桩造成损坏，影响群桩基础的整体性能。

第四节　其他深基础形式

一、沉井基础设计

沉井基础设计是一项复杂且关键的工作，涉及多个方面的考量，以确保其在各类工程中能安全、稳定地承载上部结构荷载。沉井基础设计的首要任务是确定其平面尺寸和形状。平面尺寸需依据上部结构的布局和荷载分布来确定。对于桥梁桥墩的沉井基础，要考虑桥梁的跨度、宽度以及桥墩所承受的竖向荷载和水平荷载的大小。若桥梁跨度较大，上部结构传递给桥墩的荷载相应较大，此时沉井基础的平面尺寸需足够大，以分散荷载，确保地基土的承载力满足要求。在形状方面，常见的有圆形、矩形和多边形。圆形沉井在抵抗水平力时具有较好的性能，其结构受力均匀，在水流作用下的阻力较小，适用于河流等有水流冲刷的环境。矩形沉井则便于施工和与上部结构的连接，在一些场地条件较为规则的工程中应用广泛。多边形沉井则可根据特殊的场地需求和结构要求进行设计。沉井的深度设计至关重要，直接关系到沉井基础的承载力和稳定性。沉井深度需根据地质条件确定，要确保沉井底部落在坚实的土层或岩层上。在地质勘察时，需详细了解各土层的分布、厚度、物理力学性质等。若上部土层较软，下部存在坚硬的持力层，沉井应穿越软土层，将底部置于持力层上。例如，在软土地基中，若持力层位于地下20m深处，沉井的深度设计应不小于20m，且需考虑一定的嵌入深度，以保证沉井与持力层可靠连接。同时，沉井深度还需考虑地下水位的影响，避免因地下水位波动导致沉井基础的抗浮问题。井壁厚度的设计需综合考虑强度和抗渗要求，从强度方面来看，井壁要承受施工过程中的各种荷载，如挖土时的土压力、下沉过程中的摩擦力以及使用阶段的上部结构荷载等。根据这些荷载情况，通过结构力学计算确定井壁的厚度。一般来说，井壁厚度在0.5~1.5m之间，具体数值需根据工程实际情况确定。在抗渗要求方面，对于地下水位较高的地区，井壁需具备良好的抗渗性能，防止地下水渗漏进入沉井内部。可通过提高混凝土的抗渗等级、设置止水构造等方式达到抗渗的目的。沉井基础的结构计算包括竖向承载力计算、水平承载力计算和抗倾覆计算，竖向承载力计算需考虑沉井自重、上部结构荷载以及井壁与土体之间的摩擦力等因素。通过计算确保沉井基础在竖向荷载作用下不会出现沉降过大或地基土破坏的情况。水平承载力计算主要针对沉井在受到风荷载、水流力、地震力等水平荷载时的承载力。要分析沉井的结构刚度、与土体的相互作用等因素，以保证沉井在水平荷载作用下的稳定性。抗倾覆计算则是为了防止沉井在偏心荷载作用下发生倾覆。抗倾覆计算需考虑沉井的重心位置、基础底面的尺寸以及所受荷载的偏心程度等因素，通过计算确定抗倾覆安全系数，确保沉井基础具有足够的抗倾覆能力。在设计沉井基础时，还需考虑抗浮问题。当沉井位于地下水位以下时，会受到地下水的浮力作用。若浮力大于沉井及上部结构的自重，沉井可能发生上浮，影响基础的稳定性。可通过增加沉井自重、设置抗浮锚杆或抗浮桩等方式来解决抗浮问题。增加沉井自重可通过增加井壁厚度、在井内填充重物等方法实现。设置抗浮锚杆或抗浮桩则是利用锚杆或桩与土体之间的锚固力来抵抗浮力。施工过程对沉井基础设计也有重要影响。在施工前，要对沉井的制作场地进行平整和处理，以确保沉井的质量。在下沉过程中，要采取有效的措施防止沉井发生偏斜和突沉。可通过均匀挖土、设置导向装置等方式控制沉井的下沉方向。同时，要对沉井的下沉过程进行实时监测，及时调整挖土速度和方式，确保沉井安全、准确

工程建设中有着特定的应用场景与设计要求。墩基础具有诸多特点。其刚度较大，能有效抵抗上部结构传来的各种荷载，包括竖向荷载、水平荷载以及弯矩等。在高层建筑中，墩基础可将巨大的竖向荷载直接传递至地基深处，减少基础的沉降量，保证建筑物的稳定性。同时，墩基础的施工相对简便，在地质条件适宜的情况下，能够快速完成施工，缩短工程工期。相较于一些复杂的桩基础或其他深基础形式，墩基础的施工工艺较简单，不需要大型的打桩设备或复杂的成槽工艺，降低了施工成本。在墩基础设计中，尺寸确定是首要环节。墩基础的平面尺寸需根据上部结构柱的尺寸、荷载大小以及地基土的承载力来确定。一般来说，墩基础的底面积应保证地基土所承受的压力不超过其承载力。通过计算上部结构传递到基础顶面的竖向荷载，结合地基土的承载力特征值，可初步确定墩基础的底面尺寸。例如，在一个多层建筑中，已知上部结构柱传来的竖向荷载为1000kN，地基土的承载力特征值为200kPa，根据公式计算，墩基础的底面积不应小于5m²。同时，墩基础的高度也需合理设计，要满足柱与基础之间的连接要求以及基础的抗冲切、抗剪切要求。抗冲切计算是为了防止在柱底集中荷载作用下，基础发生冲切破坏。通过计算冲切力和基础的抗冲切承载力，可确定基础的有效高度。一般情况下，墩基础的高度在1~2m之间，具体数值需根据工程实际情况确定。墩基础的承载力计算至关重要，竖向承载力计算要考虑上部结构荷载、基础自重以及基础与地基土之间的摩擦力等因素。通过土力学理论和相关计算公式，确定墩基础在竖向荷载作用下的承载力，确保基础不会出现沉降过大或地基土破坏的情况。在水平承载力计算方面，当墩基础受到风荷载、地震力等水平荷载时，要分析基础的埋深、周边土体的约束情况以及基础自身的刚度等因素，保证墩基础在水平荷载作用下的稳定性。例如，在地震设防地区，墩基础的水平承载力计算需考虑地震力的大小和方向，通过增加基础的埋深、设置抗滑键等方式提高基础的水平承载力。配筋设计是墩基础设计的关键步骤，根据墩基础的内力计算结果，确定基础的配筋。在基础底部，由于承受较大的弯矩，需要配置受弯钢筋，以抵抗弯矩产生的拉力。受弯钢筋的数量和直径根据弯矩大小计算确定，一般采用HRB 400等强度较高的钢筋。同时，在基础的侧面和顶部，可能需要配置一定数量的构造钢筋，以提高基础的整体性和抗裂性能。对于承受较大水平荷载或偏心荷载的墩基础，还需要考虑配置抗剪钢筋和抗扭钢筋。抗剪钢筋通常采用箍筋的形式，布置在基础的周边和内部，以抵抗剪切力。抗扭钢筋则根据扭矩大小计算配置，一般在基础的四个角和侧面布置。在施工过程中，墩基础的施工要点不容忽视。首先，在基础开挖时，要注意控制开挖深度和坡度，防止边坡坍塌。对于土质较差的地区，可能需要采取支护措施，如土钉墙支护、钢板桩支护等。在基础混凝土浇筑前，要确保基础底部的地基土平整、坚实，如有软弱土层，需进行处理，如换填、夯实等。混凝土浇筑时，要保证混凝土的浇筑质量，控制浇筑速度和振捣质量，防止出现蜂窝、麻面等缺陷。同时，要注意钢筋的布置和绑扎质量，确保钢筋的位置准确，与混凝土紧密结合。在混凝土浇筑完成后，要及时进行养护，保证混凝土在规定的时间内达到设计强度。墩基础适用于多种工程场景。在多层建筑中，当地基土条件较好，上部结构荷载相对较小时，墩基础是一种经济合理的选择。在一些小型工业厂房中，由于柱距较大，荷载相对集中，墩基础能够有效地将荷载传递给地基土，满足厂房的承载要求。在一些对沉降要求不高的一般性建筑中，墩基础能够发挥施工简便、成本较低的优势。

四、深基础选型对比

在工程建设中，深基础选型至关重要，合适的深基础能确保工程安全、高效且经济地实施。常见的深基础形式包括桩基础、沉井基础、地下连续墙基础和墩基础。它们各具特点，适用于不同的工程场景。桩基础是一种广泛应用的深基础，具有较强的适应性，能适应各种复杂的地质条件。在软土地基中，可通过桩身与土体的摩擦力或桩端的支承力将上部荷载传递到较深的坚实土层。例如，在沿海地区的高层建筑，其软土地基较厚，而桩基础能有效解决承载问题。桩基础按施工方法可分为预制桩和灌注桩。预制桩施工速度相对较快，质量较易控制，但运输和打桩过程可能受场地限制，且对周边环境有一定的噪声和振动影响；灌注桩则可根据现场情况灵活调整桩径和桩长，施工时对周边环境影响较小，但成桩质量受施工工艺影响较大。沉井基础是一种井筒状结构，其整体性和稳定性极佳，能承受较大竖向和水平荷载。在大型桥梁建设中，沉井基础常用于桥墩基础，能有效抵抗水流冲刷和上部结构的巨大荷载。沉井基础施工时，先在地面制作井筒，然后通过井内挖土的方式使其下沉至设计标高。这种施工方式在地下水位较高、土层较软的区域具有优势，但施工过程相对复杂，下沉过程中需严格控制垂直度和下沉速度，防止出现偏斜、突沉等问题，且对施工技术和设备要求较高。地下连续墙基础是利用专门设备在地下挖出深槽，然后在槽内吊放钢筋笼并浇筑混凝土形成的连续墙体。它既可用作基坑支护，又可作为建筑物基础。在城市建设中，尤其是在周边建筑物密集、场地狭窄的情况下，地下连续墙基础具有显著优势。其施工时对周边环境影响小，墙体刚度大且防渗性能好。然而，地下连续墙基础的施工需要专业的挖槽设备和技术，施工成本相对较高，且接头处理要求严格，若接头处理不当，可能影响墙体的整体性和防渗性。墩基础通常指柱下钢筋混凝土独立基础，将上部结构荷载集中传递到深部坚实土层或岩层。其刚度较大，施工相对简便。在多层建筑中，当地基土条件较好、上部结构荷载相对较小时，墩基础是经济合理的选择。例如，一些小型工业厂房，其柱距较大、荷载相对集中，而墩基础能有效传递荷载，满足承载要求。但墩基础对地基土的承载力要求较高，若地基土较软，则需要进行地基处理，以满足工程需求。从适用地质条件来看，桩基础几乎适用于各类地质，尤其是软土地基；沉井基础在软土及地下水位较高地区表现良好；地下连续墙基础对地质条件适应性较强，但在坚硬岩石层施工难度较大；墩基础则更适用于地基土较坚实的情况。在施工难度方面，桩基础中预制桩打桩过程可能遇到障碍，灌注桩成桩质量控制有一定的难度；沉井基础的下沉过程需精细控制；地下连续墙基础对施工设备和技术要求高；墩基础相对施工简便，但在不良地质条件下进行地基处理时难度会增加。在成本上，桩基础因桩型、施工工艺不同，成本差异较大；沉井基础对施工设备和技术要求高，成本较高；地下连续墙基础施工成本也较高，尤其在复杂地质条件下；墩基础在地基条件良好时，施工成本相对较低。综合对比，在选择深基础形式时，需充分考虑工程地质条件、上部结构类型、施工场地条件、工期要求以及经济成本等因素。若地质条件复杂且上部荷载大，桩基础可能是较好的选择；在大型桥梁或对基础整体性要求高的工程中，可优先考虑沉井基础；对于城市中心场地受限且对周边环境要求高的项目，地下连续墙基础较为合适；而在地基条件较好的多层建筑或小型工业厂房建设中，墩基础则能发挥其经济、施工简便的优势。科学合理的选型能确保深基础在工程中发挥最佳效能，保障工程的安全与稳定。

第五章　地基处理方法

第一节　地基处理概述

一、处理目的

地基处理在工程建设中意义重大，其目的是多维度的，旨在全方位提升地基的性能，满足各类工程复杂多样的需求。提升地基承载力是地基处理的核心目标之一。在大型建筑项目中，如超高层建筑，上部结构的自重以及各类活荷载极大。若地基土原始承载力不足，无法承受这些荷载，基础就会出现过度沉降，甚至导致地基整体破坏，危及建筑物的安全。以在城市中心建造的摩天大楼为例，其高度可达数百米，对地基承载力要求极高。通过采用桩基础，将桩打入深部坚实土层，利用桩身与土的摩擦力以及桩端的支承力，可有效提高地基的承载力，确保建筑物能够稳固矗立。一些大型工业厂房内部，需要放置大型机械设备，这些设备在运行过程会产生巨大的动荷载。若地基承载力不足，在长期的动荷载作用下，地基土可能发生疲劳破坏，影响厂房的正常使用。此时，通过深层搅拌法等地基处理手段，将水泥等固化剂与地基土强制搅拌，形成具有较高强度的加固土，可增强地基的承载力，保障厂房的安全使用。有效控制地基沉降是地基处理的关键目的，不均匀沉降会给建筑物带来严重危害。在建筑物中，不均匀沉降可能导致墙体开裂，破坏建筑物的外观和结构完整性。一些对沉降要求严格的精密仪器厂房，哪怕出现微小的不均匀沉降，也可能使仪器设备的精度受到影响，导致生产的产品质量下降。在软土地基上建造建筑物时，由于软土的压缩性大，容易产生较大的沉降。预压法是处理软土地基沉降问题的有效方法之一。通过在地基表面施加预压荷载，使地基土中的孔隙水排出，使土体逐渐固结，从而在施工前实现大部分沉降。例如，在沿海地区建设机场跑道，由于跑道对平整度要求极高，不能出现明显的沉降和不均匀沉降。通过采用真空预压法对软土地基进行处理，在施工前使地基土充分沉降，可确保跑道在使用过程中能够保持良好的平整度，保障飞机的安全起降。增强地基的抗震性能在地震区至关重要。在地震作用下，地基土的性能会发生显著变化，尤其是砂土和粉土，容易出现液化现象。地基液化会导致地基承载力大幅下降，使建筑物失去稳定支撑，导致严重的破坏。强夯法是一种有效提高地基抗震性能的方法。强夯法通过使用重锤从高处自由落下，对地基土进行强力夯实，使砂土和粉土的颗粒重新排列，孔隙减小，密实度增加，从而降低地基在地震作用下发生液化的可能性。在一些地震频发的地区，对新建建筑物的地基采用强夯法进行处理，可有效提高地基的抗震性能，保障建筑物在地震中的安全。振冲法常用于加固砂土和粉土地基。振冲器在地基中造孔并填入砂石等材料，形成密实的桩体，与周围土体共同作用，提高地基的抗液化能力和整体稳定性。在一些特殊工程中，地基处理还需满足特定的工况需求。例如，在垃圾填埋场的建设中，由于垃圾填埋后会产生大量有害物质和气体，地基处理不仅要考虑承载力和沉降控制，还要防止有害物质渗透到地下水中而污染环境。此时，可采用铺设防渗膜等特殊的地基处理方法，在满足垃圾填埋场承载要求的同时，实现对地下水的有效保护。对于一些建在斜坡上的建筑物，地基处理需要考虑防止土体滑坡。采取挡土墙、抗滑桩等措施，可增强地基的稳定性，确保建筑物在斜坡地形条件下的安全性。地基处理的目的涵盖提升承载力、控制沉降、增强抗震性能以及满足特殊工况需求等多个方面。在实际工程中，深入了解这些目的，根据不同的工程需求和地基条件，选择合适的地基处理方法，对于保障工程的安全、稳定和可持续发展具有不可替代的重要意义。只有通过科学合理的地基处理，才能确保各类工程在不同的地质条件和使用要求下，都能顺利建设并长期稳定运行。

二、处理对象

在地基处理工程领域，明确处理对象是开展有效工作的基础。各类不良地基土因其特殊的物理力学性质，无法直接满足工程建设对地基稳定性、承载力等方面的要求，成为地基处理的主要对象。软土是地基处理中极为常见的对象。它主要包括淤泥、淤泥质土等，具有含水量高、孔隙比大、压缩性强、强度低等显著特征。在沿海地区以及河流湖泊周边，软土广泛分布。鉴于软土的这些特性，若直接在其上建造建筑物，极易导致基础沉降过大。例如，某沿海城市的住宅小区建设，未对软土地基进行有效处理，建筑物建成后不久，就出现了严重的沉降现象，部分房屋的墙体甚至出现了明显的裂缝，严重影响了居民的居住安全和建筑物的正常使用。为解决软土地基问题，常采用排水固结法（如设置砂井、塑料排水板等），结合堆载预压或真空预压，使地基土中的水分排出，土体逐渐固结，从而提高地基的强度和承载力。也可采用深层搅拌法，将水泥、石灰等固化剂与软土强制搅拌，形成具有一定强度的加固土，以增强地基的稳定性。湿陷性黄土也是地基处理的重点对象之一。湿陷性黄土在天然状态下具有一定的强度，但当被水浸湿时，其结构会迅速破坏，出现显著的附加下沉。这种湿陷现象会对建筑物造成严重损害。在我国西北等黄土分布广泛的地区，湿陷性黄土给工程建设带来了诸多挑战。例如，在某地区的工业厂房建设中，由于对湿陷性黄土的处理不当，厂房建成后遭遇暴雨，地基发生湿陷，导致厂房的地面出现严重凹陷，部分设备无法正常运行，给企业带来了巨大的经济损失。针对湿陷性黄土，常用的处理方法是灰土挤密桩法。通过在地基中打入桩管，挤压周围土体，然后填入灰土形成桩体，与周围土体共同作用，提高地基的承载力，削弱黄土的湿陷性。强夯法也可用于湿陷性黄土的处理，通过重锤夯击，使黄土颗粒重新排列，孔隙减小，从而削弱黄土的湿陷性，提高地基的强度。膨胀土也是需要重点处理的地基土类型。膨胀土具有吸水膨胀、失水收缩的特性，且胀缩变形具有反复性。这种特性对建筑物基础危害极大，会使基础产生不均匀升降，导致建筑物墙体开裂、基础破坏等。在一些气候湿润、降水较多且地下水位变化较大的地区，膨胀土较为常见。例如，在某南方城市的道路建设中，由于对膨胀土路基处理不善，在雨季时，膨胀土吸水膨胀，导致路面隆起、开裂；而在旱季，膨胀土失水收缩，又使路面出现凹陷、裂缝，严重影响了道路的正常使用和行车安全。对于膨胀土的处理，可采用换填垫层法，将膨胀土挖除，换填为非膨胀性的材料，如中粗砂、碎石等，以消除膨胀土对工程的不利影响。也可通过在膨胀土中添加石灰等固化剂，改良土的性质，降低其膨胀性和收缩性。松散砂土也是地基处理的重要对象。在地震等动力荷载作用下，松散砂土容易发生液化现象。砂土液化会导致地基承载力急剧下降，使建筑物失去稳定支撑，进而引发严重的破坏。在一些地震频发的平原地区，松散砂土给工程建设带来了巨大的安全隐患。例如，在某地震灾区的重建工程中，部分建筑物的地基为松散砂土且未进行有效处理，在地震发生时，地基砂土液化，建筑物瞬间倒塌，造成了人员伤亡和财产损失。为防止松散砂土液化，常采用振冲法。利用振冲器在地基中造孔，然后填入砂石等材料进行挤密，以提高砂土的密实度和抗液化能力。砂桩法也较为常用，通过在砂土中打入砂桩，对周围砂土进行挤压，提高砂土的密实度，从而降低砂土在地震作用下发生液化的可能性。地基处理的对象主要包括软土、湿陷性黄土、膨胀土、松散砂土等不良地基土。这些地基土具有特殊的性质，若不进行有效的处理，将严重影响工程的安全和正常使用。在实际工程中，针对不同的地基处理对象，选择合适的处理方法，是确保工程质量和安全的关键所在。只有对这些不良地基土进行科学合理的处理，才能使地基满足工程建设的各项要求，保障各类工程的顺利建设和长期稳定运行。

三、处理方法分类

在地基处理工程中，针对不同的地基条件和工程需求，存在多种处理方法，这些方法可大致分为几个主要类别。换填垫层法是较为基础且常用的一类。其原理是将基础底面以下一定范围内的软弱土层挖除，换填为强度较高、压缩性较低的材料，如砂石、灰土、素土等。该方法适用于浅层软弱地基及不均匀地基的处理。在一些小型建筑工程中，当地基浅层存在软弱土时，采用换填垫层法较为经济有效。例如，在建造普通民房时，若基础底面下 1~2m 范围内为软土，可将这部分软土挖除，换填为级配良好的砂石。换填时，需控制换填材料的粒径、级配及压实度。一般要求砂石的最大粒径不超过 50mm，通过分层铺填、分层压实的方式，确保换填垫层的压实度达到设计要求，从而提高地基的承载力，减少沉降量。夯实和挤密法包含多种具体方法。强夯法是利用重锤从高处自由落下，对地基土进行强力夯击。重锤的巨大冲击力使地基土的颗粒重新排列，孔隙减小，从而提高地基土的密实度和强度。强夯法适用于处理碎石土、砂土、低饱和度的粉土与黏性土、湿陷性黄土等多种地基土。在大面积的工业场地平整中，强夯法常被应用于加固地基。振冲法主要用于加固砂土和粉土地基。振冲法通过振冲器在地基中造孔，然后向孔内填入砂石等材料，在振冲器的振动作用下，使填入的材料和周围土体变密实。在沿海地区的港口工程中，振冲法常用于加固码头的地基。灰土挤密桩法是在地基中打入桩管，挤压周围土体，然后拔出桩管，向孔内填入灰土并夯实，形成灰土桩体。灰土桩体与周围土体共同作用，可提高地基的承载力和稳定性。该方法适用于处理湿陷性黄土、素填土等地基。排水固结法主要用于处理软土地基。其原理是通过设置排水系统，如砂井、塑料排水板等，使地基土中的孔隙水能够顺利排出，同时结合堆载预压或真空预压，加速土体的固结过程。在软土地基上建造大型建筑物或道路时，广泛应用排水固结法进行地基处理。例如，在建设高速公路时，对于软土地基路段，先在地基中插入塑料排水板，然后在地基表面铺设砂垫层，再进行堆载预压。随着时间的推移，地基土中的水分通过塑料排水板排出，土体逐渐固结、强度提高，从而有效控制道路建成后的沉降量。真空预压法则是通过在地基表面铺设密封膜，形成密封空间，然后通过抽真空使地基土中的孔隙水排出，达到加固地基的目的。加筋法是在地基土中加入筋材，如土工格栅、钢筋、竹筋等，通过筋材与土体的相互作用，提高地基的稳定性和承载力。土工格栅加筋法常用于路堤、挡土墙等工程中。在建造高速公路路堤时，在路堤填土中铺设土工格栅，土工格栅与填土之间产生摩擦力和咬合力，限制土体的侧向位移，增强了路堤的整体稳定性。在一些土质边坡的加固中，可采用土钉墙的形式，将钢筋土钉打入边坡土体中，然后在坡面喷射混凝土，形成加筋土体，提高边坡的抗滑能力。灌浆法也是一种重要的地基处理方法。它通过钻孔将浆液注入地基土的孔隙、裂缝或空洞中，使浆液与土体颗粒胶结在一起，提高土体的强度和防渗性能。灌浆法适合处理岩溶地基、地基土存在裂缝或空洞等情况。在一些山区的工程建设中，若地基土存在岩溶洞穴，可采用灌浆法将水泥浆或化学浆液注入洞穴中，填充洞穴，以增强地基的稳定性。在大坝基础的防渗处理中，灌浆法可用于封堵地基土中的孔隙和裂缝，防止地下水渗漏。地基处理方法的分类涵盖了换填垫层法、夯实和挤密法、排水固结法、真空预压法、土工格栅加筋法、灌浆法等多种类别。每种方法都有其独特的原理、适用范围和操作要点。在实际工程中，需要根据地基土的性质、工程的类型和要求等因素，综合选择合适的地基处理方法，以确保地基能够满足工程建设对承载力、稳定性和变形控制等的要求，保障工程的安全和顺利进行。

四、方案选择原则

在地基处理工程中，合理选择处理方案是确保工程质量、安全与经济效益的关键。地基处理方案的选择需遵循一系列原则，以综合考量工程中的各种因素。地质条件是方案选择的首要依据，不同的地基土性质差异极大，对地基处理方法的适用性有显著影响。对于软土地基，因其具有含水量高、压缩性大、强度低等特点，排水固结法通常较为适用。如在沿海地区的软土地基上建造高层建筑，采用砂井结合堆载预压的排水固结法，能有效排出地基土中的水分，使土体固结，提高地基承载力，控制沉降量。而对于湿陷性黄土，其遇水浸湿后会产生显著附加下沉，运用灰土挤密桩法，通过在地基中形成灰土桩体，可削弱消除黄土的湿陷性，增强地基的稳定性。在山区，若地基存在岩溶洞穴，灌浆法能将浆液注入洞穴，填充空洞，加固地基。准确把握地质条件，包括土层分布、厚度、物理力学性质等，是选择合适地基处理方案的基础。工程要求是方案选择的重要导向，不同的工程对地基的承载力、沉降控制、稳定性等有不同要求。对于大型桥梁工程,其对地基的承载力和稳定性要求极高,因为桥梁要承受巨大的结构自重、车辆荷载以及风荷载等。采用桩基础结合其他地基处理方法,如对桩端持力层进行后注浆加固,可确保地基能安全承载桥梁结构。而对于一些对沉降要求严格的精密仪器厂房,哪怕微小的沉降也可能影响仪器的精度,因此在选择地基处理方案时,需优先考虑能有效控制沉降的方法,如预压法结合强夯法等,使地基在施工前实现大部分沉降,满足厂房对沉降的严格要求。经济成本是方案选择不可忽视的因素,在保证工程质量和安全的前提下,应选择经济合理的地基处理方案。换填垫层法通常适用于浅层软弱地基处理,其施工工艺相对简单,材料成本较低,在处理浅层软土且工程量较小时,具有较好的经济性。但对于深层软弱地基,若采用换填垫层法,挖除和换填的工程量巨大,成本也会大幅增加,此时采用深层搅拌法或排水固结法,可能更为经济。在一些大型基础设施建设中,需对多种地基处理方案进行详细的成本核算,包括材料费用、设备租赁费用、施工人工费用以及后期维护费用等,综合比较后选择成本效益最佳的方案。环境影响也是方案选择需要考虑的要点。部分地基处理方法可能会对周边环境产生一定影响。强夯法在施工过程中会产生较大的噪声和振动,若工程靠近居民区,可能对居民生活造成干扰,此时需谨慎选择处理方法。而采用一些环保型地基处理方法,如利用废弃材料进行地基加固,既能减少对自然资源的消耗,又能降低对环境的负面影响。在一些对环境要求较高的地区,如生态保护区附近的工程建设,应优先选择对环境影响小的地基处理方案,以确保工程建设与环境保护相协调。施工条件对方案选择有重要影响,施工现场的场地条件、施工设备的可操作性等都会限制地基处理方案的选择。若施工现场场地狭窄,大型施工设备难以进场和操作,那么一些需要大型设备的地基处理方法,如大型强夯设备或大型打桩设备的使用可能受到限制,此时应选择施工设备相对小型、灵活的处理方法,如用小型的深层搅拌设备进行地基加固。此外,施工人员的技术水平和经验也会影响方案的实施效果。若施工人员对某种地基处理方法的技术掌握不够熟练,可能导致施工质量问题。因此在选择方案时,也要充分考虑施工人员的技术能力。

工期要求也会影响地基处理方案的选择，在一些工期紧张的工程中，需要选择施工速度快、能快速达到设计要求的地基处理方法。例如，对于一些应急抢险工程或短期建设项目，采用强夯法等施工速度相对较快的方法，可在较短时间内完成地基加固，满足工程进度要求。而对于一些工期相对宽松的项目，可以选择一些虽然施工周期较长但效果更稳定的地基处理方法，如排水固结法，虽然固结过程需要一定的时间，但能有效控制地基沉降，保障工程的长期稳定性。地基处理方案的选择需综合考虑地质条件、工程要求、经济成本、环境影响、施工条件和工期要求等多种因素。只有全面权衡这些因素，才能选出最适合工程实际情况的地基处理方案，确保工程建设的安全性、高效性、经济性与环保性。

第二节　换填垫层法

一、垫层材料选择

在换填垫层法中，垫层材料的选择对地基处理效果、工程成本及施工难度等都有着深远影响。合适的材料能够有效提升地基的承载力，控制沉降，保障工程的质量与安全。砂石是换填垫层中常用的材料之一，具有良好的透水性。这一特性使其在地下水位较高的区域优势尽显。在沿海地区，地下水位常常接近地表，用砂石作为垫层材料，能迅速将地基中的水分排出，降低地基土的含水量，从而增强地基的稳定性。砂石的颗粒级配良好时，其强度较高，能有效分散基础传来的荷载。中砂、粗砂较为理想，含泥量需控制在5%以内，以确保其强度和透水性不受影响。在大型基础设施建设中，如机场跑道、大型停车场的地基处理，砂石垫层得到广泛应用。它能承受较大的上部荷载，且在长期使用过程中保持稳定的性能。不过，砂石的运输成本相对较高，尤其是在远离砂石产地的地区。所以在选择砂石材料时，需综合考虑其来源的便利性与经济性，尽量选择距离施工现场较近的料场，以降低运输成本。灰土也是常用的垫层材料，由石灰和土按一定比例混合而成。石灰与土发生化学反应，可显著改善土的性质。灰土具备一定的强度和良好的水稳性，在处理湿陷性黄土等地基时效果突出。在我国西北等黄土分布广泛的地区，灰土垫层被大量应用于各类建筑工程。一般灰土的配合比为石灰与土的体积比为 2∶8 或 3∶7，具体比例需依据地基土的性质和工程要求确定。石灰遇水消解后，与土颗粒发生离子交换、团聚等反应，形成具有一定强度的结构体，有效消除了黄土的湿陷性。灰土材料成本相对较低，且就地取材方便，尤其适用于土源丰富且石灰供应充足的地区。但灰土垫层施工时对含水量的控制要求较高，若含水量过高或过低，都会影响灰土的压实效果和强度形成。素土垫层适用于一般的软弱地基处理，土料要求有机质含量不超过 5%，且不得含有冻土或膨胀土。素土垫层施工相对简单、成本较低，在一些对地基承载力要求不是特别高的小型建筑（如普通民房、小型仓库等）工程中应用广泛。在农村地区的房屋建设中，素土垫层是常见的地基处理方式。通过分层压实，可提高素土的密实度，增强其承载力。然而，素土的强度相对较低，对于承受较大荷载的基础，素土垫层可能需要与其他处理方法结合使用。在选择素土材料时，要对土源进行严格检测，确保土料符合要求，避免因土料质量问题导致地基处理效果不佳。工业废料也可作为换填垫层的材料，如矿渣、粉煤灰等，矿渣具有较高的强度和稳定性，且来源广泛、成本较低。在一些工业厂区的建设中，将周边工厂产生的矿渣作为垫层材料，既能实现废料的资源化利用，又能降低工程成本。粉煤灰具有一定的活性，与石灰等材料混合后，可形成具有一定强度的垫层材料。在一些对环保要求较高的工程中，将粉煤灰作为垫层材料，既可减少对环境的污染，又可满足工程需求。但将工业废料作为垫层材料时，需对其成分进行严格检测，确保其不会对环境和工程质量产生不利影响。在一些特殊场景中，材料选择有独特考量。如在有侵蚀性地下水的区域，可选用抗侵蚀性较好的特殊砂石或添加抗侵蚀剂的灰土。在高寒地区，素土需考虑其抗冻性，必要时可加入添加剂。在选择垫层材料时，除了考虑材料本身的性能和适用场景，还需综合考虑工程的具体要求、施工条件和经济成本等因素。对于大型工程，要考虑材料的大规模供应能力；对于工期紧张的工程，要选择施工速度快、容易压实的材料。同时，要对材料的质量进行严格把控，确保其符合设计要求。通过科学合理地选择垫层材料，能够充分发挥换填垫层法的优势，为工程提供坚实可靠的地基基础。

二、垫层厚度计算

在换填垫层法的实施过程中，准确计算垫层厚度至关重要。垫层厚度不仅直接影响到地基的承载力和沉降控制效果，还关系到工程的经济性和安全性。垫层厚度的计算主要依据地基土的承载力和上部结构荷载大小，其目的是确保换填后的垫层，能够将上部结构荷载均匀地传递到下部持力层，且持力层所承受的压力不超过其承载力。在计算之前，需要获取一系列关键参数，包括上部结构传来的竖向荷载、基础底面尺寸、原地基土的承载力特征值以及换填材料的压力扩散角等。垫层厚度的计算公式推导基于土力学中的压力扩散原理，假设基础底面的压力为 Π_0，换填垫层的厚度为 z，换填材料的压力扩散角为 Θ，基础底面宽度为 β，长度为 λ。根据压力扩散原理，在垫层底面处的附加压力 Π_z，可通过以下公式计算：$\Pi_z = (\lambda \times \beta \times \Pi_0)/[(\beta + 2z \times \tan\Theta) \times (\lambda + 2z \times \tan\Theta)]$。同时，持力层顶面处的总压力 Π_{cz} 等于土的自重压力与附加压力之和，即 $\Pi_{cz} = \Pi_z + \Gamma d$，其中 Γ 为土的重度，d 为基础埋深。为保证持力层的稳定性，需满足 $\Pi_{cz} \leq f_a$，f_a 为持力层的地基承载力特征值。通过这一不等式关系，可推导出垫层厚度 z 的计算公式。具体计算步骤如下：首先，确定上部结构传来的竖向荷载 F_k 以及基础底面的尺寸，从而计算出基础底面的压力 Π_0，$\Pi_0 = (F_k + G_k)/A$，其中 G_k 为基础及其上土的自重，A 为基础底面积。其次，根据换填材料的类型，确定压力扩散角 Θ。例如，对于砂石垫层，当垫层厚度 z 与基础底面宽度 β 之比 $z/\beta \leq 0.25$ 时，Θ 取 $20°$；当 $z/\beta > 0.5$ 时，Θ 取 $30°$；当 $0.25 < z/\beta \leq 0.5$ 时，Θ 可按内插法取值。对于灰土垫层，当 $z/\beta \leq 0.25$ 时，Θ 取 $28°$；当 $z/\beta > 0.5$ 时，Θ 取 $30°$；当 $0.25 < z/\beta \leq 0.5$ 时，同样按内插法取值。最后，确定持力层的地基承载力特征值 f_a 以及基础埋深 d，计算出土的自重压力 Γd。将上述参数代入不等式 $\Pi_z + \Gamma d \leq f_a$ 中，通过迭代计算或试算的方法，确定满足该不等式的最小垫层厚度 z。在计算垫层厚度时，有多个影响因素需要考虑。首先，上部结构荷载的大小和分布对

垫层厚度影响显著。若上部结构荷载较大且集中，为保证持力层的承载力，需要较厚的垫层来扩散压力。基础底面尺寸也会影响垫层厚度，基础底面尺寸越小，单位面积上的压力越大，所需的垫层厚度就越大。地基土的性质，包括持力层的承载力和原地基土的压缩性，也是重要影响因素。如果持力层的承载力较低，或者原地基土的压缩性较大，为满足承载力和沉降控制要求，可能需要增加垫层厚度。此外，换填材料的性质，如压力扩散角，也会影响垫层厚度的计算结果。压力扩散角越大，垫层在扩散压力方面的效果越好，所需的垫层厚度相对较小。计算垫层厚度时还需注意一些事项，其中，计算参数的准确性至关重要，如上部结构荷载、地基土的各项参数等。这些参数的误差可能导致垫层厚度计算结果的偏差，进而影响工程质量。在计算过程中，要合理选择计算方法，对于复杂的工程情况，可能需要采用数值分析方法进行精确计算。同时，计算出的垫层厚度应结合工程实际情况进行调整。例如，在施工过程中，要考虑垫层的施工可行性，不使用过厚或过薄的垫层，以免影响施工质量和进度。此外，还需考虑长期使用过程中，地基土和垫层材料可能发生的性能变化，适当预留一定的安全余量。换填垫层法中垫层厚度的计算是一个复杂且关键的过程，通过准确获取计算参数，合理运用计算公式和方法，充分考虑各种影响因素，并注意计算过程中的事项，能够确定满足工程要求的垫层厚度，为换填垫层法的成功实施提供有力保障，确保地基能够安全、稳定地承载上部结构荷载。

三、垫层施工工艺

换填垫层法的施工工艺直接关系到地基处理的质量和效果，每一个环节都需严格把控，确保垫层能有效提升地基性能，满足工程需求。施工准备阶段至关重要。首先，要对施工现场进行清理和平整，清除场地内的杂草、垃圾以及障碍物等，为后续施工创造良好的条件。同时，需对地基进行详细勘察，进一步确认软弱土层的分布范围、厚度等情况，以便准确确定换填的边界和深度。在材料准备方面，依据设计要求采购合适的垫层材料，如砂石、灰土、素土或工业废料等，并确保材料质量符合标准。对砂石材料，要检查其颗粒级配、含泥量是否达标；对于灰土，需严格控制石灰和土的比例及质量；素土则要检测有机质含量等指标。施工设备要准备齐全，如挖掘机用于挖除软弱土层，装载机用于材料搬运，压路机、夯实机等用于垫层压实作业。此外，还需做好测量放线工作，精准确定基础的位置和垫层的铺设范围。在软弱土层挖除过程中，应遵循先深后浅、分层分段的原则。使用挖掘机小心地将基础底面以下设计深度范围内的软弱土层挖除，注意控制挖掘深度，避免超挖或欠挖。对于较深的基坑，要采取有效的支护措施，如设置土钉墙、钢板桩支护等，防止基坑边坡坍塌。在挖掘过程中，若发现与勘察报告不符的特殊地质情况，如地下障碍物、古墓等，应立即停止施工，通知相关单位进行处理。挖除的软弱土层需及时运离施工现场，避免对施工场地造成干扰。垫层材料铺设时，要严格按照设计要求进行分层铺设。每层铺设厚度应根据材料特性和压实设备的性能确定，一般不宜超过 300mm。对于砂石垫层，在铺设前可适当洒水湿润，以提高压实效果。在铺设过程中，要保证材料的均匀性，避免出现粗细颗粒分离的现象。采用机械或人工方式将材料铺平，对于大面积垫层，可使用推土机进行初平，再用平地机进行精平。灰土垫层铺设时，要确保石灰和土搅拌均匀，可采用机械搅拌或人工翻拌的方式。素土垫层铺设时，要注意土料的含水量，若含水量过高，可进行晾晒；若含水量过低，可适当洒水。压实作业是确保垫层质量的关键环节，根据垫层材料和铺设厚度选择合适的压实设备和方法。对于大面积的砂石垫层和素土垫层，常采用压路机进行碾压，碾压时应遵循先轻后重、先慢后快、由边缘向中间的原则。压路机的行驶速度不宜过快，一般控制在 2~4km/h，相邻碾压带应重叠 1/3~1/2 轮宽，确保垫层压实均匀。对于小面积或边角部位，可使用蛙式打夯机等小型夯实设备进行夯实。灰土垫层的压实需严格控制，应通过多次夯实使灰土达到设计要求的密实度。在压实过程中，要对压实质量进行实时检测，可采用环刀法、灌砂法等测定垫层的压实度，确保其达到设计要求。施工过程中的质量控制不可或缺，除了对压实度进行检测，还需对垫层的平整度、厚度进行检查。使用靠尺等工具检查垫层的平整度，确保其符合规范要求。通过测量垫层的多个点位，检查其厚度是否均匀，是否满足设计厚度要求。若发现质量问题，如压实度不足、厚度不均匀等，应及时采取返工、补压等措施进行处理。同时，要做好施工记录，包括材料的进场检验记录、施工过程中的各项检测数据、施工日志等，以便对施工质量进行追溯和分析。换填垫层法的施工工艺涵盖施工准备、软弱土层挖除、垫层材料铺设、压实作业以及质量控制等多个环节。各个环节都紧密相关，只有严格按照规范和设计要求进行施工，才能确保换填垫层法的实施效果，为地基提供坚实可靠的支撑，保障工程的安全与稳定。

四、质量控制要点

在换填垫层法的实施过程中，质量控制是确保地基处理效果、保障工程安全稳定的核心环节。从材料的选择到施工的各个阶段，每一个步骤都需要严格把控质量要点，以保证换填垫层能够有效提升地基性能，满足工程的各项要求。材料质量是质量控制的首要关卡。对于砂石材料，要严格检查其颗粒级配是否符合设计要求。良好的颗粒级配能使砂石在压实后形成紧密的结构，提高垫层的承载力。通过筛分试验，确定砂石中不同粒径颗粒的含量，确保其处于设计规定的范围。同时，含泥量的检测至关重要，含泥量过高会降低砂石的强度和透水性，影响垫层的质量。一般要求砂石的含泥量不超过5%，可通过水洗法等方式进行检测。对于灰土，石灰和土的质量及配合比是关键。应选用新鲜、有效钙镁含量高的石灰，避免使用过期或质量不合格的石灰。土料要选择质地均匀、无杂质的土，且不得含有冻土、膨胀土等不良土。灰土的配合比通常为石灰与土的体积比为 2：8 或 3：7，必须严格按照设计配合比进行配制，可通过称重或体积计量的方式确保比例准确。在搅拌过程中，要保证石灰和土充分混合均匀，可采用机械搅拌或人工多次翻拌的方式。素土垫层的土料需检测有机质含量，有机质含量不得超过5%，过高的有机质会影响土的压实效果和强度。可通过化学分析等方法检测有机质含量，确保土料质量符合要求。施工过程中的质量监测贯穿始终，在软弱土层挖除阶段，要严格控制挖掘深度。采用水准仪、全站仪等测量仪器，实时监测挖掘深度，避免超挖或欠挖。超挖可能导致垫层厚度增加，造成材料浪费和成本上升；欠挖则无法彻底清除软弱土层，影响地基处理效果。对于较深的基坑，支护措施的质量也需严格把控。检查土钉墙的土钉长度、间距是否符合设计要求，土钉与土体的锚固力是否足够；对于钢板桩支护，要检查钢板桩的打入深度、垂直度以及桩与桩之间的连接是否紧密，防止基坑边坡坍塌，确保施工安全。垫层材料铺设时，平整度和厚度的控制至关重要。使用靠尺、水准仪等工具检查垫层的平整度，保证每层铺设的垫层表面平整，误差控制在规范允许范围内。对于大面积垫层，可采用方格网法进行测量，每隔一定距离设置测量点，检查垫层表面的高低差。垫层厚度的控制通过在铺设前设置控制桩或标记来实现。在铺设过程中，随时测量垫层的厚度，确保其满足设计要求。每层铺设厚度一般不宜超过 300mm，根据材料特性和压实设备的性能进行合理调整。压实作业是质量控制的关键环节，压实度的检测是衡量垫层质量的重要指标。采用环刀法、灌砂法等检测方法，对垫层的压实度进行检测。环刀法适用于细粒土，通过在垫层中切取一定体积的土样，称重后计算其干密度，与设计要求的干密度进行对比，确定压实度是否达标。灌砂法适用于各类土，通过在垫层中挖取一定体积的孔洞，用标准砂填充孔洞，根据砂的用量计算土的密度，进而得出压实度。在压实过程中，要遵循先轻后重、先慢后快、由边缘向中间的原则，确保垫层压实均匀。对于压路机碾压不到的边角部位，用蛙式打夯机等小型夯实设备进行夯实，保证整个垫层的压实质量。在施工过程中，可能出现一些质量问题，需要及时进行处理。若发现垫层压实度不足，首先要分析原因。可能是压实设备的选型不当、压实遍数不够，或者是材料含水量不合格等。对于压实设备问题，可更换合适的压实设备或增加压实遍数。对于含水量问题，若含水量过高，可进行晾晒；若含水量过低，可适当洒水湿润后重新压实。若垫层厚度不均匀，要对厚度不足的部位进行补填和压实，确保整个垫层厚度符合设计要求。对于垫层表面出现的裂缝等缺陷，要分析裂缝产生的原因，若是由于材料收缩引起的微小裂缝，可采用表面封闭处理；若是地基不均匀沉降等原因引起的较大裂缝，需对地基进行进一步处理，并对垫层进行修复。施工记录的完善也是质量控制的重要方面。要做好材料的进场检验记录，包括材料的品种、规格、数量、质量检验结果等信息。记录施工过程中的各项检测数据，如压实度检测数据、垫层厚度和平整度测量数据等。同时，要详细记录施工日志，包括每天的施工内容、施工人员、施工设备运行情况、天气情况以及施工过程中出现的问题和采取的解决措施等。这些施工记录不仅有助于对施工质量进行追溯和分析，还可为后续的工程验收提供重要依据。

第三节　排水固结法

一、堆载预压法

堆载预压法是排水固结法中一种行之有效的地基处理手段，广泛应用于各类软土地基工程。堆载预压法的原理以有效应力原理为基础在软土地基中，土体孔隙中充满水分，土颗粒间的有效应力较小，导致地基强度低、压缩性大。当在地基表面施加堆载时，如堆填土方、砂石等重物，地基土所受的总压力增加。由于土颗粒和孔隙水的压缩性远小于土体的压缩性，在压力作用下，孔隙水开始从土体中排出。随着孔隙水的排出，孔隙体积变小，土颗粒逐渐靠拢，土体发生固结。这一过程中，土体的有效应力逐渐增加，从而提高了地基土的强度，减小了地基的沉降量。例如，在沿海滩涂地区进行工程建设时，由于地基为深厚的软土层，可采用堆载预压法，在地基表面堆填大量土方，地基土中的水分在堆载压力作用下，通过预先设置的排水通道（如砂井、塑料排水板）排出，地基逐渐固结硬化，承载力得到提升。堆载预压法的设计要点涵盖多个方面，预压荷载的确定至关重要，一般需根据建筑物的设计荷载以及地基土的承载力来确定。为了使地基土在预压过程中得到充分的固结，预压荷载通常略大于建筑物的设计荷载，但不能超过地基土的极限承载力，以免导致地基破坏。加载速率的设计也不容忽视。加载过快可能使地基土中的孔隙水来不及排出，从而产生超孔隙水压力，引发地基土的剪切破坏。因此，加载过程需分为多个阶段，逐步增加荷载，同时密切监测地基的沉降和孔隙水压力变化。例如，在一个大型机场跑道的地基处理工程中，将预压荷载分为四个阶段施加，每个阶段之间设置一定的间歇期，以便孔隙水及时排出。在间歇期内，对地基的沉降和孔隙水压力进行监测，根据监测数据调整下一个阶段的加载速率。排水系统的设计同样关键，包括竖向排水体（如砂井、塑料排水板）的间距、深度以及水平排水垫层的设置。竖向排水体的间距和深度需根据软土层的厚度、渗透系数等因素确定，以确保地基土中的孔隙水能够快速有效地排出。水平排水垫层一般采用砂垫层，其厚度和宽度要保证能够顺畅地将竖向排水体排出的水引至场地外。堆载预压法的施工流程包括前期准备、排水系统施工、堆载加载以及预压监测等环节，在前期准备阶段，要对施工现场进行平整，清理场地内的杂物和障碍物。同时，对地基土进行详细的勘察，获取地基土的各项物理力学参数，为后续的设计和施工提供依据。排水系统施工时，若采用砂井，可通过打桩机等设备成孔，然后将砂填入井内，确保砂井的密实度和垂直度。对于塑料排水板，可利用插板机将其插入地基中，插入深度要严格符合设计要求，并且要防止排水板在插入过程中出现断裂、扭曲等情况。水平排水垫层施工时，要保证砂垫层的铺设质量，砂料应洁净、级配良好，铺设厚度和宽度要符合设计标准。堆载加载阶段，根据设计的加载速率，逐步堆填土方、砂石等材料。在堆载过程中，要注意荷载的均匀分布，避免出现局部荷载过大的情况。同时，在场地内设置多个观测点，对地基的沉降、孔隙水压力、侧向位移等进行实时监测。当沉降速率、孔隙水压力等指标达到设计要求时，应停止加载，进入预压期。在预压期内，持续监测地基的各项指标，确保地基土充分固结。堆载预压法的质量控制贯穿整个施工过程，在排水系统施工质量控制方面，要严格检查排水体的材料质量，如砂井的砂料是否洁净、级配是否良好，塑料排水板的强度和排水性能是否符合要求。对排水体的间距、深度、垂直度等进行检测，确保其符合设计要求。在堆载加载过程中，质量控制重点在于加载速率和荷载大小的控制。严格按照设计的加载速率进行加载，定期检查荷载的实际大小，防止出现加载过快或荷载不足的情况。对地基监测数据的质量控制也十分重要，要确保监测仪器的准确性和可靠性，对监测数据进行及时分析和处理。若发现地基沉降异常、孔隙水压力过大等问题，要及时调整施工方案，采取相应的处理措施，如减小加载速率、增加排水体等。与其他地基处理方法相比，堆载预压法具有自身的优势和局限性。其优势在于处理效果显著，能够有效提高地基土的强度，减小地基沉降量，适合处理大面积的软土地基。而且堆载预压法的施工工艺相对简单，材料来源广泛，成本相对较低。然而，堆载预压法的处理周期较长，需要一定的场地用于堆放堆载材料。在一些工期紧张的工程中，可能需要与其他处理方法结合使用。在实际工程中，堆载预压法有众多成功应用案例。以某大型港口的陆域形成工程为例，其场地为深厚的软土地基。采用堆载预压法，在地基中设置塑料排水板，并在地基表面堆填大量土方进行预压。经过一段时间的预压，地基土得到了充分固结，承载力大幅提高，满足了港口后续建设的要求。在某城市的轨道交通工程中，部分线路穿越软土地段，采用堆载预压法对地基进行处理，有效控制了地基沉降，确保了轨道交通线路的安全稳定运行。

二、真空预压法

真空预压法是排水固结法中一项独特且有效的地基处理技术，在软土地基工程领域应用广泛。真空预压法的原理是，地基中形成负压环境促使土体排水固结，在软土地基中，首先设置竖向排水体，如砂井或塑料排水板，并在地基表面铺设砂垫层，形成水平排水通道。随后，在砂垫层上覆盖密封膜，将整个地基处理区域密封起来。用真空泵抽取密封膜下的空气，使地基土中的孔隙水在膜内外压力差的作用下，通过竖向排水体和水平排水垫层排出。随着孔隙水的不断排出，土体孔隙体积减小，颗粒间距离变小，土体发生固结，有效应力增加，地基土的强度提高，沉降量显著减小。例如，在沿海的围垦地区，地基多为高含水量的软土，采用真空预压法，在密封膜下形成稳定的负压环境，地基土中的水分迅速排出，地基得到有效加固。在真空预压法的设计中，需谨慎考量诸多要点。真空度的确定是关键环节。一般工程达到真空度的 80~90kPa，较高的真空度可加快排水固结速度，但也要考虑设备的能力和成本。竖向排水体的间距和深度至关重要，需依据软土层厚度、渗透系数等因素确定。间距过小会增加施工成本，过大则影响排水效果；深度需确保穿透主要软土层，以保证排水的充分性。密封系统的设计同样不容忽视，密封膜的材质、厚度以及铺设方式都会影响密封效果。密封膜需具备良好的气密性和抗老化性能，铺设时要保证无破损且周边密封严密，防止空气进入。真空预压法的施工流程包含多个关键步骤，施工前，要对场地进行平整，清除杂物，为后续施工创造良好的条件。对地基土进行详细勘察，获取准确的物理力学参数，为设计和施工提供依据。排水系统施工时，若采用砂井，可利用打桩机成孔后填入砂料，保证砂井的密实度和垂直度；塑料排水板则通过插板机插入地基，严格控制插入深度，避免出现断裂、扭曲情况。砂垫层铺设要保证砂料洁净、级配良好，厚度和宽度符合设计要求，形成顺畅的水平排水通道。密封膜铺设时，要仔细检查膜的完整性，确保无孔洞、裂缝。密封膜周边与地基土的密封处理尤为重要，可采用挖沟填埋、黏土密封等方式，确保密封效果。真空泵安装调试后，开始抽气，逐渐建立稳定的真空度。在抽气过程中，要持续监测真空度、沉降、孔隙水压力等指标。在真空预压法的质量控制应贯穿整个施工过程。排水系统的质量控制方面，要对排水体材料质量严格把关，砂井的砂料和塑料排水板的性能必须符合要求。检测排水体的间距、深度和垂直度，确保符合设计。密封系统质量控制重点在于密封膜的完整性和密封性检查。定期检查密封膜，发现破损要及时修补。真空度的监测和控制是质量控制的关键，确保真空泵正常运行，维持稳定的真空度。对地基沉降、孔隙水压力等监测数据进行实时分析，若出现异常，如沉降速率过大或过小、孔隙水压力变化异常等，及时查找原因并调整施工方案，如检查密封系统是否漏气、排水体是否堵塞等。相较于其他地基处理方法，真空预压法具有明显优势。它无须大量堆载材料，节省堆载材料的运输和堆放场地，尤其适用于场地狭窄或材料运输困难的区域。处理效果显著，能有效提高地基土强度，减少沉降。然而，真空预压法对密封系统要求极高，密封不严会严重影响处理效果。而且，设备运行和维护需要一定的技术和成本投入。在实际工程中，真空预压法有诸多成功案例。例如，在某沿海城市的填海造陆工程中，对大面积的软土地基，采用了真空预压法进行处理。通过精心设计和施工，在较短时间内使地基土充分固结，大幅提升了地基土的承载力，满足了后续建设需求。又如，在某高速公路软土地基路段，采用真空预压法结合部分堆载，有效控制了地基沉降，保障了道路的稳定和安全。

三、袋装砂井法

袋装砂井法是排水固结法中一种行之有效的地基处理方式，尤其适用于处理软土地基。其核心在于利用砂土的透水性，加速地基土中孔隙水的排出，从而实现土体的固结和强度提升。袋装砂井法的原理以排水固结理论为基础，在软土地基中，土体孔隙中充满水分，土颗粒间的有效应力较小，导致地基强度低、压缩性大。袋装砂井法通过在地基中设置一系列竖向的袋装砂井来改变这种状况。首先，将砂土装入特制的土工织物袋中，形成袋装砂井。然后，利用打桩设备将袋装砂井按一定间距和深度打入软土地基中。在地基表面铺设砂垫层，作为水平排水通道。当在地基表面施加预压荷载（如堆载预压、真空预压）时，地基土中的孔隙水在压力差的作用下，通过袋装砂井快速排出，加速土体的固结过程。例如，在一些沿海地区的围海造地工程中，由于地基多为深厚的软土层，采用袋装砂井法结合堆载预压，能够有效地将地基土中的水分排出，使地基加固，满足后续工程建设的承载要求。袋装砂井法的设计要点涵盖多个关键方面，砂井直径的选择至关重要，一般袋装砂井的直径在 7~12cm 之间。直径过小，可能导致排水不畅；直径过大，则会增加施工成本。砂井间距的确定需综合考虑软土层的性质、排水要求以及施工成本等因素，通常间距在 1~2m 之间。合理的间距既能保证排水效果，又能控制成本。砂井深度则要根据软土层的厚度和工程对地基处理的要求来确定，必须确保砂井穿透主要的软土层，以实现充分排水。砂料的选择也不容忽视，应选用洁净、级配良好的中粗砂，含泥量不宜超过 3%，以保证砂井的透水性和强度。此外，土工织物袋的材质要具备良好的透水性和足够的强度，防止砂料漏失和袋子破损。袋装砂井法的施工流程包括多个重要步骤。施工前，需对场地进行平整，清理场地内的杂物和障碍物，为后续施工创造良好的条件。同时，对地基土进行详细的勘察，获取地基土的各项物理力学参数，为设计和施工提供准确依据。在袋装砂井制作过程中，严格按照设计要求选用砂料和土工织物袋，确保砂井的质量。将砂料装入袋子时，要保证砂料的密实度，防止出现空洞或松散现象。打设袋装砂井时，利用专业的打桩设备，如振动打桩机或静压式打桩机，将袋装砂井准确地按设计的间距和深度打入地基中。在打设过程中，要注意控制打设速度和垂直度，避免砂井倾斜或断裂。砂垫层铺设时，要保证砂料洁净、级配良好，厚度和宽度符合设计要求，形成顺畅的水平排水通道，确保袋装砂井排出的水能顺利引至场地外。若采用堆载预压，需按照设计的加载速率，逐步堆填土方、砂石等材料，并在堆载过程中对地基的沉降、孔隙水压力等进行实时监测；若采用真空预压，则需铺设密封膜，安装真空泵，建立稳定的真空度，并持续监测相关指标。袋装砂井法的质量控制应贯穿整个施工过程，在袋装砂井制作质量控制方面，要严格检查砂料的质量，确保砂料的级配和含泥量符合要求。对土工织物袋的强度和透水性进行检测，保证袋子在施工和使用过程中不会破损或影响排水效果。在打设袋装砂井过程中，质量控制重点在于砂井的间距、深度和垂直度。通过测量仪器定期检查砂井的实际位置和深度，确保其符合设计要求。对砂垫层的铺设质量也要严格把控，检查砂料的级配、厚度和宽度是否达标。在预压过程中，无论是堆载预压还是真空预压，都要对地基的沉降、孔隙水压力等监测数据进行实时分析。若发现沉降速率异常、孔隙水压力变化不符合预期等问题，要及时查找原因，如检查砂井是否堵塞、排水通道是否顺畅等，并采取相应的处理措施，如清理砂井、调整加载速率等。

四、塑料排水板法

塑料排水板法是排水固结法中常用的一种地基处理手段，在各类软土地基工程中发挥着关键作用。其主要目的是通过高效排水，加速地基土的固结过程，提升地基的承载力与稳定性。塑料排水板法的原理以土体排水固结的基本理论为基础，在软土地基中，由于土体孔隙充满水分，土颗粒间有效应力低，致使地基呈现出强度低、压缩性大的特性。塑料排水板法通过在地基中设置竖向塑料排水板，改变这种不利状况。塑料排水板通常由芯板和滤膜组成，芯板具有良好的输水通道，滤膜则能阻止土颗粒进入排水通道，保证排水顺畅。将塑料排水板按一定间距和深度插入软土地基后，在地基表面铺设砂垫层作为水平排水通道。当在地基表面施加预压荷载（如堆载预压、真空预压）时，地基土中的孔隙水在压力差作用下，通过塑料排水板快速排入砂垫层，进而排出地基。随着孔隙水的不断排出，土体孔隙体积减小，土颗粒逐渐靠拢，有效应力增加，土体固结，地基强度显著提高。例如，在一些内陆湖泊周边的软土地基建设项目中，采用塑料排水板法结合堆载预压，成功将地基土中的大量水分排出，使地基能够满足后续建筑施工的承载要求。

塑料排水板法的设计包含多个关键要素，排水板的型号选择十分重要，不同型号的排水板在排水能力、强度等方面存在差异。通常根据地基土的性质、排水要求以及工程规模等因素来选择合适的型号。排水板的间距和深度需综合考量软土层的厚度、渗透系数以及工程对地基处理的要求。排水板的间距一般在 0.8~1.5m 之间。合理的间距能在保证排水效率的同时，控制施工成本。排水板的深度必须确保穿透主要软土层，以实现充分排水。滤膜的性能也至关重要。滤膜需具备良好的透水性和足够的抗土颗粒渗透能力，防止排水板堵塞。在材料的选择上，塑料排水板的材质应具有较高的强度和耐久性，以适应地基中的复杂环境。塑料排水板法的施工流程涵盖多个关键步骤。施工前，对场地进行全面平整，清理场地内的杂物、障碍物，为后续施工创造良好的条件。同时，对地基土进行详细勘察，获取准确的物理力学参数，为设计和施工提供可靠依据。在排水板插设过程中，利用专业的插板机进行操作。将排水板与插板机的套管连接牢固，然后将套管按设计的间距和深度插入地基中。在插入过程中，要严格控制插板速度和垂直度，避免排水板出现扭曲、断裂等情况。排水板插入到位后，缓慢拔出套管，确保排水板留在地基中且位置准确。砂垫层铺设时，要保证砂料洁净、级配良好，厚度和宽度符合设计要求，形成顺畅的水平排水通道，确保塑料排水板排出的水能顺利引至场地外。若采用堆载预压，需按照设计的加载速率，逐步堆填土方、砂石等材料，并在堆载过程中对地基的沉降、孔隙水压力等进行实时监测；若采用真空预压，则需铺设密封膜，安装真空泵，建立稳定的真空度，并持续监测相关指标。塑料排水板法的质量控制应贯穿整个施工过程。在排水板质量控制方面，要严格检查排水板的各项性能指标，包括排水能力、滤膜的透水性和抗土颗粒渗透能力等。对排水板的外观进行检查，确保无破损、变形等情况。在插设过程中，质量控制重点在于排水板的间距、深度和垂直度。通过测量仪器定期检查排水板的实际位置和深度，确保其符合设计要求。对砂垫层的铺设质量也要严格把控，检查砂料的级配、厚度和宽度是否达标。在预压过程中，无论堆载预压还是真空预压，都要对地基的沉降、孔隙水压力等监测数据进行实时分析。若发现沉降速率异常、孔隙水压力变化不符合预期等问题，要及时查找原因，如检查排水板是否堵塞、排水通道是否顺畅等，并采取相应的处理措施，如清理排水板、调整加载速率等。塑料排水板法作为排水固结法的重要组成部分，凭借其合理的设计、严谨的施工和有效的质量控制，在软土地基处理中发挥了显著效能。它为各类工程在软土地基上的建设提供了可靠的技术支持，保障了工程的安全与稳定。

第四节　复合地基法

一、振冲碎石桩法

振冲碎石桩法是复合地基法中一种高效且独特的地基处理技术，在各类工程建设中有着广泛的应用。振冲碎石桩法的原理以振冲器的振动和水冲作用为基础。施工时，首先将振冲器吊起，对准桩位，开启振冲器和水泵，利用振冲器的高频振动和高压水流，使振冲器快速沉入土中。随着振冲器的下沉，周围土体受到振动和水冲的双重作用，颗粒间的摩擦力和黏聚力减小，土体变得松散。达到设计深度后，开始向孔内填入碎石等粗颗粒材料。在振冲器的振动作用下，填入的碎石被挤密并向周围土体扩散，形成密实的碎石桩体。碎石桩体与周围土体共同作用，形成复合地基。由于碎石桩的强度和透水性远高于原地基土，上部结构荷载由桩体和桩间土共同承担，桩体承担了大部分荷载，从而提高了地基的承载力。同时，碎石桩对桩间土还起到了挤密和排水作用，进一步改善了地基土的性能。例如，在处理松散砂土和粉土地基时，振冲碎石桩法能有效提高地基的密实度和抗液化能力。

振冲碎石桩法适用于多种地基条件。对于松散砂土，振冲碎石桩的挤密作用，能显著提高砂土的密实度，增强地基的承载力和抗液化能力。在一些地震频发地区，对松散砂土地基采用振冲碎石桩法进行处理，可有效降低地震时地基液化的风险。对于粉土，振冲碎石桩法同样能起到挤密和增强地基稳定性的作用。在一些沿海地区的围海造地工程中，地基多为粉土，采用振冲碎石桩法，能够有效提高地基的承载力，满足后续工程建设的要求。对于部分黏性土地基，当黏性土的含水量较高、塑性指数较低时，振冲碎石桩法也可适用。振冲碎石桩的排水和置换作用，可改善地基土的排水条件和力学性能。振冲碎石桩法的施工流程包括多个关键步骤。施工前，要对场地进行平整，清理场地内的杂物和障碍物。同时，对地基土进行详细勘察，获取准确的物理力学参数，为设计和施工提供依据。在桩位测量放线时，要严格按照设计要求确定桩位，确保桩位的准确性。振冲器就位后，开启振冲器和水泵，控制振冲器的下沉速度和水压。一般下沉速度控制在 $1 \sim 2m/min$，水压根据地基土的性质确定，通常在 $0.2 \sim 0.6MPa$ 之间。达到设计深度后，停止下沉，进行清孔，将孔内的泥浆和杂物排出。然后开始向孔内填入碎石，每次填料量不宜过多，一般控制在 $0.1 \sim 0.3m^3$。在填料过程中，不断开启振冲器进行振密，使碎石桩体达到设计要求的密实度。在振密过程中，要控制振冲器的留振时间在 $10 \sim 20s$。一根桩施工完成后，移动振冲器至下一个桩位，重复上述步骤。振冲碎石桩法的质量控制应贯穿整个施工过程，在材料质量控制方面，碎石的粒径和级配要符合设计要求。一般情况下，碎石粒径在 $20 \sim 50mm$ 之间，含泥量不超过 5%。对碎石的抗压强度等指标也要进行检测，确保碎石的质量。在施工过程中，质量控制重点在于桩位的准确性、桩长和桩径的控制。通过测量仪器定期检查桩位，确保桩位偏差在允许范围内。对桩长和桩径进行实时监测，保证桩长达到设计深度，桩径符合设计要求。在振密过程中，要通过密实电流、留振时间等参数控制桩体的密实度。采用密实电流法检测桩体的密实度，若密实电流达到设计要求，表明桩体已达到相应的密实度。同时，要做好施工记录，对每一根桩的施工参数，如振冲器的下沉速度、水压、填料量、密实电流、留振时间等进行详细记录，以便对施工质量进行追溯和分析。在实际工程中，振冲碎石桩法有众多成功案例。在某大型工业厂房建设中，地基为松散砂土，采用振冲碎石桩法进行处理。经过处理的地基承载力大幅提高，满足了厂房内大型设备的荷载要求。在某城市的道路工程中，部分路段地基为粉土，采用振冲碎石桩法结合土工格栅加筋法，有效增强了道路地基的稳定性，减少了道路的沉降。

二、水泥土搅拌桩法

水泥土搅拌桩法是复合地基法中一种常用且有效的地基处理手段，在各类建筑工程中发挥着重要作用。水泥土搅拌桩法的原理以水泥与地基土的物理化学反应为基础。施工时，利用特制的深层搅拌机械，将水泥作为固化剂，与地基土在原位进行强制搅拌。水泥遇水后发生水解和水化反应，生成氢氧化钙、水化硅酸钙、水化铝酸钙等水化物。这些水化物与地基土颗粒发生一系列物理化学反应，如离子交换、团粒化作用等。土颗粒表面的钠离子、钾离子等与水泥水化产物中的钙离子发生交换，使土颗粒表面的性质发生改变，颗粒间的黏聚力增大。同时，水泥的水化物将土颗粒胶结在一起，形成具有一定强度和整体性的水泥土桩体。水泥土桩体与周围地基土共同承担上部结构荷载，形成复合地基。水泥土桩体的强度高于原地基土，因而提高了地基的承载力，减少了沉降量。例如，在处理软土地基时，通过水泥土搅拌桩法，将软土与水泥进行充分搅拌，形成强度较高的水泥土桩，有效改善了地基的性能。水泥土搅拌桩法适用于多种地基条件。对于淤泥、淤泥质土等软土地基，该方法具有良好的处理效果。在沿海地区，软土地基广泛分布，采用水泥土搅拌桩法，能够有效提高地基的承载力，满足各类建筑工程的需求。对于含水量较高的黏土、粉质黏土等地基，水泥土搅拌桩法也可适用。通过水泥与土的搅拌，改善土的性质，提高地基的稳定性。在一些城市的旧城区改造项目中，地基土多为含水量较高的粉质黏土，采用水泥土搅拌桩法进行地基处理，使地基满足了新建建筑的要求。但对于含有大量有机物的地基土，由于有机物会影响水泥的水化反应，降低水泥土的强度，因此水泥土搅拌桩法一般不适用。水泥土搅拌桩法的施工流程包括多个关键步骤，施工前，要对场地进行平整，清除场地内的障碍物和杂物。同时，对地基土进行详细勘察，获取准确的物理力学参数，为设计和施工提供依据。在桩位测量放线时，严格按照设计要求确定桩位，确保桩位的准确性。搅拌机械就位后，调试设备，确保设备正常运行。开启搅拌机械，将搅拌头下沉至设计深度，下沉速度一般控制在 0.5~1m/min。在下沉过程中，可根据需要向地基土中喷射水泥浆或粉体状水泥。达到设计深度后，开始提升搅拌头，同时继续喷射水泥，边提升边搅拌，使水泥与地基土充分混合。提升速度一般控制在 0.3~0.5m/min。为确保搅拌均匀，可进行多次重复搅拌。一根桩施工完成后，移动搅拌机械至下一个桩位，重复上述步骤。水泥土搅拌桩法的质量控制应贯穿整个施工过程，在材料质量控制方面，水泥的品种和强度等级要符合设计要求。对水泥的出厂合格证、检验报告等进行严格审查，确保水泥质量合格。同时，要控制水泥的用量，按照设计配合比准确计量。在施工过程中，质量控制重点在于桩位的准确性、桩长和桩径的控制。通过测量仪器定期检查桩位，确保桩位偏差在允许范围内。对桩长和桩径进行实时监测，保证桩长达到设计深度，桩径符合设计要求。对水泥土搅拌的均匀性，可通过现场观察、取芯检测等方式进行检查。在成桩后，采用低应变法检测桩身的完整性，采用静载荷试验检测桩的承载力。同时，要做好施工记录，对每一根桩的施工参数，如搅拌头的下沉速度、提升速度、水泥用量、搅拌时间等进行详细记录，以便对施工质量进行追溯和分析。在实际工程中，水泥土搅拌桩法有众多成功案例。在某住宅小区建设中，地基为淤泥质土，采用水泥土搅拌桩法进行地基处理。经过处理后的地基承载力显著提高，满足了建筑物的荷载要求，建筑物建成后沉降量控制在合理范围内。在某污水处理厂的地基处理工程中，地基土为含水量较高的黏土，采用水泥土搅拌桩法，结合其他地基处理措施，确保了污水处理厂的基础稳定性，保障了污水处理厂的正常运行。

三、强夯置换法

强夯置换法是复合地基法中一种具有独特优势的地基处理方法，在处理各类复杂地基问题时发挥着重要作用。强夯置换法的原理以强大的夯击能量和置换作用为基础。施工时，通过起重设备将重锤提升到一定高度，然后使其自由落下，对地基土进行强力夯击。在夯击过程中，重锤的巨大冲击力使地基土产生强烈的振动和压缩变形。对于软土地基或存在软弱夹层的地基，重锤的夯击会在地基中形成夯坑，此时向夯坑内填入碎石、砂、矿渣等粗颗粒材料，然后再次夯击，使填入的材料不断向周围和深部挤密，形成桩体。随着夯击次数的增加，桩体不断加固，与周围被挤密的地基土共同构成复合地基。桩体承担了大部分上部结构荷载，同时桩间土也被挤密和加固，从而提高了地基的承载力和稳定性。例如，在处理深厚软土地基时，强夯置换法能够有效地将软弱土层置换成具有较高强度的桩体，改善地基的力学性能。强夯置换法适用于多种地基条件。对于软弱黏性土，尤其是含水量较高、压缩性较大的软黏土，强夯置换法能通过填入粗颗粒材料形成桩体，有效提高地基的承载力。在一些沿海滩涂地区的工程建设中，地基多为软弱黏性土，采用强夯置换法处理后，地基的承载力得到显著提升，满足了工程建设的需求。对于湿陷性黄土，强夯置换法不仅能通过夯击消除黄土的湿陷性，还能通过置换形成复合地基，增强地基的稳定性。在我国西北黄土地区的一些建筑工程中，强夯置换法被广泛应用于地基处理。此外，对于一些存在暗浜、古河道等局部软弱区域的地基，强夯置换法也能有针对性地进行处理，通过在软弱区域形成桩体，改善地基的不均匀性。强夯置换法的施工流程包括多个关键步骤。施工前，要对场地进行平整，清理场地内的障碍物和杂物，确保起重设备能够顺利作业。同时，对地基土进行详细勘察，获取准确的物理力学参数，为设计和施工提供依据。在确定夯点位置时，严格按照设计要求进行测量放线，确保夯点的准确性和间距符合设计要求。起重设备就位后，将重锤提升到设计高度，然后自由落下进行夯击。在夯击过程中，要控制夯击次数和夯沉量。一般根据现场试夯确定合理的夯击次数和夯沉量，确保夯坑的深度和直径达到设计要求。每次夯击后，向夯坑内填入粗颗粒材料，然后再次夯击，使材料不断挤密。在夯击过程中，要注意观察夯坑周围土体的变形情况，防止出现隆起或塌陷等异常现象。一根桩施工完成后，移动起重设备至下一个夯点，重复上述步骤。强夯置换法的质量控制应贯穿整个施工过程。在材料质量控制方面，填入的粗颗粒材料的粒径和级配要符合设计要求。一般要求碎石粒径在 20~100mm 之间，含泥量不超过 5%。对材料的抗压强度等指标也要进行检测，确保材料质量合格。在施工过程中，质量控制重点在于夯点位置的准确性、夯击次数和夯沉量的控制。通过测量仪器定期检查夯点位置，确保夯点偏差在允许范围内。对夯击次数和夯沉量进行实时监测，保证其符合设计要求。在成桩后，采用静载荷试验检测桩体的承载力，采用低应变法检测桩身的完整性。同时，要做好施工记录，对每一次夯击的参数，如夯锤重量、提升高度、夯击次数、夯沉量、填入材料量等进行详细记录，以便对施工质量进行追溯和分析。在实际工程中，强夯置换法有众多成功案例。在某大型工业厂房建设中，地基为软弱黏性土，采用强夯置换法进行地基处理。经过处理的地基承载力大幅提高，满足了厂房内大型设备的荷载要求，厂房建成后运行稳定。在某城市的道路工程中，部分路段地基存在暗浜，采用强夯置换法进行处理，结合其他道路工程措施，确保了道路的稳定性和耐久性。强夯置换法作为复合地基法的重要组成部分，通过合理的设计、严谨的施工和有效的质量控制，能够在地基处理中发挥显著作用。它为各类工程在不同地基条件下的建设提供了可靠的技术支持，确保了工程的安全性和稳定性。

四、复合地基承载力计算

在复合地基法的应用中，准确计算复合地基的承载力是确保工程安全与稳定的关键环节。复合地基承载力的计算涉及多方面因素，其结果直接影响到建筑物的设计与施工。基于复合地基中增强体与地基土共同承担荷载的特性，复合地基可看作由增强体（如桩体、加筋材料等）和地基土组成的人工地基。当上部结构荷载作用于复合地基时，一部分荷载由增强体承担；另一部分由地基土承担。其承载力计算的核心在于确定增强体和地基土各自承担的荷载比例，并综合考虑它们之间的协同工作效应。复合地基承载力的计算理论主要有两种：一种是基于桩土应力比的理论；另一种是基于面积置换率的理论。基于桩土应力比的理论认为，复合地基中桩体与桩间土所承受的应力存在一定比例关系。通过现场试验或经验公式确定桩土应力比，再结合桩体和桩间土的承载力特征值，计算复合地基的承载力。例如，对于桩体复合地基，假设桩土应力比为 ν，桩体的承载力特征值为 φ_{pk}，桩间土的承载力特征值为 φ_{sk}，桩的面积置换率为 μ，则复合地基的承载力特征值 φ_{spk} 可按以下公式计算：$\varphi_{spk} = \mu \times \varphi_{pk} + (1 - \mu) \times \varphi_{sk} \times \nu$。基于面积置换率的理论则强调增强体在地基中所占的面积比例对承载力的影响。该理论认为，复合地基的承载力是增强体和地基土按面积加权平均的结果。同样以桩体复合地基为例，复合地基的承载力特征值 $\varphi_{spk} = \mu \times \varphi_{pk} + (1 - \mu) \times \varphi_{sk}$，这里的计算未考虑桩土应力比，但通过面积置换率体现了增强体和地基土的贡献。不同类型的复合地基，其承载力计算方法有所差异。对于桩体复合地基，如振冲碎石桩复合地基、水泥土搅拌桩复合地基等，在计算承载力时，除了考虑上述基本公式，还需根据桩体的特性进行调整。对于振冲碎石桩复合地基，桩体的密实度对承载力影响较大。在确定桩体的承载力特征值时，需通过现场试验或根据经验公式，考虑桩体的密实度、桩径、桩长等因素。对于水泥土搅拌桩复合地基承载力的计算，水泥土的强度是关键因素。需通过室内试验或现场取芯试验，确定水泥土的无侧限抗压强度，进而确定桩体的承载力特征值。在计算桩间土的承载力特征值时，要考虑桩体施工对桩间土的挤密或扰动影响。对于加筋土复合地基，如土工格栅加筋土复合地基，其承载力计算相对复杂。加筋土复合地基的承载力不仅与筋材的强度、间距、埋深等因素有关，还与填土的性质、压实度等密切相关。在计算时，一般采用极限平衡法或有限元分析法。极限平衡法通过分析加筋土复合体在极限状态下的受力平衡，确定其承载力。例如，假设加筋土复合体在滑动面上的抗滑力由筋材的拉力和土体的摩擦力、黏聚力组成，通过建立平衡方程，求解出复合地基的承载力。有限元分析法则是利用计算机软件，对加筋土复合地基进行数值模拟，考虑土体的非线性、筋材与土体的相互作用等因素，更准确地计算复合地基的承载力。在实际工程中，复合地基承载力的计算还需考虑工程的具体情况。例如，对于高层建筑的复合地基，由于上部荷载较大，对复合地基的承载力要求较高，在计算时要充分考虑各种因素的影响，确保计算结果的准确性。同时，为了验证计算结果的可靠性，通常需要进行现场静载荷试验。通过在现场设置试验桩，分级施加荷载，测量桩顶的沉降量，绘制荷载—沉降曲线，根据曲线特征确定复合地基的承载力。静载荷试验结果不仅可以验证计算结果，还能为工程设计提供更直接的依据。复合地基承载力的计算是一个复杂而关键的过程。通过合理运用计算理论，结合不同类型复合地基的特点，充分考虑工程实际情况，并通过现场试验进行验证，能够准确计算复合地基的承载力，为工程建设提供可靠的基础数据，确保建筑物的安全性与稳定性。

第六章　特殊土地基处理

第一节　软土地基处理

一、软土工程特性

软土在工程建设中是需要重点关注的特殊土体，其独特的工程特性给地基处理带来诸多挑战。了解软土的工程特性，对于合理选择地基处理方法、确保工程安全至关重要。从物理性质来看，软土的含水量极高。软土的含水量一般在 30%~80% 之间，部分地区的软土含水量甚至超过 100%。这是因为软土多形成于静水或缓慢流水环境，土颗粒细小，孔隙中充满大量水分。高含水量使得软土的重度相对较小，一般在 15~18kN/m³ 之间。同时，软土的孔隙比较大，通常在 1.0~2.0 之间，有的甚至超过 3.0。大孔隙比意味着软土的结构疏松，土颗粒间的空隙大。这不仅影响软土的物理状态，还对其力学性质产生了显著影响。例如，在沿海地区，滩涂软土由于高含水量和大孔隙比，在进行工程建设时，地基极易发生沉降变形。软土的力学性质也较为特殊，其强度低，抗剪强度指标不理想。内摩擦角一般在 5°~15° 之间，黏聚力在 10~30kPa 之间。这是由于软土中黏土矿物含量高，颗粒间的连接较弱。在承受外部荷载时，软土容易发生剪切破坏，地基的承载力有限。例如，在软土地基上建造建筑物，如果基础设计不合理，很容易导致基础下沉、倾斜，甚至建筑物倒塌。软土的压缩性高，压缩系数一般在 $0.5 \sim 1.5 \text{MPa}^{-1}$ 之间。这意味着在较小的压力作用下，软土就会产生较大的压缩变形。在一些软土地基上进行道路建设时，随着车辆荷载的反复作用，道路容易出现沉降、凹陷等问题。

软土的变形特性十分显著。在荷载作用下，软土的变形具有明显的非线性特征。当荷载较小时，变形增长相对缓慢；随着荷载的增加，变形增长速度加快。软土的变形还具有长期效应，即使荷载不再增加，变形仍会持续一段时间。这是因为软土中的孔隙水排出缓慢，土体的固结过程需要较长时间。在软土地基上建造高层建筑时，建筑物建成后的很长一段时间内，地基仍会发生沉降，需要对沉降进行长期监测和控制。此外，软土还具有蠕变特性，即在恒定荷载作用下，变形会随时间不断增加。这对工程结构的长期稳定性构成威胁，在设计和施工中必须予以重视。软土的渗透特性同样值得关注。软土的透水性差，渗透系数一般在 $10^{-7} \sim 10^{-9} \text{cm/s}$ 之间。这使得软土中的孔隙水难以排出，在地基处理过程中，如采用排水固结法，需要较长时间才能达到预期效果。由于其透水性差，软土在受到扰动时，孔隙水压力消散缓慢，容易产生超孔隙水压力，进一步降低土体的抗剪强度。例如，在对软土地基进行基坑开挖时，如果不采取有效的排水措施，基坑侧壁容易因超孔隙水压力而发生坍塌。触变性也是软土的重要工程特性之一。软土在原状时具有一定的结构强度，但如果受到扰动，如振动、搅拌等，其结构就会被破坏，强度迅速降低，变为可流动的状态。当扰动停止后，随着时间的推移，软土的强度又会逐渐恢复。在软土地基的施工过程中，如桩基施工、土方开挖等，要注意避免过度扰动软土，以免影响地基的稳定性。软土的工程特性决定了在软土地基上进行工程建设的复杂性和挑战性。在实际工程中，必须充分了解软土的这些特性，结合工程的具体要求，选择合适的地基处理方法，采取有效的工程措施，以确保工程的安全性、稳定性和耐久性。例如，对于高含水量、大孔隙比的软土，可采用排水固结法降低含水量、减小孔隙比；对于强度低、压缩性高的软土，可采用复合地基法提高地基的承载力，以减少压缩变形。通过科学合理地应对软土的工程特性，能够有效解决软土地基带来的工程问题。

二、加固方法选择

在软土地基处理过程中，合理选择加固方法至关重要，直接关系到工程的安全、稳定及经济成本。软土地基因具有特殊的工程特性，如含水量高、强度低、压缩性大等，需根据具体情况选用合适的加固方法。排水固结法是常用的加固方法之一。其原理是通过在地基中设置竖向排水体，如砂井、塑料排水板等，并在地基表面施加预压荷载，使地基土中的孔隙水在压力差作用下，通过排水体排出。随着孔隙水排出，土体孔隙体积减小，土颗粒靠拢，有效应力增加，地基土强度提高。该方法适用于处理深厚软土层，且对沉降控制要求较高的工程。例如，在大型港口的陆域形成工程中，对大面积的软土地基，采用塑料排水板结合堆载预压的排水固结法效果显著。其优点在于能有效减少地基的最终沉降量，提高地基的承载力。其缺点是处理周期较长，需占用一定的场地用于堆放堆载材料。而且在施工过程中，对排水系统的施工质量要求也较高，若排水体堵塞或排水不畅，会严重影响加固效果。复合地基法是处理软土地基的有效途径之一。在软土地基中设置增强体，如水泥土搅拌桩、振冲碎石桩等，与周围地基土共同承担荷载，形成复合地基。以水泥土搅拌桩为例，利用深层搅拌机械将水泥与地基土在原位强制搅拌，使水泥与土发生一系列物理化学反应，形成具有一定强度的水泥土桩体。桩体与桩间土协同工作，提高了地基的承载力和稳定性。该方法适用于各类软土地基，尤其适用于对地基承载力要求较高的工程。在城市的高层建筑建设中，常采用水泥土搅拌桩复合地基法。其优点在于加固效果明显，能较大幅度提高地基的承载力。然而，其在施工过程中对水泥土的配合比、搅拌均匀度等要求严格，施工质量控制难度较大。同时，对于一些有机质含量较高的软土，水泥土搅拌桩的加固效果可能受到影响。换填垫层法适用于浅层软土地基的处理。换填后的垫层能够有效扩散基础传来的荷载，提高地基的承载力。在小型建筑工程或工期较紧的项目中，换填垫层法较为常用。例如，在某小型厂房建设中，地基浅层存在软土，采用换填砂石垫层的方法，施工简便且能快速满足工程需求。其优点是施工工艺简单、施工速度快。其缺点是对于深层软土处理效果不佳，且换填材料的运输和堆放可能增加成本。加筋法是在软土地基中加入筋材，如土工格栅、钢筋等，通过筋材与土体的摩擦力和咬合力，提高地基的稳定性。土工格栅加筋法常用于道路工程中的软土地基处理。在铺设道路时，将土工格栅铺设在软土地基上，然后在其上填土并压实。土工格栅与土形成一个整体，增强了土体的抗拉强度和抗滑能力。该方法的优点是施工方便，能有效提高地基的稳定性。但该方法对于软土地基的压缩性改善效果有限，在对沉降控制要求较高的工程中，可能需要与其他方法结合使用。在选择软土地基加固方法时，还需综合考虑工程的具体要求、施工条件和经济成本等因素。对于对沉降控制要求极高的工程，需要将排水固结法与复合地基法结合使用；对于工期紧张的小型工程，换填垫层法是更为合适的选择。同时，要充分考虑当地的地质条件、材料供应情况等。例如，在材料运输困难的地区，应尽量选择就地取材的加固方法。此外，施工单位的技术水平和设备条件也会影响加固方法的选择。只有综合考虑多方面因素，才能选出最合适的软土地基加固方法，确保工程的顺利进行和长期稳定。

三、沉降控制措施

在软土地基上进行工程建设，沉降控制是关键环节，关乎工程的安全性与稳定性。软土地基的特性决定了其在承受荷载后易产生较大沉降，因此需采取一系列有效措施来加以控制。在设计阶段，合理的基础选型对沉降控制意义重大。对于小型建筑或荷载较小的结构，浅基础如独立基础、条形基础配合换填垫层法，可有效控制沉降。通过将基础底面以下一定深度的软弱土层挖除，换填强度较高、压缩性较低的材料，如砂石、灰土等，可减少地基土的压缩变形。在某小型商业建筑项目中，采用换填砂石垫层结合条形基础的设计，有效减少了地基沉降量。对于大型建筑或荷载较大的结构，桩基础是常用选择。桩基础能将上部荷载传递到深部较坚硬的土层，减少软土地基的沉降。在高层建筑建设中，采用灌注桩或预制桩，可有效控制建筑物的沉降。在选择桩基础时，需根据软土地基的特性、建筑物的荷载大小和分布等因素，合理确定桩的类型、长度、直径和间距等参数。排水固结法是沉降控制的重要手段，在地基中设置竖向排水体，如砂井、塑料排水板等，并施加预压荷载，可加速地基土的固结，减少后期沉降。在大型港口工程中，软土地基处理常采用塑料排水板结合堆载预压的方式。通过在地基中按一定间距插入塑料排水板，再在地基表面堆填大量土方等重物，使地基土中的孔隙水在压力差作用下，通过排水板排出。随着孔隙水的排出，土体孔隙体积减小，有效应力增加，地基土强度提高，沉降量显著减少。在采用排水固结法时，要合理设计排水体的间距、深度和预压荷载的大小、加载速率等参数。间距过小会增加施工成本，过大则影响排水效果；预压荷载过大可能导致地基土破坏，过小则达不到预期的固结效果。加载速率要控制得当，避免加载过快导致地基土产生超孔隙水压力，引发剪切破坏。复合地基法同样能有效控制沉降，在软土地基中设置增强体，如水泥土搅拌桩、振冲碎石桩等，与周围地基土共同承担荷载，形成复合地基。以水泥土搅拌桩为例，水泥与地基土在原位强制搅拌形成桩体，桩体与桩间土协同工作，提高了地基的承载力和稳定性，从而减少了地基沉降。在某城市的住宅小区建设中，采用水泥土搅拌桩复合地基，使建筑物的沉降得到了有效控制。对于振冲碎石桩复合地基，通过振冲器的振动和水冲作用，在地基中形成碎石桩体，桩体对桩间土起到挤密和排水作用，改善了地基土的性能，减少了沉降量。在设计复合地基时，要根据软土地基的性质和工程要求，合理确定增强体的类型、间距和长度等参数，确保复合地基能有效发挥作用。施工过程中的质量控制对沉降控制也至关重要。在基础施工时，要严格控制基础的尺寸、位置和垂直度。对于桩基础，要确保桩的施工质量，防止出现断桩、缩颈等质量问题。在灌注桩施工中，要保证混凝土的配合比准确、浇筑连续，避免因混凝土质量问题导致桩身强度不足，影响沉降控制效果。在排水固结法施工中，要保证排水体的施工质量，防止排水体堵塞或排水不畅。对排水体的材料质量进行严格检测，确保其符合设计要求。在堆载预压施工中，要按照设计的加载速率进行加载，定期监测地基的沉降和孔隙水压力变化。若发现沉降异常或孔隙水压力过大，要及时调整加载速率或采取其他措施。施工完成后的监测与维护也是沉降控制的重要环节，在建筑物使用过程中，要定期对地基沉降进行监测。通过设置沉降观测点，使用水准仪等测量仪器，定期测量观测点的高程变化，掌握地基沉降情况。若发现沉降速率过大或沉降量超过设计允许范围，要及时分析原因，采取相应的处理措施。例如，可通过增加地基加固措施，如在建筑物周边增设锚杆静压桩等，来控制沉降。同时，要做好建筑物的维护工作，避免在建筑物周边进行大规模的开挖、堆载等活动，防止对地基产生不利影响。

四、处理效果检测

在软土地基处理过程中，对处理效果进行检测是确保工程质量和安全的关键步骤。软土地基具有特殊的工程性质，若处理不当易引发各种问题。通过有效的检测手段，能够准确评估处理效果，为工程后续决策提供依据。处理效果检测的重要性不言而喻，首先，它能验证软土地基处理是否达到设计要求。设计阶段针对软土地基特性制定了相应的处理方案，通过检测可判断实际处理效果是否与设计预期相符。若检测结果表明未达到设计要求，可及时采取补救措施，消除工程隐患。其次，处理效果检测能为工程验收提供数据支持。在工程竣工阶段，准确的检测数据是判断工程是否合格、能否交付使用的重要依据。再次，处理效果检测有助于了解软土地基在处理后的长期稳定性。通过长期监测，可掌握地基土在使用过程中的性能变化，为建筑物的维护和管理提供参考。常用的处理效果检测方法有多种，静载荷试验是一种直接且有效的检测手段。通过在现场设置试验点，对地基或桩基础施加竖向荷载，可观测其在各级荷载作用下的沉降情况，绘制荷载—沉降曲线。根据曲线特征，可确定地基或桩的承载力。对于采用桩基础处理的软土地基，通过静载荷试验能准确获取单桩的竖向抗压承载力，判断处理效果是否满足设计要求。标准贯入试验常用于检测地基土的密实程度和强度。将标准贯入器打入地基土中，记录贯入一定深度所需的锤击数，根据锤击数与土的性质之间的经验关系，评估地基土的加固效果。在采用振冲碎石桩处理的软土地基中，通过标准贯入试验可检测桩间土的密实度是否提高。圆锥动力触探试验也是一种常用方法。它利用一定质量的重锤，使其从一定高度自由落下，将探头贯入土中，根据贯入阻力大小判断土的性质。对于用换填垫层法处理后的软土地基，可通过圆锥动力触探试验检测垫层的压实度和均匀性。针对不同的软土地基加固方法，检测要点有所不同。对于用排水固结法处理的软土地基，除了采用静载荷试验检测地基承载力，还需重点检测地基的沉降情况。通过设置沉降观测点，在处理过程中和处理后持续观测沉降量和沉降速率，判断地基是否达到预期的固结效果。若沉降速率过大或沉降量超出设计允许范围，说明排水固结效果不理想，可能存在排水不畅或预压荷载不足等问题。对于复合地基法处理的软土地基，如水泥土搅拌桩复合地基，除了检测复合地基的承载力，还要对桩身质量进行检测。采用低应变法检测桩身的完整性，判断是否存在断桩、缩颈等缺陷。对于振冲碎石桩复合地基，除了检测桩体和桩间土的密实度，还需检测桩体的承载力，可通过静载荷试验或其他合适的方法进行。在换填垫层法处理的软土地基中，要检测换填垫层的压实度、厚度和均匀性。采用环刀法、灌砂法等检测垫层的压实度，确保其达到设计要求。通过测量垫层的厚度和均匀性，判断换填施工是否符合规范。检测频率和时间节点也需合理确定。在施工过程中，应根据施工进度和关键施工环节进行适时检测。例如，在排水固结法施工中，在每完成一层堆载预压后，可进行一次沉降观测，及时了解地基的沉降情况。在桩基础施工完成后，应及时进行桩身质量检测，避免后续施工掩盖质量问题。在工程竣工阶段，要进行全面检测，包括地基承载力、沉降量、桩身质量等各项指标的检测。对于重要的大型工程，还需进行长期监测，定期对地基进行检测，观察地基在长期使用过程中的性能变化。一般来说，在工程竣工后的前几年，检测频率应相对较高。随着时间的推移，地基性能趋于稳定，可适当降低检测频率。在软土地基处理效果检测中，检测人员的专业素质和检测设备的精度至关重要。检测人员应具备丰富的岩土工程检测经验，熟悉各种检测方法和规范，能够准确操作检测设备，正确分析检测数据。检测设备要定期进行校准和维护，确保其精度满足检测要求。同时，要建立完善的检测数据管理系统，对检测数据进行详细记录、整理和分析，为工程质量评估和后续决策提供可靠的依据。

第二节 湿陷性黄土地基处理

一、黄土湿陷特性

湿陷性黄土在我国分布广泛，其湿陷特性给工程建设带来诸多挑战。深入了解黄土的湿陷特性，对于湿陷性黄土地基处理以及保障工程安全意义重大。湿陷性黄土的形成与特定的地质环境和气候条件密切相关。在地质历史时期，风力搬运堆积作用使得大量粉粒物质在干旱、半干旱地区堆积。这些粉粒在长期的地质作用下，形成了具有一定结构的黄土层。黄土颗粒间以架空结构为主，孔隙较大，且存在大量可溶盐类和胶结物质。在干燥状态下，这些胶结物质可起到胶结颗粒的作用，使黄土具有一定的强度，能够承受一定的荷载。黄土湿陷的主要原因是遇水浸湿。当水进入黄土层后，可溶盐类迅速溶解，削弱了颗粒间的胶结力。同时，水的润滑作用使得颗粒间的摩擦力减小，在自重或外部荷载作用下，土体结构迅速被破坏，颗粒重新排列，孔隙减小，从而产生显著的附加下沉，即湿陷现象。湿陷性黄土的湿陷等级根据自重湿陷量和总湿陷量划分，分为轻微、中等、严重和很严重四个等级。自重湿陷量是指地基土在上覆土层自重压力下受水浸湿发生的湿陷量；总湿陷量则是在自重压力和附加压力共同作用下受水浸湿发生的湿陷量。湿陷等级越高，表明黄土在遇水时的湿陷变形量越大，对工程的危害也就越大。影响黄土湿陷性的因素众多，含水量是关键因素之一。当黄土的含水量较低时，土体结构相对稳定；随着含水量的增加，黄土的湿陷性逐渐增强。在天然状态下，湿陷性黄土的含水量一般在 10%～20% 之间。含水量处于这个范围的黄土，一旦受到水的浸湿，就容易发生湿陷。黄土的颗粒组成也对湿陷性有重要影响，其颗粒以粉粒为主，粉粒含量一般在 60%～70% 之间。粉粒的粒径较小，比表面积大，在遇水时更容易发生物理化学反应，导致颗粒间的胶结力下降。孔隙比也是影响湿陷性的重要指标。湿陷性黄土的孔隙比相对较大，一般在 0.8～1.2 之间。较大的孔隙比意味着土体结构疏松，颗粒间的连接较弱，在水的作用下更容易发生湿陷。此外，压力大小对黄土湿陷性也有影响。当作用在黄土上的压力超过一定值时，即使含水量不变，黄土也可能发生湿陷。从微观角度看，黄土的湿陷机制与颗粒间的微观结构变化有关。在干燥状态下，黄土颗粒间通过可溶盐类和胶结物质形成一定的联结。当水进入土体后，可溶盐类溶解，胶结物质被破坏，颗粒间的联结力减弱。同时，水的存在使颗粒表面的双电层厚度发生变化，颗粒间的静电斥力和范德华力也随之改变。在外部荷载作用下，颗粒开始重新排列，由原来的架空结构逐渐转变为密实结构，导致土体体积减小，产生湿陷变形。湿陷性黄土的湿陷特性对工程的危害极大。在建筑工程中，地基湿陷可能导致建筑物基础沉降、墙体开裂、倾斜甚至倒塌。例如，在一些湿陷性黄土地区的多层建筑中，由于地基湿陷不均匀，建筑物的墙体出现了大量裂缝，严重影响了建筑物的使用功能和安全性。在道路工程中，湿陷性黄土可能导致道路路基沉降、路面开裂、塌陷等问题。一些公路在穿越湿陷性黄土地区时，由于路基湿陷，路面出现了坑洼不平的现象，影响了行车的舒适性和安全性。在水利工程中，湿陷性黄土可能导致堤坝、渠道等水工建筑物的渗漏、塌陷等问题。例如，在一些建于湿陷性黄土地区的水库堤坝，由于地基湿陷，堤坝出现了裂缝，威胁到水库的安全运行。在湿陷性黄土地基处理过程中，必须充分考虑黄土的湿陷特性。针对黄土遇水湿陷的特点，在工程设计和施工中要采取有效的防水措施，如设置良好的排水系统，避免地基土受水浸湿。在选择地基处理方法时，要根据黄土的湿陷等级、含水量、颗粒组成等特性，选择合适的方法。对于湿陷等级较高的黄土，可采用灰土挤密桩法、强夯法等进行处理；对于湿陷等级较低的黄土，可采用换填垫层法等进行处理。

二、处理方法原理

湿陷性黄土地基的处理，可采用多种方法。每种方法都基于特定原理，旨在消除黄土湿陷性，提高地基承载力与稳定性。灰土挤密桩法是常用的方法，其原理以成孔挤密与灰土桩体加固为基础。在施工时，先利用打桩机将桩管打入地基预定深度，桩管对周围土体产生横向挤压力，使桩间土的孔隙减小,密实度增加。桩管拔出后,向桩孔内分层填入按一定比例配制的灰土(石灰与土体积比一般为 2∶8 或 3∶7)。石灰与土发生一系列物理化学反应,石灰中的钙离子与土颗粒表面的钠离子、钾离子等发生离子交换,使土颗粒表面性质改变,黏聚力增大。同时,石灰的水化反应产生的热量,加速了土颗粒的团粒化过程,形成具有一定强度和水稳性的灰土桩体。桩体与挤密后的桩间土共同作用,形成复合地基。由于灰土桩体的强度高于原黄土,且桩间土的密实度提高,使得复合地基能有效承担上部结构荷载,消除了黄土的湿陷性。例如,在某多层建筑的湿陷性黄土地基处理中,通过灰土挤密桩法,使地基承载力满足建筑需求,且在后续使用中未出现因湿陷导致的问题。强夯法处理湿陷性黄土地基的原理是利用强大的夯击能量,使黄土颗粒重新排列。在施工时,将重锤提升到一定高度后,使其自由落下,重锤的巨大冲击力瞬间作用于地基土。在夯击点处,土体受到强烈的压缩和振动,黄土颗粒间的胶结物质被破坏,孔隙中的气体和部分水分被挤出,颗粒重新排列,孔隙减小。随着夯击次数的增加,土体的密实度不断提高。对于湿陷性黄土,这种密实化过程有效消除了其湿陷性。强夯的夯击能量能使深层黄土得到加固,一般适用于处理深度较大的湿陷性黄土地基。在某大型工业厂房建设中,采用了强夯法处理湿陷性黄土地基。经检测,地基土的密实度显著提高,湿陷性基本消除,满足了厂房对地基承载力的要求。换填垫层法的原理相对直观,该方法将基础底面以下一定深度范围内的湿陷性黄土挖除,换填为灰土、素土、砂石等非湿陷性材料。换填材料的强度、水稳性和抗变形能力优于湿陷性黄土。当上部结构荷载作用于地基时,换填垫层起到扩散荷载的作用,减小了作用在下部黄土层上的压力,从而避免了下部黄土因压力过大和遇水浸湿而产生湿陷。同时,换填垫层自身的良好性能,能有效提高地基的承载力和稳定性。在某小型建筑工程中,采用换填灰土垫层的方法处理湿陷性黄土地基,灰土垫层扩散了基础传来的荷载,使下部黄土层的压力在安全范围内,建筑物建成后未出现与湿陷相关的问题。预浸水法适合处理自重湿陷性黄土场地,其原理是通过在场地内设置浸水试坑,向坑内注水,使黄土在自重作用下充分湿陷。由于自重湿陷性黄土在自重压力下遇水浸湿会产生较大湿陷变形，通过预先浸水，让黄土完成大部分湿陷过程，从而消除或减小后续工程建设中因自重湿陷带来的危害。在浸水过程中，土体中的可溶盐类溶解，颗粒间胶结力减弱，在自重作用下，土体结构调整，孔隙减小。浸水结束后，再对地基进行适当处理，如采用夯实等方法提高地基的密实度。在某大型场地平整工程中，针对自重湿陷性黄土地基，先采用预浸水法，使地基完成了大部分湿陷，后续再采取其他地基处理措施，有效降低了地基处理成本，保证了工程的稳定性。化学加固法是在湿陷性黄土中注入化学浆液，如水泥浆、水玻璃等，使化学浆液与黄土颗粒发生化学反应，形成具有较高强度和水稳性的固化体。以水泥浆为例，水泥遇水后发生水化反应，生成氢氧化钙、水化硅酸钙等水化物，这些水化物与黄土颗粒相互胶结，提高了土体的强度和抗渗性。水玻璃加固黄土时，水玻璃与黄土中的某些成分发生化学反应，生成凝胶物质，填充土颗粒间的孔隙，使土体胶结硬化。化学加固法能在不破坏原有土体结构的情况下，有效提高黄土的强度，消除湿陷性，适用于对地基变形要求严格、处理深度较浅的工程。

三、防水措施制定

在湿陷性黄土地基上进行工程建设，制定有效的防水措施至关重要。湿陷性黄土遇水浸湿后会产生显著的湿陷变形，严重威胁工程的安全与稳定。因此，从场地规划到建筑物施工及后续维护，都需要全方位的防水考量。场地排水是防水的首要环节。在工程建设前期，应对场地的地形地貌进行详细勘察，根据地势高低合理规划排水系统。对于地势较为平坦的场地，可设置纵横交错的排水明沟，明沟的坡度一般不小于 0.3%，不大于 0.5%，以确保雨水能够迅速排出。明沟的材质可以是混凝土或砖石，沟壁要进行抹面处理，防止渗漏。在场地边缘，应设置截水沟，拦截场地周边的地表水，避免其流入场地内。截水沟的深度和宽度要根据周边汇水面积和流量计算确定，一般深度在 0.5~1m 之间，宽度在 0.3~0.5m 之间。对于有条件的场地，可采用暗管排水系统，将排水管道埋设在地下一定深度，通过管道将雨水引至排水管网或排水口。暗管排水系统的管径要根据流量进行计算，一般采用直径

300~500mm 的混凝土管或塑料管。同时，要在管道的适当位置设置检查井，便于后期维护和清理。地基防水是保护地基不受水浸湿的关键。在地基处理过程中，可在地基周围设置防水帷幕。对于小型工程，可采用灰土防水帷幕，将石灰与土按一定比例（如 2∶8 或 3∶7）混合，在地基周边挖槽后分层填入并夯实，形成具有一定厚度和抗渗性的帷幕。灰土防水帷幕的厚度一般在 0.5~1m 之间。对于大型工程或对防水要求较高的工程，可采用混凝土防渗墙或高压喷射注浆防渗墙。混凝土防渗墙采用钢筋混凝土结构，墙厚一般在 0.3~0.8m 之间，通过机械成槽后浇筑混凝土而成。高压喷射注浆防渗墙则是利用高压喷射设备，将水泥浆等浆液喷射到地基土中，形成连续的防渗墙体。此外，在地基表面可铺设防水层，如土工膜、防水卷材等。土工膜具有良好的防渗性能，铺设时要注意拼接严密，避免出现漏洞。防水卷材则需采用与黄土基层黏结性好的材料，以确保防水层的完整性。建筑物防水对于防止水渗入地基也起着重要作用。在建筑物基础设计时，应设置合理的基础埋深。一般基础底面应埋置在湿陷性黄土层以下一定深度，避免基础直接接触湿陷性黄土。同时，基础的底面和侧面要进行防水处理。对于钢筋混凝土基础，可在基础表面涂抹防水涂料，如聚氨酯防水涂料、聚合物水泥防水涂料等。防水涂料的厚度要符合相关标准，一般涂抹 2~3 遍，总厚度在 1.5~2mm 之间。在建筑物的外墙施工中，要做好墙体的防水处理。采用防水性能好的外墙材料，如防水砖或在普通砖砌体表面涂抹防水砂浆。防水砂浆的配合比要严格控制，一般水泥与砂的比例在 1∶2~1∶3 之间，同时可加入适量的防水剂。在建筑物的屋面防水方面，要采用可靠的屋面防水系统。一般采用卷材防水或涂料防水，卷材防水可选用 SBS 改性沥青防水卷材等，铺设时要注意搭接宽度和粘贴质量。涂料防水可选用丙烯酸防水涂料等，涂抹时要确保均匀、无漏涂。屋面排水坡度要符合设计要求，一般平屋面的排水坡度不小于 2%，坡屋面的排水坡度根据屋面形式确定，以保证雨水能够迅速排出。防水措施的维护同样不容忽视，定期对排水系统进行检查和清理，清除排水明沟、暗管和检查井内的杂物和淤泥，以确保排水畅通。检查排水管道是否有破损、渗漏等情况，如有问题要及时修复。对防水帷幕和防水层进行定期检查，查看是否有裂缝、破损等缺陷。对于灰土防水帷幕，如发现有裂缝，可采用灰土进行修补。对于土工膜、防水卷材等防水层，如发现有破损，要及时进行补丁修复。在建筑物使用过程中，要注意避免在建筑物周边进行大量挖方、填方等活动，防止破坏防水设施。同时，要加强对建筑物的日常维护，及时修复建筑物外墙、屋面等部位的破损，防止雨水渗漏。在湿陷性黄土地基处理中，防水措施的制定需要从场地排水、地基防水、建筑物防水以及维护等多个方面综合考虑。通过科学合理的防水措施，能够有效防止水浸湿地基，减少黄土湿陷对工程的危害，确保工程的安全、稳定和耐久性。在实际工程中，要根据场地条件、工程要求等因素，因地制宜地制定防水方案，并严格按照规范进行施工和维护，为工程建设提供可靠的防水保障。

四、处理后质量评估

湿陷性黄土地基处理后的质量评估是确保工程安全稳定的关键环节。通过科学、全面的质量评估，能够判断地基处理是否达到预期目标，为工程的后续建设和使用提供可靠的依据。质量评估涵盖多个关键项目，首要的是地基承载力评估，这直接关系到地基能否承受上部结构传来的荷载。经过处理的湿陷性黄土地基，其承载力应满足设计要求。对于采用灰土挤密桩、强夯等方法处理的地基，需检测复合地基的承载力。通过现场静载荷试验，在地基上设置一定尺寸的承压板，分级施加竖向荷载，观测承压板在各级荷载作用下的沉降情况。根据荷载—沉降曲线，确定地基的承载力特征值，与设计要求的承载力进行对比，判断是否达标。湿陷性消除情况评估也是重点。湿陷性是湿陷性黄土地基的关键特性，处理后应有效消除或大幅降低其湿陷性。通过现场试坑浸水试验，在处理后的地基上设置一定尺寸的试坑，向试坑内注水，使地基土充分浸湿，观测试坑周围土体的沉降情况。若沉降量在允许范围内，说明湿陷性得到有效控制。同时，可结合室内土工试验，测定土样的湿陷系数等指标，进一步评估湿陷性的消除程度。一般来说，处理后的湿陷性黄土湿陷系数应小于 0.015，当湿陷系数大于此值时，需进一步分析原因，采取相应的处理措施。地基土的密实度评估同样重要，处理后的湿陷性黄土地基，其土的密实度应有所提高。采用标准贯入试验、圆锥动力触探试验等方法进行检测。标准贯入试验将标准贯入器打入地基土中，记录贯入一定深度（一般为30cm）所需的锤击数。锤击数越大，表明地基土的密实度越高。圆锥动力触探试验则利用一定质量的重锤，使其从一定高度自由落下，将探头贯入土中，根据贯入阻力大小判断土的密实度。根据不同的地基处理方法和设计要求，确定相应的标准贯入锤击数和圆锥动力触探击数的合格范围。桩身质量评估针对采用桩基础处理的湿陷性黄土地基，如灰土挤密桩、水泥土桩等，桩身质量直接影响复合地基的性能。采用低应变法检测桩身的完整性时，在桩顶施加激振力，产生的应力波沿桩身传播，根据应力波反射信号判断桩身是否存在断桩、缩颈、离析等缺陷。对于重要工程或对桩身质量要求较高的项目，还可采用钻芯法，直接从桩身取芯样，检测桩身混凝土或灰土的强度、均匀性等指标。在质量评估过程中，检测方法的选择和实施至关重要。现场静载荷试验要严格按照相关规范进行，确保试验设备的准确性和稳定性。承压板的尺寸、形状要符合要求，荷载分级要合理，沉降观测要准确及时。试坑浸水试验时，试坑的尺寸、深度以及浸水时间等参数要严格控制。标准贯入试验和圆锥动力触探试验的设备要定期校准，操作过程要规范，确保试验数据的可靠性。低应变法检测桩身质量时，传感器的安装位置要准确，激振方式要合适，以获取清晰的应力波信号。在钻芯法取芯时，要保证芯样的完整性和代表性。检测数据的处理与分析是质量评估的核心环节，对于静载荷试验数据，要绘制准确的荷载—沉降曲线，根据曲线的特征判断地基的承载性状。通过曲线的拐点、斜率等信息，确定地基的极限承载力和承载力特征值。对于试坑浸水试验数据，要分析沉降量随时间的变化规律，判断湿陷变形是否稳定。对于标准贯入试验和圆锥动力触探试验数据，要进行统计分析，计算平均值、标准差等参数，判断地基土的密实度是否均匀。对于桩身质量检测数据，要根据信号特征准确判断桩身缺陷的位置、类型和严重程度。质量评估标准是判断地基处理质量是否合格的依据，不同的地基处理方法和工程要求有相应的质量评估标准。一般来说，地基承载力应不低于设计值的95%，且极差不超过平均值的30%。湿陷性消除情况要满足设计要求的湿陷系数标准和浸水试验沉降标准。地基土的密实度要达到设计规定的标准贯入锤击数或圆锥动力触探击数。桩身质量要满足完整性和强度要求，桩身完整性类别一般分为Ⅰ类、Ⅱ类、Ⅲ类、Ⅳ类，Ⅰ类和Ⅱ类桩为合格桩，Ⅲ类桩需根据具体情况进行处理，Ⅳ类桩为不合格桩。

第三节　膨胀土地基处理

一、膨胀土胀缩特性

膨胀土的胀缩特性是其区别于其他土体的显著特征，也是膨胀土地基上工程问题频发的根源。深入了解这一特性，对于膨胀土地基处理及工程建设的安全稳定至关重要。膨胀土的胀缩特性主要源于其特殊的矿物成分：膨胀土富含蒙脱石、伊利石等黏土矿物。蒙脱石是一种具有典型层状结构的黏土矿物，其晶层间存在可交换的阳离子，如钠离子、钙离子等。当周围环境湿度增加，水分进入晶层间时，阳离子发生水化作用，使晶层间距增大，导致蒙脱石颗粒体积膨胀。由于蒙脱石在膨胀土中含量较高，其膨胀特性对整个土体的膨胀有显著影响。伊利石的晶层结构虽不如蒙脱石松散，但也具有一定的吸水性，在一定程度上参与了土体的膨胀过程。当环境湿度降低时，水分从晶层间逸出，晶层间距减小，颗粒体积收缩，进而导致土体收缩。从微观结构角度看，膨胀土颗粒间的排列方式和联结特性也影响胀缩。膨胀土颗粒细小，多呈片状或针状，颗粒间以面与面、边与面接触为主，形成较为紧密的微观结构。在干燥状态下，颗粒间通过静电引力、范德华力以及部分化学键等联结，土体结构相对稳定。然而，当吸水膨胀时，颗粒表面吸附水分子，颗粒间的联结力被削弱，且因水分子的楔入作用，颗粒间距离增大，土体结构变得疏松。失水收缩时，颗粒间距离减小，联结力有所恢复，但由于胀缩过程中颗粒重新排列，土体结构难以完全恢复到初始状态。这是胀缩具有反复性且变形逐渐累积的原因之一。

含水量是影响膨胀土胀缩的关键因素。在天然状态下，膨胀土的含水量一般在20%~35%之间，但该数值会随环境湿度、降水、地下水位等因素变化。当含水量增加时，土体膨胀变形增大。研究表明，在一定范围内，含水量每增加1%，膨胀土的膨胀率可能增加0.1%~0.3%。而当含水量减少时，土体收缩。例如，在夏季多雨季节，膨胀土地基中的含水量显著增加，土体膨胀，可能导致建筑物基础上抬、墙体开裂；在冬季干旱季节，含水量降低，土体收缩，基础可能下沉，进一步加剧了建筑物的破坏。外部荷载对膨胀土的胀缩也有重要影响，当膨胀土受到上部结构传来的荷载时，其胀缩变形会受到一定约束。在较小荷载作用下，膨胀土的膨胀变形可能被部分抑制，但收缩变形受到的影响相对较小。随着荷载增大，膨胀土的膨胀和收缩变形都将受到更大程度的限制。然而，当荷载超过一定限度，土体可能发生剪切破坏，导致胀缩变形失控。在实际工程中，建筑物基础的设计荷载需充分考虑膨胀土的胀缩特性，合理确定基础的尺寸、埋深和形式，以平衡土体胀缩产生的作用力。膨胀土的胀缩特性对工程危害极大，在建筑工程中，由于膨胀土的不均匀胀缩，建筑物基础会产生不均匀沉降。例如，在一些采用浅基础的建筑物中，因基础的不同部位土体胀缩程度不同，导致基础倾斜、开裂。墙体也会因基础的不均匀沉降而出现裂缝，严重时甚至危及建筑物的结构安全。在道路工程中，膨胀土作为路基土，会使路面出现隆起、凹陷、开裂等问题。在炎热多雨的夏季，路基土膨胀，路面隆起；在干旱季节，路基土收缩，路面出现裂缝。这不仅影响道路的平整度和行车舒适性，还会缩短道路的使用寿命。在水利工程中，堤坝、渠道等建筑物建在膨胀土地基上时，由于土体胀缩，可能导致堤坝渗漏、渠道变形等问题。在膨胀土地基处理中，必须充分考虑膨胀土的胀缩特性。针对膨胀土因含水量变化导致胀缩的特点，要采取有效的防水保湿措施，如设置完善的排水系统，避免地基土受水浸泡；在地基表面铺设隔水层，减少水分蒸发。对于外部荷载的影响，要合理设计基础形式和尺寸，增强基础的稳定性。通过深入了解膨胀土的胀缩特性，并采取针对性的处理措施，能够有效降低其对工程的危害，确保工程建设的安全性与稳定性。

二、设计基本原则

在膨胀土地基处理中，遵循正确的设计基本原则是确保工程安全稳定的关键。膨胀土的特殊胀缩特性决定了设计需全面考量多种因素，以有效应对其对工程的不利影响。适应膨胀土特性是首要原则。设计前需对膨胀土的性质进行详细勘察与分析，包括矿物成分、胀缩性指标、含水量变化范围等。根据膨胀土的胀缩等级确定相应的处理措施。对于胀缩等级较高的膨胀土，需采取更为严格的处理手段。例如，在基础设计时，可采用桩基穿越膨胀土层，将上部荷载传递到下部稳定土层，避免膨胀土胀缩对基础的影响。在某高层建筑位于膨胀土地基的项目中，通过采用桩基础，有效解决了因膨胀土胀缩导致的基础沉降问题。同时，在建筑体形设计上，应尽量避免复杂的平面和立面形状，减少因建筑物各部分荷载差异和刚度不均导致的不均匀沉降。控制含水量是核心原则之一，由于含水量变化是引发膨胀土胀缩的关键因素，设计中要采取有效措施保持地基土含水量的相对稳定。一方面，设置完善的排水系统至关重要。在场地周边设置截水沟，拦截地表水，防止其流入场地浸湿地基土。截水沟的尺寸和坡度要根据当地的降雨量和地形条件合理设计，确保排水顺畅。在场地内部，设置纵横交错的排水明沟或暗管，将雨水迅速排出。排水明沟的深度和宽度一般根据汇水面积确定，暗管则要选择合适的管径和材质，保证排水能力。另一方面，在地基表面铺设隔水层，减少水分蒸发和下渗。可选用土工膜、防水卷材等材料作为隔水层，铺设时要注意拼接严密，避免出现漏洞。在一些膨胀土地基处理项目中，通过铺设土工膜，有效降低了地基土含水量的波动，减少了土体胀缩变形。增强基础稳定性是关键原则。基础设计需充分考虑膨胀土胀缩产生的作用力，合理确定基础的形式、尺寸和埋深。对于浅基础，可采用筏板基础或箱形基础，增加基础的整体性和刚度，抵抗不均匀沉降。筏板基础的厚度和配筋要根据上部结构荷载和地基土的性质计算确定，确保有足够的承载力和抗变形能力。箱形基础具有较大的空间刚度，能更好地适应膨胀土的胀缩。在基础埋深方面，一般应将基础底面埋置在大气影响急剧层以下，以减少含水量变化对基础的影响。

大气影响急剧层的深度与当地气候、土的性质等因素有关，一般在 1~3m 之间。对于重要工程或胀缩性较强的膨胀土地基，可适当增加基础埋深。在一些采用桩基础的项目中，要根据桩侧土的胀缩情况，合理计算桩的侧摩阻力和负摩阻力，确保桩基础的稳定性。综合考虑环境因素也是设计的重要原则。膨胀土地基的处理与周围环境密切相关。在设计时，要考虑场地周边的建筑物、道路、地下管线等情况。避免因地基处理施工对周边已有建筑物造成不良影响。例如，在进行地基加固施工时，要采取有效的支护措施，防止土体位移对周边建筑物基础产生破坏。同时，要考虑地下水位变化对膨胀土胀缩的影响。如果地下水位较高，可能导致地基土含水量增加，加剧膨胀土的膨胀。在这种情况下，可采取降低地下水位的措施，如设置排水井、井点降水等，但要注意控制降水幅度，避免引起周边地面沉降。考虑施工的可行性与经济性同样不容忽视，设计方案要便于施工操作，确保施工质量。在选择地基处理方法时，要结合当地的施工技术水平和设备条件。例如，一些地区可能缺乏大型的桩基施工设备，在设计时就应避免采用复杂的桩基础形式。同时，要考虑经济成本，在满足工程安全要求的前提下，选择经济合理的处理方案。对不同的地基处理方法进行成本对比分析，包括材料费用、施工费用、后期维护费用等。在一些小型工程中，采用换填垫层法处理膨胀土地基可能比采用复杂的加固方法更为经济实惠。

三、处理技术措施

在膨胀土地基处理中，采用有效的处理技术措施是解决地基胀缩问题、保障工程安全的核心。针对膨胀土的特殊性质，多种技术措施被广泛应用。换填垫层法是较为常用的技术措施。该方法将基础底面以下一定深度范围内的膨胀土挖除，换填为非膨胀性或低膨胀性的材料。中粗砂是常用的换填材料之一，其颗粒较大、透水性好，能够有效隔离膨胀土与外界水分，且自身不会因含水量变化而产生明显胀缩。在换填过程中，需确保挖除的膨胀土深度符合设计要求。一般对于浅层膨胀土地基，换填深度在 0.5~1.5m 之间。换填材料要分层铺设并压实，每层铺设厚度不宜超过 30cm，采用机械压实或人工夯实的方式，确保压实度达到设计标准（一般不低于95%）。在某小型建筑工程中，通过换填中粗砂处理膨胀土地基，建筑物建成后多年后未出现因地基胀缩导致的问题。碎石也是良好的换填材料，其强度高、稳定性好，能有效承受上部结构荷载，抵抗膨胀土的胀缩影响。灰土同样适合做换填材料。石灰与土按一定比例（如2∶8或3∶7）混合，石灰与土发生化学反应，形成具有一定强度和水稳性的灰土，降低了土的胀缩性。改良土法是通过在膨胀土中添加固化剂，改变土的工程性质。石灰是常用的固化剂之一。当石灰掺入膨胀土后，石灰中的钙离子与土颗粒表面的钠离子、钾离子等发生离子交换，使土颗粒表面性质改变，黏聚力增大。同时，石灰的水化反应产生的热量，加速了土颗粒的团粒化过程，降低了土的胀缩性。石灰的掺入量一般为土重的6%~10%，需根据膨胀土的性质和设计要求精确确定。在改良土施工时，要确保石灰与土充分混合，可采用机械搅拌或人工搅拌的方式，保证搅拌的均匀性。例如，在某道路工程中，对膨胀土路基采用石灰改良土法，先将石灰粉均匀撒在膨胀土上，然后用挖掘机或搅拌机进行反复搅拌，使石灰与土充分反应。水泥也可作为固化剂，水泥遇水后发生水化反应，生成的水化产物与土颗粒相互胶结，提高了土体的强度和稳定性，降低了胀缩性。水泥的掺入量一般在8%~12%之间，施工过程中同样要注意搅拌均匀和控制含水量。桩基法适用于处理较厚的膨胀土层或对地基稳定性要求较高的工程，采用桩基础将上部荷载传递到下部稳定土层，可避免膨胀土胀缩对基础的影响。对于预制桩，可采用钢筋混凝土预制桩或预应力混凝土预制桩，其桩身强度高，能够有效抵抗膨胀土的侧压力。在沉桩过程中，要注意控制桩的垂直度和入土深度，确保桩身质量。灌注桩也是常用的桩型，如钻孔灌注桩、挖孔灌注桩等。在灌注桩施工时，要保证混凝土的配合比准确、浇筑连续，防止出现断桩、缩颈等质量问题。例如，在某高层建筑位于膨胀土地基的项目中，采用钻孔灌注桩，桩长根据下部稳定土层的深度确定，通过将桩穿越膨胀土层，将上部荷载传递到稳定土层，有效解决了因膨胀土胀缩导致的基础沉降问题。在计算桩的侧摩阻力和负摩阻力时，要充分考虑膨胀土的胀缩情况，合理确定桩的承载力。土工合成材料加固法利用土工合成材料的特性来增强地基的稳定性，土工格栅是常用的土工合成材料之一，其具有较大的抗拉强度和与土的摩擦力。在膨胀土地基上铺设土工格栅时，将格栅按一定间距和方向铺设在土层中，然后在格栅上填土并压实。土工格栅与土形成一个整体，能够有效约束膨胀土的变形，提高地基的承载力。土工格栅的铺设层数和间距要根据膨胀土的性质和工程要求确定，一般铺设 2~3 层，间距在 0.5~1m 之间。土工膜则主要用于隔离膨胀土与外界水分，减少含水量变化。在地基表面铺设土工膜，可有效降低地基土含水量的波动，减少土体胀缩变形。土工膜的铺设要注意拼接严密，避免出现漏洞。防水保湿法是控制膨胀土含水量变化的重要措施。设置完善的排水系统，在场地周边设置截水沟，拦截地表水，防止其流入场地浸湿地基土。截水沟的尺寸和坡度要根据当地的降雨量和地形条件合理设计，确保排水顺畅。在场地内部，设置纵横交错的排水明沟或暗管，便于将雨水迅速排出。同时，在地基表面铺设隔水层，减少水分蒸发和下渗。可选用土工膜、防水卷材等材料作为隔水层。在一些膨胀土地基处理项目中，通过铺设隔水层和完善排水系统，有效控制了地基土含水量的变化，减少了土体胀缩变形。

四、监测维护要点

在膨胀土地基处理完成后，有效的监测与维护是确保地基长期稳定、保障工程安全的重要环节。鉴于膨胀土的特殊胀缩特性，需从多方面进行重点关注。监测内容涵盖多个关键方面，首要的是地基土含水量监测。含水量是引发膨胀土胀缩的核心因素，需密切关注其变化。在地基不同深度设置多个含水量监测点，一般设置在地表下 0.5m、1.0m、2.0m 等位置。采用电阻式含水量传感器或中子水分仪等设备进行定期检测。通过长期监测，掌握含水量的季节性变化规律以及受降水、地下水位等因素影响的情况。例如，在雨季来临前，加密监测频率，及时了解含水量的上升趋势，以便采取相应措施。地基变形监测也至关重要，通过在建筑物基础、周边地面等位置设置沉降观测点和位移观测点，定期使用水准仪、全站仪等进行测量。沉降观测点可布置在建筑物的角点、中点及沉降缝两侧等部位，位移观测点则设置在地基边缘和可能产生位移的部位。观测频率根据工程的重要性和地基的稳定性确定。在工程竣工初期，每个月观测 1~2 次；随着时间的推移，若地基变形趋于稳定，可适当降低观测频率，但仍需保持一定的监测周期，如每季度或每半年观测一次。通过监测沉降和位移数据，分析地基是否出现不均匀变形，及时发现潜在的安全隐患。建筑物结构监测同样不容忽视。定期对建筑物的墙体、梁、柱等结构构件进行检查，观察是否出现裂缝、倾斜等异常情况。对于墙体裂缝，要测量裂缝的长度、宽度和深度，并记录其发展趋势。可采用裂缝观测仪进行精确测量。对于梁、柱等构件，通过测量其挠度、垂直度等指标，判断结构的承载力和稳定性。例如，在某膨胀土地基上的建筑物，通过定期对墙体裂缝的监测，发现裂缝在雨季有明显扩展趋势，及时采取了加固措施，避免了结构破坏的进一步发展。在监测方法上，除了上述仪器测量，还可采用远程监测系统。利用传感器将监测数据实时传输到监控中心，实现 24 小时不间断监测。通过数据分析软件对大量监测数据进行处理和分析，及时发现数据的异常变化。例如，当含水量超过设定的警戒值或地基变形速率突然增大时，系统自动发出警报，提醒相关人员及时处理。同时，可结合卫星遥感技术，对大面积的膨胀土地基进行宏观监测，了解地基的整体变形情况。维护要点涉及多个方面。对于排水系统，要定期清理排水明沟、暗管和检查井，清除其中的杂物和淤泥，确保排水畅通。检查排水管道是否有破损、渗漏等情况，如有问题，要及时修复。在雨季来临前，对排水系统进行全面检查和维护，保证其在强降雨时能够正常运行。对于隔水层，如土工膜、防水卷材等，要定期检查是否有破损、老化等现象，若发现隔水层有漏洞，要及时进行修补或更换。例如，在某膨胀土地基处理项目中，通过定期检查土工膜，发现一处因施工机械碾压导致的破损，并对其及时进行了补丁修复，避免了水分渗入地基。对于采用改良土法处理的地基，要定期检测改良土的强度和胀缩性。通过现场取样进行室内土工试验，测定改良土的无侧限抗压强度、膨胀率等指标。若发现改良土的强度降低或胀缩性增大，要及时分析原因，采取相应的补救措施，如重新添加固化剂进行搅拌或对地基进行加固处理。对于桩基础，要检查桩身是否有损坏、倾斜等情况。可采用低应变法检测桩身的完整性，对于重要的桩基础，还可采用钻芯法检测桩身混凝土的强度和质量。在监测过程中，若发现地基出现异常情况，如地基变形过大、建筑物结构出现严重裂缝等，需采取应急处理措施。对于地基变形过大的情况，可根据具体情况采取地基加固措施，如在建筑物周边增设锚杆静压桩，通过桩的承载力分担部分上部荷载，减小地基的变形。对于建筑物结构裂缝，可采用压力灌浆法进行修补，将高强度的灌浆材料注入裂缝中，增强结构的整体性。同时，要对建筑物进行临时封闭，疏散人员，确保其安全。

第四节　多年冻土地基处理

一、冻土工程性质

多年冻土的工程性质对寒区工程建设具有决定性影响。深入了解多年冻土的特性，是进行多年冻土地基处理及保障工程安全稳定的基础。从物理性质来看，多年冻土的含水量因含冰而呈现特殊状态。其含水量除了土颗粒间的自由水和结合水，还包含大量以冰的形式存在的固态水。一般情况下，多年冻土的含水量在 10%~50%之间，含冰量高的区域，含水量甚至可达 80%。这使得多年冻土的密度与普通土有所不同，在冻结状态下，由于冰的密度小于水，冻土的密度相对较小，一般在 1.8~2.2g/cm³ 之间。多年冻土的孔隙比较大，通常在 0.8~1.5 之间，这是因为冰在土体孔隙中占据一定空间，导致孔隙结构发生改变。例如，在我国东北某多年冻土区进行地质勘察时发现，该区域多年冻土的含水量高达 40%，孔隙比达到 1.2，这对工程建设中的地基稳定性提出了严峻的挑战。在力学性质方面，多年冻土在冻结状态下表现出较高的强度。其抗压强度一般在 0.5~5MPa 之间，这主要得益于冰对土颗粒的胶结作用。当温度低于 0℃时，冰将土颗粒紧密胶结在一起，形成相对稳定的结构，使其能够承受较大的压力。然而，多年冻土的抗剪强度相对较低，内摩擦角一般在 10°~25°之间，黏聚力在 10~50kPa 之间。这是因为冰的胶结作用在抵抗剪切力方面相对较弱，在受到剪切力作用时，土体更容易发生滑动。当多年冻土融化时，其强度急剧下降，抗压强度可能降至 0.1~0.5MPa，抗剪强度也随之大幅降低，这对工程结构的稳定性构成极大威胁。在一些高寒地区的建筑物基础设计中，必须充分考虑多年冻土融化后强度降低的情况，以确保建筑物的安全。多年冻土的热学性质也是其重要的工程特性。多年冻土的导热系数是衡量其热量传递能力的关键指标，一般在 1.5~3.5W/（m·K）之间。导热系数的大小与土的颗粒组成、含水量、含冰量等因素有关。土颗粒越粗，含冰量越高，导热系数越大。例如，在砂质多年冻土中，由于砂颗粒较大，且含冰量相对较高，其导热系数可达 3.0W/（m·K）左右。多年冻土的比热容与普通土不同。在冻结状态下，其比热容一般在 1.5~2.5kJ/（kg·K）之间，这是因为冰的比热容相对较大，使得多年冻土在吸收或释放热量时，温度变化相对缓慢。在寒区工程建设中，了解多年冻土的热学性质对于采取合理的保温、降温措施至关重要。冻胀融沉是多年冻土的显著特性。当多年冻土中的水分冻结成冰时，体积会膨胀约 9%，从而产生冻胀力。冻胀力的大小与含水量、冻结速度、土颗粒组成等因素有关。在含水量较高、冻结速度较快的情况下，冻胀力可达到较大数值，对建筑物基础产生向上的抬升作用。例如，在一些采用浅基础的建筑物中，由于多年冻土的冻胀作用，基础可能出现明显的上抬，导致建筑物出现墙体开裂、地面隆起等问题。而当多年冻土融化时，冰转化为水，土体体积收缩，产生融沉现象。融沉量的大小与含冰量密切相关：含冰量越高，融沉量越大。在一些寒区道路工程中，由于多年冻土的融沉，路面可能出现塌陷、坑洼等现象，影响道路的正常使用。多年冻土的工程性质受多种因素影响，温度是最关键的因素，温度的微小变化可能导致冻土状态的改变，从而引起其物理、力学和热学性质的变化。例如，当温度从-5℃升高到-2℃时，多年冻土中的部分冰可能开始融化，导致其强度降低、压缩性增大。土颗粒组成也对多年冻土的性质有重要影响。粗颗粒土（如砂土）的透水性好，在冻结过程中水分迁移相对较快，冻胀融沉现象相对较弱；而细颗粒土（如黏性土）的透水性差，水分迁移困难，冻胀融沉现象相对严重。含水量和含冰量的多少直接决定了多年冻土的冻胀融沉程度以及强度、热学性质等。此外，外部荷载的作用也会影响多年冻土的变形和稳定性。在多年冻土地基处理中，必须充分考虑多年冻土的工程性质。针对其冻胀融沉特性，采取有效的保温、排水等措施，控制温度变化和水分迁移，减少冻胀融沉对工程的影响。根据多年冻土的力学性质，合理设计基础形式和尺寸，确保工程结构能够承受多年冻土在不同状态下的作用力。通过深入了解多年冻土的工程性质，并采取针对性的处理措施，能够有效保障寒区工程建设的安全性与稳定性。

二、设计方法要点

在多年冻土地基上进行工程设计，需精准把握设计要点，以应对多年冻土复杂的工程性质，确保工程长期稳定与安全。保持多年冻土冻结状态是一种常见的设计思路。鉴于多年冻土在冻结状态下具有较高的强度和较低的压缩性，通过一系列措施维持其冻结状态，能有效保障地基稳定性。在设计中，合理选择保温材料至关重要。例如，可选用聚苯乙烯泡沫板，其具有良好的保温性能，导热系数一般在 $0.03 \sim 0.04 W/(m \cdot K)$ 之间。根据当地气候条件和冻土温度，确定保温材料的铺设厚度（一般在 $0.5 \sim 1.5m$ 之间）。在铺设保温材料时，要确保拼接严密，避免热量侵入。在某寒区的桥梁建设中，桥基下的多年冻土地基采用了 $1m$ 厚的聚苯乙烯泡沫板进行保温，有效防止了冻土融化，保证了桥梁基础的稳定性。热棒技术在保持冻土冻结状态的设计中应用广泛。热棒利用氨的气液两相转换原理，将地基中的热量传递到大气中。在多年冻土地基中按一定间距插入热棒，热棒的下端埋入冻土层中，上端暴露在空气中。热棒的间距需根据冻土的热物理性质和工程要求合理确定，一般在 $2 \sim 5m$ 之间。在设计热棒布置方案时，要充分考虑地基的受力情况和热传递的均匀性。例如，在一条穿越多年冻土区的公路路基设计中，每隔 $3m$ 插入一根热棒，有效降低了冻土温度，防止了路基因冻土融化而产生沉降。对于一些对变形要求极高的工程，如高速铁路的路基，可采用桩基础将上部荷载传递到稳定的冻土层或基岩上。桩基础的设计要充分考虑多年冻土的冻胀力和融沉力。在计算桩侧摩阻力时，需考虑冻土在不同状态下的力学性质变化。当冻土处于冻结状态时，桩侧摩阻力较大；当冻土融化时，桩侧摩阻力会显著降低，甚至可能产生负摩阻力。在设计桩长和桩径时，要综合考虑上部荷载大小、冻土的厚度和性质等因素，确保桩基础能够稳定承载上部结构。还有一种设计思路是允许多年冻土在一定条件下融化的。在某些情况下，保持多年冻土冻结状态的成本过高或难以实现，此时可采用允许融化的设计方法。在设计中，要对冻土融化后的地基变形进行精确预测。通过现场勘察和室内试验，获取冻土的物理力学参数，利用数值模拟软件，如有限元分析软件，模拟冻土融化过程及其对地基变形的影响。根据模拟结果，合理设计基础形式和尺寸。例如，对于融化后可能产生较大沉降的地基，可采用筏板基础或箱形基础，提高基础的整体性和刚度，以抵抗不均匀沉降。在允许冻土融化的设计中，排水系统的设计至关重要。冻土融化后会产生大量水，若不及时排出，会进一步加剧地基的变形。在地基周边设置排水明沟或暗管，将融化水迅速排出。排水明沟的深度和宽度要根据预计的融水量和地形条件确定，一般深度在 0.5~1m 之间，宽度在 0.3~0.5m 之间。暗管则要选择合适的管径和材质，保证排水能力。同时，在地基表面设置隔水层，如土工膜，防止地表水渗入地基，加速冻土融化。在多年冻土地基处理的设计中，还需综合考虑环境因素。避免在冻土融化季节进行大规模施工，以减少对冻土的扰动。若必须在此时施工，则要采取有效的保温和降温措施，防止冻土提前融化。在工程建设过程中，要注意保护周边的生态环境，避免因工程活动破坏多年冻土的热平衡。例如，在开挖基坑时，要采取支护措施，减少土体的暴露面积和时间，防止热量传入冻土。施工可行性和经济性也是设计中不可忽视的要点，设计方案要便于施工操作，确保施工质量。在选择地基处理方法时，要结合当地的施工技术水平和设备条件。例如，某些地区可能缺乏大型的热棒施工设备，在设计时应避免采用过于复杂的热棒布置方案。同时，要对不同的设计方案进行成本对比分析，包括材料费用、施工费用、后期维护费用等。在满足工程安全要求的前提下，选择兼具经济性和合理性的设计方案。

三、保护措施实施

在多年冻土地基处理过程中，实施有效的保护措施是确保地基稳定、工程安全以及生态环境不受破坏的关键。这些措施涵盖施工过程、运营阶段以及环境保护等多个方面。在施工过程中，合理安排施工时间是首要的保护措施。应尽量避免在冻土融化季节进行大规模施工。因为冻土的热稳定性较差，施工活动易引发冻土的过早融化。若必须在此时施工，需采取特殊的保温和降温措施。例如，在开挖基础时，可在基坑周边设置保温帷幕，采用聚苯乙烯泡沫板或聚氨酯泡沫板等材料，将基坑与外界环境隔离，减少热量传入。同时，可利用冷水循环系统对基坑底部进行降温，保持冻土的低温状态。在某寒区建筑施工中，通过设置保温帷幕和冷水循环降温系统，成功在冻土融化季节完成了基础施工，且未对周边冻土造成明显影响。施工过程中的保温措施至关重要，对于采用保温材料处理的地基，要严格把控保温材料的铺设质量。保温材料的拼接必须严密，可采用专用的胶黏剂或焊接技术进行拼接。在铺设过程中，要避免保温材料被划破或损坏，如有破损，应及时进行修补。例如，在铺设聚苯乙烯泡沫板时，使用宽幅的板材，减少拼接缝数量，同时在拼接缝处粘贴密封胶带，确保保温效果。对于热棒的安装，要确保热棒垂直插入地基，且插入深度符合设计要求。在热棒安装完成后，要进行密封性检测，防止热棒内部的氨气泄漏。减少对冻土的扰动也是施工中的关键保护措施。在土方开挖过程中，应采用合适的施工机械和方法，避免过度扰动冻土。例如，采用小型挖掘机配合人工挖掘的方式，减少大型机械的振动对冻土的影响。在运输材料和设备时，要避免在冻土上随意行驶，可铺设临时的垫板或便道，以减少对冻土表面的破坏。在某多年冻土区的管道铺设工程中，施工人员在运输管道时，在冻土表面铺设了木板便道，有效减少了对冻土的扰动。在工程运营阶段，监测系统的建立和维护是重要的保护措施。设置温度监测点，在地基不同深度安装热敏电阻温度传感器，定期测量冻土温度。一般在地表下 0.5m、1.0m、2.0m 等位置设置监测点，通过数据采集系统实时记录温度变化。同时，设置变形监测点，在建筑物基础、周边地面等位置布置沉降观测点和位移观测点，使用水准仪、全站仪等测量仪器定期测量。根据监测数据，及时发现冻土温度异常升高或地基变形过大等问题。例如，当监测到冻土温度接近 0℃时，及时采取加强保温的措施，如增加保温材料覆盖厚度或启动备用的加热设备，防止冻土融化。对排水系统的维护也是运营阶段的关键，定期清理排水明沟和暗管，清除其中的杂物和淤泥，确保排水畅通。检查排水管道是否有破损、渗漏等情况，如有问题要及时修复。在雨季来临前，对排水系统进行全面检查和维护，保证其在大量融水产生时能够正常运行。例如，每年春季，在冻土开始融化之前，对排水系统进行一次彻底的清理和检修，确保排水能力满足要求。在环境保护方面，要避免工程活动对周边生态环境的破坏。在施工和运营过程中，尽量减少对植被的破坏。对于因施工需要砍伐的植被，应在工程结束后及时进行补种。例如，在某寒区公路建设中，施工单位在施工结束后，对沿线砍伐的植被进行了补种，并设置了专门的养护人员进行管理，促进了植被的恢复。同时，要注意防止施工废弃物和污水对土壤和水体的污染。施工废弃物应集中收集和处理，污水应经过处理达标后再排放。在多年冻土区，土壤和水体的生态系统较为脆弱，一旦受到污染很难恢复。工程活动还应避免破坏多年冻土的热平衡，在建筑物周边，不要随意进行挖方、填方等活动，防止改变冻土的温度场。若必须进行此类活动，要进行详细的热工计算和分析，采取相应的保温或降温措施，确保冻土的热平衡不受影响。例如，在建筑物周边进行小型附属设施建设时，先对施工区域的冻土温度进行监测和分析，然后采取局部保温措施，保证施工过程中冻土温度稳定。

四、技术难点应对

多年冻土地基处理面临诸多技术难题，需精准分析并采取有效应对措施，以保障工程的安全稳定与环境友好。温度控制是首要技术难点。多年冻土对温度极为敏感，微小的温度波动都可能导致其状态改变。在施工过程中，机械作业产生的热量、太阳辐射等因素易使冻土温度升高。为解决这一问题，可采用主动降温技术。如在地基中埋设冷却管，通过循环冷却液带走热量，维持冻土低温。冷却管的布置需依据冻土的热物理性质和工程需求，一般按间距 $1 \sim 3m$ 呈网格状布置。在某寒区的大型建筑项目中，采用冷却管系统，有效避免了施工过程中冻土的温度上升，确保了地基的稳定性。在运营阶段，可利用智能温控系统，实时监测地基温度。当温度接近临界值时，自动启动保温或降温设备。例如，一些重要的基础设施工程，安装了基于热敏电阻传感器的智能温控系统，一旦监测到冻土温度异常，系统会自动调整保温材料的覆盖厚度或启动加热/制冷装置，保持冻土温度稳定。冻胀融沉是多年冻土地基处理的核心难题，冻胀会对基础产生向上的抬升力，融沉则导致基础下沉，两者均可能引发建筑物结构破坏。为应对冻胀，可在基础周边设置隔断层，采用中粗砂、砾石等透水性好的材料，阻止水分迁移至基础底部。隔断层的厚度一般在 0.3~0.5m 之间，且需压实处理。在某寒区桥梁基础设计中，通过设置隔断层，有效减少了冻胀力对基础的影响。对于融沉，可采用预融法。在施工前，对地基进行局部预融处理，让冻土提前完成部分融沉过程，再进行基础施工。预融范围和深度需根据地基的稳定性和工程要求确定，一般预融深度在 1~2m 之间。例如，在某公路路基建设中，采用预融法，有效降低了路基在运营过程中的融沉风险。施工扰动控制也是关键技术难点。施工过程中的机械振动、开挖等活动易破坏多年冻土的原有结构，影响其稳定性。在土方开挖时，优先采用静态破碎技术，减少振动对冻土的影响。对于大型基坑开挖，可采用分段、分层开挖方式，每开挖一段及时进行支护和保温处理。例如，在某大型建筑基坑开挖过程中，将基坑划分为多个区域，逐区开挖，并在开挖后立即铺设保温材料和进行支护，有效减少了施工扰动。在运输材料和设备时，采用履带式车辆或在车轮下铺设垫板，分散压力，减少对冻土表面的破坏。在某管道铺设工程中，施工车辆采用宽履带设计，并在行驶路线上铺设木板，降低了对冻土的扰动。材料选择与性能维持也是不容忽视的技术难点。在多年冻土地基处理中，保温材料、结构材料等需具备良好的低温性能。保温材料如聚苯乙烯泡沫板，在低温下易变脆，需选择抗低温性能好的产品。在选择产品时，应查看低温性能参数，确保其在当地最低气温下仍能保持良好的保温效果。对于结构材料，如混凝土，在低温下强度增长缓慢且易受冻害。可采用添加抗冻剂、提高水泥标号等方法，增强混凝土的抗冻性能。在某寒区桥梁建设中，混凝土中添加了适量抗冻剂，并提高了水泥标号，有效保障了混凝土在低温环境下的强度增长和耐久性。在多年冻土地基处理中，还需考虑环境保护与技术的协同。例如，在采取降温措施时，要确保冷却液不会对土壤和水体造成污染。可选用环保型冷却液，如丙二醇水溶液等。在进行预融法施工时，要合理规划融水排放路径，避免融水对周边环境造成冲刷和污染。某工程在施工中，设置了专门的融水收集和净化系统，将预融产生的融水收集起来，经过净化处理后再排放到指定地点，保护了周边的生态环境。

第七章　地基基础抗震设计

第一节　地震作用分析

一、地震特性参数

在地震作用分析里，地震特性参数是精准评估地震对地基基础影响的关键要素。这些参数从多个维度反映地震的特征，对地基基础抗震设计有着决定性意义。震级是描述地震释放能量大小的参数，是衡量地震规模的重要指标。震级通常采用里氏震级来表示，它与地震释放的能量呈对数关系。震级每增加一级，地震释放的能量约增加32倍。例如，5级地震释放的能量比4级地震高约32倍。震级直接影响地震作用的大小，较大震级的地震产生的地震波能量更强，对地基基础的作用力更大。在高震级地震中，地基可能产生强烈的振动和变形，导致基础破坏、建筑物倒塌等严重后果。在地震作用分析中，震级是确定地震影响系数的重要依据之一。地震影响系数反映了地震作用对结构的影响程度：随着震级的增大，地震影响系数相应增大。地震波频谱特性是另一个重要的地震特性参数，地震波包含多种频率成分，不同频率的地震波对地基基础的影响各不相同。地震波的卓越周期是频谱特性中的关键参数，是指地震波中能量最强的频率所对应的周期。当结构的自振周期与地震波的卓越周期相近时，会发生共振现象，导致结构的地震反应显著增大。例如，对于一栋自振周期为 1.5s 的高层建筑，如果地震波的卓越周期接近 1.5s，在地震作用下，该建筑的振动幅度会大幅增加，结构破坏的风险会显著提高。在地震作用分析中，需要准确获取地震波的频谱特性，通过对地震记录的频谱分析，确定卓越周期等参数，以便合理设计结构的自振周期，避免共振现象的发生。地震持续时间也是影响地震作用的重要参数。较长的地震持续时间意味着地基基础在较长时间内受到地震力的反复作用，这可能导致地基土的强度降低、变形累积。在软土地基中，长时间的地震作用可能使土体产生累积塑性变形，从而降低地基的承载力。例如，在某次地震中，地震持续时间长达数十秒，位于软土地基上的建筑物出现了明显的沉降和倾斜，这与地震持续时间较长导致地基土强度下降和变形累积密切相关。地震持续时间还会影响结构的动力响应，长时间的地震作用可能使结构进入非线性变形阶段，增加结构破坏的风险。在地震作用分析中，考虑地震持续时间对地基基础的累积效应，有助于更准确地评估结构在地震中的安全性。场地相关特性参数对地震作用分析也至关重要。场地土类型是其中之一，不同类型的场地土对地震波的传播和放大作用不同。坚硬场地土，如岩石、密实的碎石土等，地震波传播速度快，对地震波的放大作用较小；而在软弱场地土上，如淤泥、淤泥质土等，地震波传播速度慢，会显著放大地震波的幅值。场地的覆盖层厚度也会影响地震作用。覆盖层厚度越大，地震波在传播过程中的反射和折射次数越多，可能导致地震波的能量在覆盖层中聚集，从而增大对地基基础的作用。例如，在覆盖层厚度较大的地区，地震时建筑物受到的地震作用相对较大。场地的卓越周期同样是重要参数。它与场地土的性质和覆盖层厚度有关。场地的卓越周期与结构的自振周期相近，也会引发共振，增大结构的地震反应。在地震作用分析中，还有一些其他的地震特性参数需要考虑，如地震的震中距，即建筑物与震中的距离。震中距越小，地震作用越强，建筑物受到的破坏风险越大。地震的震源深度也会影响地震作用，浅源地震释放的能量相对集中在地表附近，对地基基础的影响相对较大；而深源地震的能量在传播过程中会有一定的衰减，对地表建筑物的影响相对较小。在进行地基基础抗震设计时，全面、准确地分析地震特性参数，包括震级、地震波频谱特性、地震持续时间、场地相关特性参数以及震中距、震源深度等，能够更精确地评估地震对地基基础的作用，为合理设计地基基础、提高建筑物的抗震性能提供科学依据。通过充分考虑这些参数，采取针对性的抗震设计措施，如调整结构自振周期、选择合适的场地、进行地基处理等，可以有效降低地震对建筑物的危害，保障人民生命财产安全。在实际工程中，需要借助地震监测数据、地质勘察资料以及先进的分析方法，准确获取和分析这些地震特性参数，确保抗震设计的科学性和可靠性。

二、地震作用计算

在地震作用分析中，地震作用计算是确定地基基础及上部结构在地震中受力状态的核心环节。科学准确的计算方法，能够为抗震设计提供可靠依据，保障建筑物在地震灾害中的安全。底部剪力法是一种常用且相对简便的地震作用计算方法，它适用于高度不超过40m、以剪切变形为主且质量和刚度沿高度分布比较均匀，以及近似于单质点体系的结构。其基本原理是将地震作用等效为作用于结构底部的水平剪力，然后按一定比例分配到各楼层。首先计算结构总水平地震作用标准值，即底部剪力 Φ_{Ek}，计算公式为 $\Phi_{Ek} = \alpha_1 \Gamma_{eq}$，其中 α_1 为相应于结构基本自振周期的水平地震影响系数，与地震的震级、场地类别、结构自振周期等因素相关。通过查阅抗震设计规范中的地震影响系数曲线，可根据结构的基本自振周期确定 α_1 的值。例如，对于某位于 II 类场地、抗震设防烈度为 7 度的建筑，其基本自振周期为 0.8s，通过查曲线可得 α_1 的值。Γ_{eq} 为结构等效总重力荷载，一般取结构总重力荷载代表值的 8596。确定底部剪力后，将其按倒三角形分布规律分配到各楼层，各楼层的水平地震作用标准值 $\overline{\Phi}_i$ 的计算公式为 $\overline{\Phi}_i = \sum_{j=1}^{n} T_j \Delta_j \Phi_{Ek}(1 - \delta_n)$，其中 T_j 为第 (j) 楼层的重力荷载代表值，Δ_j 为第 (j) 楼层的计算高度，δ_n 为顶部附加地震作用系数，对于不同类型的结构，(δ_n) 有相应的取值规定。在某多层办公楼的抗震设计中，采用底部剪力法计算各楼层的地震作用，为结构构件的设计提供了基础数据。振型分解反应谱法适用于底部剪力法适用范围以外的建筑结构，尤其是高层建筑和体形复杂的结构。该方法基于结构动力学原理，考虑结构的多个振型对地震作用的贡献。首先，通过结构动力学分析计算结构的自振周期（T_i 此处可考虑换成 τ_i）和振型（Φ_i）。计算自振周期的方法有能量法、迭代法等。对于简单结构，可采用近似公式计算自振周期。确定自振周期和振型后，根据抗震设计规范中的反应谱曲线，确定相应于各振型的水平地震影响系数（α_i）。各振型的水平地震作用标准值 Φ_{ji} 的计算公式为 $\Phi_{ji} = \alpha_i \gamma_i \Phi_{ji} \Gamma_j$，其中 γ_i 为第 i 振型的参与系数，Φ_{ji} 为第 i 振型在第 j 楼层的振型值，Γ_j 为第 j 楼层的重力荷载代表值。最后，通过平方和开方组合法（SRSS 法）或完全二次型方根法（CQC 法）将各振型的地震作用进行组合，得到结构的总地震作用。例如，对于某超高层建筑，采用振型分解反应谱法，考虑前 5 个振型的地震作用，通过 CQC 法组合计算，得到了准确的结构总地震作用，为结构设计提供了可靠依据。时程分析法是一种动力分析方法，能更真实地反映结构在地震作用下的动态响应。该方法通过输入实际地震记录或人工模拟地震波，对结构进行动力时程分析。首先，根据工程场地的地震地质条件，选择合适的地震波。地震波的选择应满足场地类别、设计地震分组、特征周期等要求。例如，对于某位于 Ⅲ 类场地、设计地震第一组的工程，选择相应特征周期的实际地震记录。其次，将选定的地震波输入结构动力分析模型中，利用结构动力学方程进行求解，得到结构在地震过程中的位移、速度、加速度等反应时程。在计算过程中，需考虑结构的非线性特性，如材料非线性、几何非线性等。对于一些重要的、复杂的建筑结构或对地震作用要求较高的工程，如大型桥梁、核电站等，常采用时程分析法进行补充计算，以验证其他计算方法的准确性。在地震作用计算中，除了水平地震作用，对于高烈度区的大跨度和长悬臂结构、高耸结构等，还需考虑竖向地震作用。竖向地震作用标准值 Φ_{Evk} 的计算可采用简化方法，一般取结构总重力荷载代表值的一定比例，如 7°、8° 和 9° 时，分别取 0.08、0.10 和 0.20。对于大跨度结构，竖向地震作用对结构的影响更为显著，需进行详细的计算。例如，在某大跨度桥梁的抗震设计中，通过准确计算竖向地震作用，考虑其与水平地震作用的组合，确保了桥梁结构在地震中的安全性。

三、地基基础地震反应

在地震作用分析中，深入了解地基基础的地震反应是进行有效抗震设计的关键。地震发生时，地震波从震源向四周传播，到达地基基础时，引发一系列复杂的反应，对建筑物的安全产生重大影响。当地震波传播至地基时，首先引起地基的振动。地震波包含体波和面波，体波又分为纵波和横波。纵波传播速度快，能使地基土颗粒产生上下振动；横波传播速度稍慢，能使地基土颗粒产生水平方向的振动。这两种波的叠加，导致地基土在地震作用下产生复杂的振动。例如，在一次地震中，通过地震监测仪器记录到地基土在纵波作用下，短时间内出现快速的上下位移，随后横波到达，引发明显的水平晃动。面波则主要在地基表面传播，其传播速度最慢，但振幅较大，对地基表面的影响更为显著。面波中的瑞利波使地基土表面质点做椭圆运动，勒夫波使地基本表面质点做水平横向振动。这些不同类型的地震波共同作用，使得地基土在地震时的振动呈现多方向、多频率运动的特点。地基土在地震作用下的响应与土的性质密切相关。对于坚硬的岩石地基，由于其刚度大、强度高，在地震作用下变形较小，能够较好地传递地震波，对上部结构的地震反应影响相对较小。例如，在基岩上建造的建筑物，在地震中通常表现出较小的振动幅度和位移。而对于软弱地基土，如淤泥、淤泥质土等，其刚度低、强度小，在地震作用下容易产生较大的变形。软弱土的颗粒间连接较弱，在地震波的振动作用下，容易发生相对位移，导致土体的整体变形增大。此外，软弱土的渗透性较差，在地震作用下产生的超孔隙水压力难以迅速消散，进一步降低了土体的抗剪强度，增加了地基的变形风险。在一些地震案例中，位于软弱地基上的建筑物出现了明显的沉降和倾斜，这与软弱地基土在地震作用下的大变形密切相关。基础在地震作用下的动力响应也是地基基础地震反应的重要部分，基础的类型对其动力响应有显著影响。浅基础，如独立基础、条形基础等，直接放置在地基表面或浅层土中，在地震作用下，基础与地基土之间的相互作用较为明显。当地基土发生振动时，浅基础容易受到地基土变形的影响，产生平移和转动。例如，在一次地震中，某建筑物的独立基础在地基土的水平振动作用下，出现了明显的水平位移和一定角度的转动，导致上部结构的受力状态发生改变。深基础，如桩基础，通过桩将上部荷载传递到深部稳定土层。在地震作用下，桩身会受到地基土的侧向力作用，同时桩与土之间存在相对位移。桩的长度、直径、桩间距以及桩身材料等因素都会影响桩基础的动力响应。例如，长桩在地震作用下，桩身的弯曲变形可能较为明显，而短桩则可能更多地表现为整体平移。地基液化是影响地基基础地震反应的特殊现象。在饱和砂土或粉土地基中，当受到地震作用时，土颗粒间的有效应力减小，孔隙水压力急剧上升。如果孔隙水压力超过土颗粒间的有效应力，土体就会失去抗剪强度，处于类似液体的状态，这就是地基液化。地基液化会导致地基承载力大幅下降，基础发生严重的沉降和不均匀沉降。例如，在某地震中，位于饱和粉土地基上的建筑物，由于地基液化，基础出现了大量沉降，部分区域沉降差达到几十厘米，导致建筑物墙体开裂、结构受损严重。在地震作用分析中，准确评估地基液化的可能性及其对地基基础的影响，对于保障建筑物的安全至关重要。地基与基础之间存在着复杂的相互作用，在地震作用下，地基土的变形会引起基础的运动，而基础的运动反过来会影响地基土的应力分布和变形。这种相互作用使得地基基础的地震反应更加复杂。例如，基础的刚度和质量会影响地基土的振动特性，刚性基础能够约束地基土的变形，使地基土的振动相对集中在基础底部附近；而柔性基础则可能与地基土产生更大的协同变形。同时，地基土的性质也会影响基础的动力响应，在软弱地基上的基础更容易受到地震作用的影响，产生较大的位移和内力。

四、地震作用影响因素

在地震作用分析中，地震作用的大小及其对建筑物的影响程度，受多种因素共同影响。全面了解这些影响因素，是准确评估地震作用、进行合理抗震设计的基础。地震自身特性是首要影响因素，震级直接关联地震释放能量的大小，对地震作用起着决定性影响。震级每增加一级，地震释放能量呈指数级增长，约为前一级的 32 倍。高震级地震所产生的地震波能量强大，能引发强烈地面运动，导致建筑物承受巨大地震力。例如，7 级地震释放的能量远超 5 级地震，在相同场地条件与建筑结构下，7 级地震对建筑物的破坏力明显更强。地震的震源深度也至关重要。浅源地震震源深度通常在 70km 以内，由于能量释放距离地表较近，传递到地面时能量衰减较少，对地面建筑物冲击大。而深源地震震源深度可达 300~700km，能量在长距离传播中不断耗散，到达地面时强度减弱，对建筑物的影响相对较小。在某地区，一次浅源 6 级地震造成当地建筑物大面积严重受损，而在另一个地区发生的同等震级深源地震，造成的建筑物受损程度则相对较轻。地震波的频谱特性同样不可忽视，地震波包含多种频率成分，不同频率的地震波对建筑物影响各异。其中，卓越周期是关键参数，代表地震波中能量最强的频率所对应的周期。当建筑物自振周期与地震波卓越周期相近时，会引发共振现象。共振使建筑物振动幅度急剧加大，地震作用显著增强，建筑物遭受破坏的风险大增。例如，某自振周期为 1.2s 的高层建筑，若遭遇卓越周期接近 1.2s 的地震波，其振动和破坏程度将远超其他情况。场地条件对地震作用影响显著。场地土类型是重要因素，不同类型场地土对地震波传播与放大作用差别很大。坚硬场地土，如岩石、密实碎石土，地震波传播速度快，对地震波放大作用小，建筑物在这类场地上所受地震作用相对较小。在岩石地基上建造的房屋，地震时受地震作用影响相对较轻。而在软弱场地土，如淤泥、淤泥质土，地震波传播速度慢，会大幅放大地震波幅值，建筑物所受地震作用明显增强。在某次地震中，处于软弱场地土区域的建筑物，损坏程度远高于位于坚硬场地土区域的建筑。场地覆盖层厚度也影响地震作用。覆盖层厚度越大，地震波在其中传播时反射、折射次数增多，导致能量在覆盖层内聚集，从而增强了对建筑物的地震作用。在覆盖层较厚地区，建筑物在地震中所受作用更强，破坏风险更高。此外，场地的卓越周期由场地土性质与覆盖层厚度决定，若与建筑物自振周期接近，同样会引发共振，增强地震作用。地基基础与上部结构特征也深刻影响地震作用，地基的刚度和变形特性至关重要，刚性地基能限制地基土变形，使地震作用相对集中在基础底部附近，对上部结构影响相对较小。而柔性地基与地基土协同变形程度大，会放大地震作用对上部结构的影响。在地震中，刚性地基上的建筑物反应相对较小，柔性地基上的建筑物则可能产生较大位移和内力。基础类型不同，对地震作用传递与抵抗能力不同，浅基础如独立基础、条形基础，与地基土相互作用明显。当地基土振动时，浅基础易受影响产生平移和转动，将地震作用传递给上部结构。深基础如桩基础，通过桩将荷载传至深部稳定土层，在地震作用下，桩身受地基土侧向力，桩与土有相对位移。桩的长度、直径、桩间距及桩身材料等因素，均影响桩基础对地震作用的抵抗和传递。上部结构的质量分布、刚度分布和自振周期，对地震作用影响显著。质量分布不均匀的结构、质量大的部位，在地震时产生惯性力大，地震作用相应增大。刚度分布不均匀的结构，地震时易产生扭转效应，部分部位地震作用增强。而当结构自振周期与地震波卓越周期接近时，会因共振导致地震作用剧增。例如，某建筑上部结构质量和刚度分布不均匀，且自振周期与当地常见地震波卓越周期相近，在地震中遭受严重破坏。地震作用受地震自身特性、场地条件以及地基基础与上部结构特征等多方面因素的综合影响。在地震作用分析和抗震设计中，需全面考量这些因素，通过选择有利场地、优化地基基础与上部结构设计等措施，有效降低地震作用对建筑物的不利影响，提高建筑物的抗震性能，保障人民生命财产安全。在实际工程中，借助地质勘察、地震监测等手段获取准确数据，运用科学分析方法评估各因素的影响，为抗震设计提供科学依据。

第二节 地基土抗震承载力

一、承载力调整

在地基基础抗震设计中，对地基土抗震承载力进行调整是确保建筑物在地震作用下安全稳定的关键环节。这一调整基于多方面因素考量，旨在使地基土的承载力能更好地适应地震工况。对地基土抗震承载力进行调整，首要原因在于地震作用的特殊性。地震力具有明显的动力特性，其作用时间短暂却极为强烈，且呈现反复作用的特点。在地震发生时，地基土所承受的荷载与正常使用情况下的静荷载截然不同。这种动荷载会使地基土产生快速的应力应变变化，导致地基土的力学性能发生改变。例如，在地震波的冲击下，地基土的颗粒结构可能瞬间被打乱,抗剪强度出现波动。因此,若直接采用常规的地基承载力标准,无法准确反映地基土在地震作用下的实际承载力,必须进行调整以适应地震工况。调整依据主要来源于对地基土类型、地震特性以及建筑物抗震要求的综合分析。地基土的类型是重要依据之一。不同类型的地基土,其物理力学性质差异显著,抗震性能也大相径庭。坚硬的岩石地基,颗粒间联结牢固,在地震作用下变形微小,抗震性能较强,其抗震承载力调整幅度相对较小。而软弱的黏性土,如淤泥、淤泥质土,颗粒细小且含水量高,在地震作用下极易产生较大变形和孔隙水压力,导致抗剪强度降低,抗震承载力不足。这类地基土的抗震承载力调整幅度通常较大。例如,在某地区的工程中,岩石地基的抗震承载力调整系数可能取1.2,而同一地区的淤泥质土地基,调整系数可能高达1.5甚至更高。地震的特性包括震级、震源深度和地震波频谱特性等,也对承载力调整起着关键作用。震级越大,地震释放的能量越多,地面运动越剧烈,地基土所承受的地震力也就越大。在高震级地震作用下,地基土的抗震承载力需要大幅调整,以确保其能承受强大的地震荷载。震源深度同样影响调整幅度。浅源地震的能量释放距离地表近,对地基土的冲击更为强烈,相应地,地基土抗震承载力的调整幅度更大。在地震波的频谱特性方面,当建筑物的自振周期与地震波的卓越周期相近时,会引发共振现象,导致地基土受到的地震作用显著增强。此时,为保证建筑物安全,必须对地基土的抗震承载力进行适当调整。建筑物的抗震设防要求也是调整的重要依据,不同抗震设防类别的建筑物,对地基土抗震承载力的要求也不同。对于甲类建筑的抗震设防标准要求极高,为确保在地震中万无一失,对地基土抗震承载力的调整更为严格,需充分考虑各种不利因素,提高其抗震承载力。而对于丙类建筑的抗震设防要求相对较低,地基土抗震承载力的调整幅度相对较小,但仍需满足基本的抗震安全要求。在调整方法上,主要通过调整地基土抗震承载力的计算公式和相关参数来实现。在我国的建筑抗震设计规范中,通常采用将地基土的静承载力特征值乘以一个抗震承载力调整系数的方法。抗震承载力调整系数的取值根据地基土类型、基础类型以及建筑物的抗震设防类别等因素确定。例如,对于天然地基上的浅基础，当基础持力层为岩石时，抗震承载力调整系数可能为 1.1~1.3；当持力层为一般黏性土时，调整系数可能在 1.3~1.5 之间。通过合理选取调整系数，能够在考虑地震作用的情况下，较为准确地确定地基土的抗震承载力。除了调整系数，还可通过改变地基土的物理力学性质来调整其抗震承载力。例如，对于软弱地基土，采取地基加固措施，如强夯法、换填垫层法等，提高地基土的密实度和强度，从而提升其抗震承载力。在强夯处理后，地基土的标准贯入锤击数增加，其抗震承载力相应提高，此时在计算抗震承载力时，可根据加固后的地基土性质，对相关参数进行调整，以反映实际的承载力提升情况。对地基土抗震承载力调整后的效果进行评估至关重要，可通过现场监测和数值模拟等方法进行。在工程现场设置监测点，监测地震作用下地基土的变形、应力等参数，与调整前的预期值进行对比。若地基土的变形在允许范围内，应力分布合理，说明承载力调整效果良好。在数值模拟方面，可利用有限元分析等软件，建立调整后的地基土和建筑物模型，输入地震波等参数，模拟地震作用过程。通过对比模拟结果与设计要求，判断地基土抗震承载力调整是否满足建筑物的抗震安全需求。例如，在模拟中，若建筑物在地震作用下的位移、内力等指标均在设计允许范围内，表明地基土抗震承载力的调整达到了预期效果。

二、液化地基处理

在地基土抗震承载力范畴内，液化地基处理是保障建筑物在地震中安全稳定的关键环节。液化现象对地基土抗震性能影响极大，需采取针对性措施予以处理。液化地基的形成源于特定的地基土条件与地震作用，在饱和砂土或粉土地基中，土颗粒间由孔隙水填充。地震发生时，地震波的强烈振动使土颗粒间产生相对位移，原本紧密排列的颗粒结构被打乱，孔隙体积减小。由于孔隙水在短时间内难以排出，孔隙水压力迅速上升。当孔隙水压力上升至与土颗粒间的有效应力相等甚至超过有效应力时，土颗粒间的摩擦力和咬合力大幅降低，地基土失去抗剪强度，呈现出类似液体的流动状态，此即地基液化。例如，在某次地震中，位于饱和粉土地基上的建筑物周边地面出现喷砂冒水现象，这是地基液化的典型表现，地基土的这种状态严重威胁到建筑物的安全。振冲碎石桩法是处理液化地基常用且有效的方法。其原理是利用振冲器在地基中造孔，通过高压水流将土体冲散，形成桩孔。随后，向桩孔内填入碎石，并利用振冲器的振动将碎石振密，形成具有较高强度和排水性能的碎石桩。碎石桩与周围未液化的土体形成复合地基，有效增强了地基的抗液化能力。在施工过程中，振冲器的功率、造孔深度和间距等参数至关重要。一般来说，对于砂土液化地基，振冲器功率常选用75kW左右，造孔深度需根据液化土层厚度确定，确保穿透液化层，桩间距一般在1.5~2.5m之间，以保证碎石桩能均匀分布，有效改善地基土的性能。挤密砂桩法同样广泛应用于液化地基处理，该方法通过专用设备将砂桩打入地基土中，在打桩过程中，对周围土体产生强大的挤密作用，使土体颗粒重新排列，孔隙率降低，密实度增加。同时，砂桩本身具有良好的透水性，能在地震时起到排水通道的作用，加速孔隙水压力的消散，从而提高地基的抗液化能力。在某工程中，针对饱和粉土液化地基，采用直径为0.5m的砂桩，桩间距控制在1.8m，按等边三角形布置。施工完成后，经检测，地基土的密实度显著提高，标准贯入锤击数增加，有效降低了地基液化的风险。强夯法也是处理液化地基的重要手段。在强夯过程中，单点夯击能、夯击次数和夯击遍数等参数需根据地基土的性质和液化程度合理确定。对于一般的液化砂土，单点夯击能可选用2000~4000kN·m，夯击次数通常为8~12次，夯击遍数一般为2~3遍。在某地区的工程中，对液化地基采用强夯法处理，经过2遍夯击后，地基土的干密度明显增加，液化判别标准贯入锤击数达到设计要求，地基的抗液化能力得到极大提升。换填垫层法适用于浅层液化地基处理。换填材料的选择和施工质量直接影响处理效果。灰土一般采用石灰与土按一定比例（如2∶8或3∶7）混合，经过充分搅拌和夯实，形成具有较高强度和稳定性的垫层。砂石换填时，应选用级配良好的中粗砂和碎石，分层铺设并夯实，每层厚度不宜超过30cm，以确保换填层的密实度。在某小型建筑工程中，对浅层液化地基采用换填灰土的方法，换填深度为1.5m，换填后地基的抗震承载力得到有效提高，满足了建筑物的抗震要求。在处理液化地基后，对处理效果进行评估至关重要。可通过标准贯入试验、静力触探试验等原位测试方法，检测地基土的密实度和抗剪强度是否达到设计要求。标准贯入试验通过测定地基土的标准贯入锤击数，与液化判别标准进行对比，判断地基土是否仍存在液化的可能。静力触探试验则通过测量探头贯入地基土时的阻力，评估地基土的力学性质改善情况。同时，可采用数值模拟方法，建立处理后的地基和建筑物模型，输入地震波等参数，模拟地震作用下地基的响应，判断地基的抗液化能力是否满足建筑物的抗震安全需求。例如，在模拟中，若地基在地震作用下的变形和孔隙水压力均在允许范围内，说明液化地基处理效果良好。

三、抗震验算方法

在地基土抗震承载力设计中，抗震验算方法是确保地基在地震作用下满足安全要求的核心手段。通过科学合理的验算，能准确评估地基的抗震性能，为工程设计提供可靠依据。抗震验算涵盖多项关键内容，首先是地基承载力验算，需确保在地震作用下，地基土所承受的荷载不超过其抗震承载力。这要求准确计算作用于地基上的地震作用效应，包括水平地震作用和竖向地震作用产生的效应。对于一般建筑，主要考虑水平地震作用；但对于高烈度区的大跨度和长悬臂结构、高耸结构等，还需考虑竖向地震作用。在计算地震作用效应时，要依据地震作用计算方法，如底部剪力法、振型分解反应谱法或时程分析法，结合建筑结构的特性和场地条件，确定作用于地基的地震力大小和分布。地基变形验算也是重要内容，在地震作用下，地基可能产生沉降、倾斜等变形，若变形过大，将影响建筑物的正常使用甚至导致结构破坏。在进行变形验算时，需根据地基土的类型和特性，选择合适的变形计算方法。对于黏性土地基，可采用分层总和法计算沉降；对于砂土地基，可考虑采用弹性力学方法估算变形。同时，要结合建筑物的允许变形值，判断地基变形是否在可接受范围内。例如，对于高层建筑，其整体倾斜的允许值通常有严格的规定，在抗震验算中需确保地震作用下的倾斜不超过该值。地基稳定性验算同样不可或缺，在地震作用下，地基可能发生整体滑动、局部剪切破坏等失稳现象。对于斜坡地基或存在软弱下卧层的地基，稳定性验算尤为重要。在验算过程中，常采用极限平衡法，如瑞典条分法、毕肖普法等，计算地基在地震力和其他荷载作用下的稳定性系数。若稳定性系数小于规定的安全系数，表明地基存在失稳风险，需采取相应的加固措施。抗震验算方法主要分为静力法和动力法。静力法是将地震作用等效为静力荷载，作用于地基上进行验算。在这种方法中，地震作用（通常以水平地震系数或竖向地震系数的形式表示）乘以建筑物的重力荷载代表值，就得到等效静力荷载。静力法计算相对简单，适用于对抗震要求不高的小型建筑或初步设计阶段。例如，在某乡村小型住宅的抗震设计中，采用静力法进行地基抗震验算，根据当地的抗震设防烈度确定地震系数，快速评估地基的抗震承载力。动力法考虑了地震作用的动力特性，通过建立地基和建筑物的动力模型，对地震作用下的响应进行分析。动力法包括反应谱法和时程分析法。反应谱法基于地震反应谱理论，根据结构的自振周期和阻尼比，确定地震作用的大小。该方法适用于大多数建筑结构的抗震验算，计算相对简便且能较好地反映地震作用的动力特性。时程分析法是直接输入实际地震记录或人工模拟地震波，对地基和建筑物进行动力时程分析，得到结构在地震过程中的位移、速度、加速度等反应时程。时程分析法能更真实地反映结构在地震作用下的动态响应，但计算量较大，通常用于重要的、复杂的建筑结构或对地震作用要求较高的工程。对于不同类型的地基土，抗震验算的要点有所不同。对于坚硬岩石地基，因其强度高、变形小，在抗震验算中主要关注地基承载力是否满足要求。由于岩石地基的抗震性能较好，其抗震承载力调整系数相对较小，在验算时可根据岩石的类型和风化程度，合理确定抗震承载力。对于软弱黏性土地基，除了进行承载力验算，还需重点关注地基变形。软弱黏性土在地震作用下易产生较大变形，在计算变形时要充分考虑土的压缩性、含水量等因素。例如，在某软弱黏性土地基上的建筑抗震验算中，通过详细的分层总和法计算沉降，并结合建筑物的允许沉降值进行判断。对于可能发生液化的地基土，抗震验算的关键在于评估液化对地基承载力和稳定性的影响。首先要进行液化判别，确定地基土是否会发生液化以及液化的程度。可采用标准贯入试验等方法进行液化判别。若地基土存在液化可能，需进一步计算液化后的地基承载力折减情况，以及对地基稳定性的影响。在计算过程中，要考虑液化土层的厚度、位置以及与其他土层的相互作用等因素。在抗震验算结束后，需对验算结果进行判定。若地基承载力满足要求，变形在允许范围内，稳定性系数达到安全标准，说明地基在地震作用下能够保持稳定，满足抗震设计要求。反之，若存在某项指标不满足要求，需分析原因，采取相应的改进措施，如调整基础形式、进行地基加固等，然后重新进行抗震验算，直至满足要求为止。

四、抗震性能提升

在地基土抗震承载力设计中，提升地基土的抗震性能是保障建筑物在地震中安全稳定的关键任务。通过采取一系列针对性措施，能够有效增强地基土的抗震性能，降低地震对建筑物的危害。地基加固是提升抗震性能的重要手段，对于软弱地基土，强夯法是常用且有效的加固方法。在强夯施工时，要根据地基土的性质和加固要求，合理确定单点夯击能、夯击次数和夯击遍数。对于一般的黏性土地基，单点夯击能可在 1000 ~ 3000kN · m 之间选择，夯击次数通常为 6~10 次，夯击遍数一般为 2~3 遍。通过强夯处理，地基土的强度和抗震性能可得到显著提升。例如，在某工程中，对软弱黏性土地基进行强夯加固后，地基土的标准贯入锤击数大幅增加，地基的抗震承载力提高，在后续的地震模拟测试中，地基变形明显减小。换填垫层法也是一种常见的地基加固方式。换填垫层法能有效改善地基土的力学性质，提高其抗震性能。对于可能发生液化的地基土，振冲碎石桩法是一种有效的加固措施。通过振冲碎石桩法处理，地基土的抗震性能得到显著改善，有效降低了地震时地基液化的风险。基础优化对提升地基土抗震性能也起着关键作用，合理选择基础类型至关重要。对于软弱地基或上部结构荷载较大的建筑，筏板基础是较好的选择。筏板基础具有较大的底面积，能够将上部荷载均匀分散到地基上，减小基底压力，增强地基的稳定性。在设计筏板基础时，要根据上部结构的布置和荷载大小，合理确定筏板的厚度和配筋。一般筏板厚度在

0.5~2m 之间，配筋根据计算确定，以确保筏板在地震作用下具有足够的承载力和抗变形能力。桩基础也是一种常用的抗震基础形式。对于存在软弱下卧层或对地基变形要求严格的建筑物，桩基础可将上部荷载传递到深部稳定土层。在选择桩基础时，要考虑桩的类型、桩长、桩径和桩的布置。预制桩和灌注桩都可用于抗震设计，桩长根据稳定土层的深度确定，桩径根据上部荷载和桩的承载力计算确定。桩的布置要均匀，以保证基础受力均匀。例如，在某高层建筑的抗震设计中，采用了桩筏基础，通过桩将荷载传递到深部稳定土层，筏板进一步均匀分布荷载，有效提高了建筑物的抗震性能。在结构设计方面，通过调整上部结构的形式和布置，也能提升地基土的抗震性能。结构的质量分布应尽量均匀，避免出现质量集中的区域，以减少地震时因质量不均匀产生的扭转效应。例如，在建筑设计中，合理布置墙体、柱子等结构构件，使建筑物的质量在平面和竖向分布均匀。结构的刚度分布也应均匀，避免出现刚度突变的情况。对于刚度不均匀的结构，可通过设置加强层、调整构件截面尺寸等方式进行优化。在某建筑中，通过在适当位置设置刚度加强层，有效改善了结构的刚度分布，减小了地震作用下结构的扭转和变形。排水与隔水措施对于地基土抗震性能的提升也不容忽视。在地震作用下，地基土中的孔隙水压力可能迅速上升，导致地基土的抗剪强度降低。良好的排水系统能够及时排出孔隙水，降低孔隙水压力，提高地基土的抗震性能。在地基周边设置排水明沟或暗管，将地下水和雨水及时排出。排水明沟的深度和宽度要根据地下水位和降雨量等因素确定，一般深度在 0.5~1m 之间，宽度在 0.3~0.5m 之间。暗管则要选择合适的管径和材质，以保证排水能力。

第三节　基础抗震设计

一、浅基础抗震构造

在基础抗震设计中，浅基础抗震构造是确保建筑物在地震作用下安全稳定的重要环节。浅基础直接与地基土接触，其抗震构造的合理性对建筑物的抗震性能起着关键作用。浅基础的材料选择对其抗震性能至关重要，混凝土是常用的基础材料，在抗震设计中，应选择强度等级合适的混凝土。一般情况下，为满足抗震要求，混凝土强度等级不应低于C25。较高强度等级的混凝土，如C30、C35等，能提供更好的抗压和抗剪能力，增强基础在地震作用下的承载力。例如，在某地震频发地区的建筑中，采用C30混凝土浇筑浅基础，在后续的地震模拟测试中，基础表现出良好的抗裂和抗压性能。同时，要确保混凝土的配合比合理，控制水灰比，提高混凝土的密实度和耐久性。对于基础中的钢筋，应选用延性好的品种，如HRB400、HRB500等。延性好的钢筋在地震作用下能产生较大的变形而不发生脆性断裂，从而提高基础的抗震性能。钢筋的直径和间距需根据基础的受力情况和抗震要求确定。在承受较大弯矩和剪力的部位，应适当增加钢筋直径和配筋率。例如，在基础的边缘和角部，由于地震作用，这些部位的受力较为复杂，可采用直径为16~20mm的钢筋，并减少钢筋间距，一般间距控制在150~200mm之间，以增强基础的抗剪能力和抗弯能力。浅基础的尺寸和埋深设计需综合考虑多种因素，基础的底面尺寸应根据上部结构荷载大小、地基土的承载力以及抗震要求确定。在地震作用下，基础不仅要承受竖向荷载，还要承受水平地震力。为保证基础在地震时的稳定性，底面尺寸需适当加大，以增加基础与地基土的接触面积，减小基底压力。例如，对于上部结构荷载较大的建筑，通过计算和分析，将浅基础的底面尺寸在常规设计的基础上增加10%~20%，有效提高了基础在地震作用下的稳定性。基础埋深对其抗震性能也有重要影响。一般来说，基础埋深不应过浅，以保证基础有足够的稳定性和抗倾覆能力。在地震作用下，基础埋深较浅时，容易发生滑移和倾覆。根据相关规范和工程经验，抗震设防地区的浅基础埋深不宜小于0.5m，且应根据建筑物的高度、场地条件等因素适当增加。在某地区的建筑中，考虑到当地的地震设防烈度和建筑物高度，将浅基础的埋深确定为1.2m，经过实际地震考验，基础未出现明显的滑移和倾覆现象。在浅基础的钢筋配置方面，除了满足常规的受力要求，还需考虑抗震构造要求。在基础的底部和顶部，应设置双向钢筋网。底部钢筋网主要承受地基反力产生的弯矩，顶部钢筋网则可抵抗地震作用下可能出现的拉应力。钢筋网的钢筋直径和间距要根据基础的尺寸和受力情况确定。例如，对于一般的独立浅基础，底部钢筋网可采用直径为 12~14mm 的钢筋，间距为 200~250mm；顶部钢筋网可采用直径为 10~12mm 的钢筋，间距为 250~300mm。在基础的边缘和角部，应设置加强钢筋。如在基础角部设置放射状钢筋，钢筋数量一般为 5~7 根，直径与基础主筋相同或略小，长度根据基础尺寸确定，一般为 1~1.5m。这些加强钢筋能有效增强基础角部在地震作用下的抗剪能力和抗弯能力。对于条形浅基础，在基础的纵向和横向交界处，也应适当增加钢筋配置，提高基础的整体性。基础与上部结构的连接是浅基础抗震构造的关键环节，在连接部位，要设置足够的锚固钢筋。锚固钢筋的直径和长度根据上部结构的类型和荷载大小确定，一般直径在 16~25mm 之间，锚固长度满足相关规范要求，且不应小于钢筋直径的 35 倍。通过锚固钢筋，使基础与上部结构形成一个整体，在地震作用下协同工作。例如，在某框架结构建筑中，基础与柱的连接部位，锚固钢筋深入柱内的长度达到设计要求，在地震模拟中，有效保证了柱与基础的协同工作，避免了柱脚与基础分离。在特殊地质条件下，浅基础的抗震构造需采取针对性措施。对于软弱地基，可在基础底部设置垫层，如灰土垫层、砂石垫层等。灰土垫层一般采用石灰与土按 2∶8 或 3∶7 的比例混合，经过夯实后，能提高地基土的承载力和稳定性。垫层的厚度一般为 0.3~0.5m，宽度应比基础底面每边宽出 0.1~0.2m。对于可能发生液化的地基，除了对地基进行处理外，在基础构造上可适当增加基础的埋深，并在基础底部设置砂垫层，以增强基础的排水能力，降低地震时地基液化的风险。在湿陷性黄土地基上，浅基础的抗震构造要考虑地基的湿陷性。可采用灰土垫层结合防水措施，如在基础底部铺设防水卷材，防止地表水渗入地基，引发地基湿陷。灰土垫层的厚度和灰土配合比根据地基的湿陷等级确定，一般厚度在 0.5~1m 之间。对于山区斜坡上的浅基础，要考虑斜坡的稳定性。可采用抗滑桩结合挡土墙的方式，增强基础的抗滑能力。抗滑桩的直径、长度和间距根据斜坡的坡度、岩土体性质计算确定，挡土墙则可采用重力式挡土墙或悬臂式挡土墙，根据实际情况选择合适的尺寸。

二、深基础抗震要求

在基础抗震设计中，深基础抗震要求对于保障建筑物在地震作用下的安全稳定至关重要。深基础通过将上部结构荷载传递至深部稳定土层，在抗震中发挥着独特作用。桩基础是常见的深基础类型，其材料选择对抗震性能影响显著。混凝土桩是常用的桩型，在抗震设计中，混凝土强度等级不宜低于C30。较高的强度等级能增强桩身的抗压、抗弯和抗剪能力。例如，在某地震频发地区的高层建筑桩基础设计中，采用C35混凝土，有效提升了桩身的耐久性与抗震承载力。对于灌注桩，要严格控制混凝土的坍落度和和易性，确保混凝土在浇筑过程中均匀密实，避免出现空洞、蜂窝等缺陷，否则会影响桩身的整体性和抗震性能。对于钢桩，如钢管桩、H形钢桩等，要选用屈服强度和延性良好的钢材。钢材的屈服强度一般不应低于Q345，以确保桩身有足够的承载力。同时，钢桩防腐必不可少。在地震作用下，桩身若因腐蚀而削弱，将严重影响其抗震性能。可采用涂防腐漆、阴极保护等方法，延长钢桩的使用寿命，确保其在地震时能可靠工作。桩基础的尺寸设计需综合考虑多方面因素，桩径应根据上部结构荷载大小、地基土性质及抗震要求确定。对于承受较大荷载且位于软土地基的建筑，桩径需适当加大，以提高桩的承载力和稳定性。例如，对于上部结构荷载较大的工业厂房，经过计算分析，将桩径从常规的0.6m增大至0.8m，有效增强了桩基础在地震作用下的承载力。桩长要保证桩端进入稳定土层一定深度，一般不宜小于2m。在地震作用下，桩身不仅要承受竖向荷载，还要抵抗水平地震力，足够的桩长能确保桩身有足够的嵌固深度，防止桩身发生过大位移和倾斜。桩间距也是关键参数，一般为3~5倍桩径。合理的桩间距能保证桩间土有效发挥作用，避免桩群效应导致的地基承载力降低。在地震作用下，桩间距过小可能导致桩间土液化加剧，影响桩基础的稳定性。在某建筑工程中，通过合理调整桩间距，避免了桩群效应，提高了桩基础的抗震性能。桩基础的配筋要求在抗震设计中不容忽视，桩身的主筋应根据计算确定，以承受竖向荷载和地震作用下的弯矩。在地震作用下，桩身会受到较大的水平力和弯矩，主筋的直径和数量要满足抗震要求。一般主筋直径不宜小于 16mm，配筋率不宜低于 0.6%。在桩顶和桩底部位，由于受力复杂，应适当增加主筋数量和选择直径大的主筋。例如，在桩顶部位，可选择直径 20mm 的主筋，主筋数量增加 20%，以增强桩顶在地震作用下的抗弯能力和抗剪能力。箍筋对桩身的抗剪能力和约束混凝土起着重要作用。在抗震设计中，箍筋应采用螺旋式，间距不宜大于 150mm，且在桩顶和桩底一定范围内加密，加密区长度一般不小于桩径的 3 倍。加密的箍筋能有效提高桩身的抗剪能力和混凝土的约束效果，增强桩基础的延性。桩基础与上部结构的连接是抗震设计的关键环节，在桩顶与承台的连接部位，桩身主筋应伸入承台一定长度，一般不应小于 35 倍主筋直径，且应满足锚固要求。通过足够的锚固长度，确保桩与承台成为一个整体，在地震作用下协同工作。在承台内，桩顶应设置钢筋网片，增强桩顶与承台连接部位的强度和整体性。对于承台与上部结构的连接，要根据上部结构的类型采取相应措施。对于柱下桩基，柱与承台的连接要设置足够的锚固钢筋，锚固钢筋的直径和长度根据柱的受力情况和抗震要求确定。对于墙下桩基，墙与承台的连接要保证墙身钢筋与承台钢筋可靠连接，可采用焊接或机械连接等方式。沉井基础作为一种深基础形式，在抗震设计中有其独特要求。沉井的材料一般采用钢筋混凝土，混凝土强度等级不宜低于 C30。沉井的壁厚根据其尺寸、荷载和抗震要求确定，一般在 0.5～1m 之间。较厚的壁厚能提高沉井的整体刚度和抗震性能。沉井的配筋要满足抗震要求，在井壁内外侧均应设置钢筋网片。钢筋的直径和间距根据沉井的受力情况确定，一般主筋直径在 16～20mm 之间，箍筋间距在 200～250mm 之间。在沉井的刃脚部位，由于受力复杂，应适当增加钢筋配置，增强刃脚的强度和抗剪能力。沉井基础与上部结构的连接要可靠，可采用在沉井顶部设置承台或直接与上部结构连接的方式。在连接部位，要设置足够的锚固钢筋，确保沉井与上部结构在地震作用下协同工作。在特殊地质条件下，深基础抗震要求更为严格。对于液化地基，桩基础可采取增加桩长、扩大桩径、设置砂石桩等措施，增强桩基础的抗液化能力。在沉井基础设计中，可在沉井周围设置砂井或排水板，加速地基土中孔隙水的排出，降低地震时地基液化的风险。对于软弱下卧层，桩基础要确保桩端进入下卧层以下的稳定土层足够的深度。沉井基础则要根据软弱下卧层的厚度和性质，适当增加沉井的埋深，提高基础的稳定性。

三、基础隔震消能

在基础抗震设计领域，基础隔震消能作为一种有效的抗震技术，能够显著提升建筑物在地震中的安全性。该技术通过特殊的装置和设计，减少地震能量向建筑物的传递，或在地震过程中消耗能量，从而降低地震对建筑物的破坏程度。基础隔震消能的核心原理是在建筑物基础与上部结构之间设置隔震层，将建筑物与地基隔开。隔震层起到"隔震垫"的作用，延长建筑物的自振周期，使其远离地震波的卓越周期，从而降低地震作用对建筑物的影响。例如，在地震作用下，普通建筑物直接与地基相连，地震波能量迅速传递至建筑物，容易引发共振，导致结构破坏。而设置隔震层后，地震波首先作用于隔震层，隔震层的柔性结构能够吸收和分散部分能量，同时改变建筑物的振动特性，降低地震力的放大效应。常见的隔震装置有橡胶隔震支座、滑动隔震支座等。橡胶隔震支座由多层橡胶和钢板交替叠合而成，具有良好的竖向承载力和水平变形能力。在竖向荷载作用下，橡胶隔震支座能稳定支撑建筑物的重量；在水平地震作用下，支座可以产生较大的水平位移，通过橡胶的剪切变形消耗地震能量。滑动隔震支座则利用摩擦或滚动原理，在地震时允许基础与上部结构之间产生相对滑动，从而阻碍地震能量的传递。例如，在某高层建筑物的基础隔震设计中，采用了橡胶隔震支座，经过地震模拟测试，建筑物在地震作用下的加速度响应明显降低，有效保护了建筑物结构。在进行基础隔震设计时，需确定隔震层的位置和数量。一般情况下，隔震层设置在基础顶部与上部结构底部之间，但对于一些特殊结构，也可根据实际情况设置在其他合适的位置。隔震层的数量要根据建筑物的高度、结构类型和抗震要求确定。例如，对于多层建筑，设置一层隔震层即可满足大部分抗震需求；而对于高层建筑，可能需要设置两层或多层隔震层，以进一步提高隔震效果。隔震装置的布置至关重要。隔震装置应均匀分布在建筑物的基础平面上，以保证建筑物在地震作用下受力均匀。在布置隔震装置时，要考虑建筑物的质量分布、刚度分布以及地震作用方向等因素。例如，对于质量和刚度分布不均匀的建筑物，在质量较大或刚度较弱的部位，适当增加隔震装置的数量或调整其型号，以确保建筑物在各个方向的隔震效果一致。消能减震是基础抗震设计中的一种重要技术。其原理是在建筑物结构中设置消能装置，当地震发生时，消能装置率先耗能，将地震能量转化为其他形式的能量，如热能、机械能等，从而减少结构本身的能量输入，减小结构的地震反应。例如，在地震作用下，建筑物会产生振动，消能装置通过自身的变形或摩擦，消耗振动能量，使建筑物的振动幅度减小，从而保护结构构件。常见的消能装置有黏滞阻尼器、金属阻尼器等。黏滞阻尼器利用了黏滞流体的阻尼特性，在地震作用下，阻尼器内部的活塞在黏滞流体中运动，产生阻尼力，消耗地震能量；金属阻尼器则通过金属的屈服变形来耗散能量，如采用软钢制成的阻尼器，在地震作用下，软钢发生塑性变形，将地震能量转化为热能，从而达到消能的目的。某大型建筑的抗震设计，采用了黏滞阻尼器和金属阻尼器相结合的方式，经过实际地震考验，建筑物的结构损伤明显减轻。在消能减震设计中，消能装置的选型要根据建筑物的结构类型、抗震设防要求以及场地条件等因素确定。对于不同的结构形式，如框架结构、剪力墙结构等，适用的消能装置类型有所不同。例如，框架结构由于抗侧力能力相对较弱，可选用黏滞阻尼器来增强结构的耗能能力；而剪力墙结构的抗侧力刚度较大，可采用金属阻尼器来提高结构的延性。消能装置的布置位置也需精心设计。一般来说，消能装置应布置在结构的层间位移较大或应力集中的部位，如框架结构的梁柱节点处、剪力墙结构的连梁处等。通过在这些部位设置消能装置，能够最大限度地发挥消能装置的作用，有效降低结构的地震反应。例如，在某框架结构建筑中，在梁柱节点处设置了金属阻尼器，地震时，阻尼器率先耗能，保护了梁柱节点，从而保证了整个结构的稳定性。

四、抗震设计计算

在基础抗震设计中，抗震设计计算是确保建筑物在地震作用下安全稳定的核心环节。通过精确的计算，能够合理确定基础的各项参数，为基础设计提供科学依据。地震作用计算是抗震设计计算的基础。常用的方法有底部剪力法、振型分解反应谱法和时程分析法。底部剪力法适用于高度不超过40m、以剪切变形为主且质量和刚度沿高度分布比较均匀的结构。首先计算结构总水平地震作用标准值，即底部剪力（$\Phi_{Ek} = \alpha_1 \Gamma_{eq}$），其中 α_1 为相应于结构基本自振周期的水平地震影响系数，可根据抗震设计规范中的地震影响系数曲线，结合场地类别、设计地震分组和结构自振周期确定。Γ_{eq} 为结构等效总重力荷载，一般取结构总重力荷载代表值的85%。确定底部剪力后，按倒三角形分布规律将其分配到各楼层，计算各楼层的水平地震作用标准值。例如，对于某多层办公楼，通过底部剪力法计算出各楼层的地震作用，为后续的基础设计提供了荷载依据。振型分解反应谱法适用于底部剪力法适用范围以外的建筑结构。该方法需先计算结构的自振周期和振型，然后根据反应谱确定各振型的地震作用，再通过平方和开方组合法或完全二次型方根法将各振型的地震作用进行组合，得到结构的总地震作用。在某高层建筑的抗震设计中，采用振型分解反应谱法，考虑前5个振型的地震作用，准确计算出结构在地震作用下的受力情况，为基础设计提供了详细的荷载数据。时程分析法是一种动力分析方法，通过输入实际地震记录或人工模拟地震波，对结构进行动力时程分析。在选择地震波时，要根据工程场地的地震地质条件，确保地震波的频谱特性和持时等参数符合要求。例如，对某位于Ⅲ类场地的工程，选择相应特征周期的实际地震记录进行输入。利用结构动力学方程求解，得到结构在地震过程中的位移、速度、加速度等反应时程，从而更真实地反映结构在地震作用下的动态响应。基础承载力计算是抗震设计的关键，在地震作用下，基础既要承受上部结构传来的竖向荷载，还要承受水平地震力。对于浅基础，需计算基底压力，确保基底压力不超过地基土的抗震承载力。基底压力计算公式为 $\Pi = \dfrac{\Phi + \Gamma}{\Omega} \pm \dfrac{\Psi}{T}$，其中 Φ 为上部结构传来的竖向力，Γ 为基础自重及基础上土重，Ω 为基础底面积，Ψ 为作用于基础底面的弯矩，T 为基础底面的抵抗矩。在计算过程中，要充分考虑地震作用的分项系数，对荷载进行组合。例如，在某建筑的浅基础设计中，通过计算不同工况下的基底压力，确保其满足地基土抗震承载力要求。对于深基础，如桩基础，需计算单桩竖向承载力和水平承载力。单桩竖向承载力可通过静载试验或经验公式计算来确定。在考虑地震作用时，要对单桩竖向承载力进行适当调整，一般可乘以一个抗震调整系数。单桩水平承载力则需考虑桩的刚度、桩长、桩周土的性质以及地震作用下的水平力大小等因素，通过理论计算或现场试验来确定。变形计算也是抗震设计计算的重要内容。在地震作用下，基础可能产生沉降、倾斜等变形。对于浅基础，可采用分层总和法计算沉降量。将地基土分为若干层，计算每层土在附加应力作用下的压缩量，然后累加得到基础的总沉降量。在计算过程中，要充分考虑地基土在地震作用下的模量变化。对于深基础，如桩基础，需计算桩顶的位移和桩身的变形。桩顶位移可通过结构力学方法计算，考虑桩身的刚度、桩周土的约束以及地震作用下的荷载。桩身变形则需考虑桩身的抗弯刚度和地震作用下的弯矩分布。在采用基础隔震技术的设计中，需计算隔震层的各项参数。例如，隔震层的等效刚度和等效阻尼比。隔震层的等效刚度可通过隔震装置的刚度和布置方式计算来确定，等效阻尼比则与隔震装置的耗能特性有关。通过计算隔震层的等效刚度和等效阻尼比，能够确定隔震层的隔震效果，为隔震层的设计提供依据。在消能减震设计中，需计算消能装置的耗能能力。对于黏滞阻尼器，根据其阻尼系数和活塞运动速度，计算阻尼力和耗能。对于金属阻尼器，通过金属的屈服强度和变形量，计算其耗能能力。根据建筑物的抗震要求和结构的地震反应，确定消能装置的参数和布置数量，以达到预期的消能减震效果。

第四节　抗震监测与评估

一、地震监测方法

在抗震监测与评估体系里，地震监测方法多样且各具特点，它们共同为准确掌握地震动态、评估地基基础在地震中的响应提供了关键数据支持。仪器监测是地震监测的重要手段。地震仪是最常用的监测仪器，能精确记录地震波的传播情况。通过布置在不同位置的地震仪，可获取地震的震级、震源深度和震中位置等关键信息。例如，在某地震频发地区，密集分布的地震仪网络能快速捕捉到地震波信号，通过对多个地震仪数据的综合分析，在短时间内确定地震的各项参数，为后续的抗震救灾及地基基础评估提供了基础信息。地震仪的灵敏度和精度不断提升，现代高精度地震仪能够探测到极其微弱的地震信号，即便是微小的地震活动也能被准确记录。加速度传感器在地震监测中发挥着重要作用。它可以测量地基基础在地震作用下的加速度响应。在建筑物的基础、柱子等关键部位安装加速度传感器，能够实时监测结构在地震时的动力响应。通过分析加速度数据，可了解地震力对地基基础的作用强度。例如，在某高层建筑的基础和每层柱子上均安装了加速度传感器，在一次地震发生时，这些传感器记录下不同部位的加速度变化，为评估建筑物在地震作用下的受力状态提供了详细数据。加速度传感器的动态响应速度快，能够准确捕捉到地震过程中加速度的瞬间变化。位移传感器同样是不可或缺的监测仪器，它能够实时测量基础的水平和竖向位移。在地基基础周边布置位移传感器，可及时掌握基础在地震前后的位置变化。例如，在某大型桥梁的桥墩基础周围安装位移传感器，在地震发生时，能够清晰地监测到桥墩基础的位移情况，为判断桥梁结构的稳定性提供了重要依据。位移传感器的测量精度高，能够检测到毫米级甚至更小的位移变化。地理信息监测方法在地震监测中崭露头角。卫星遥感技术可以通过监测地面的形变来间接反映地震活动。卫星搭载的高分辨率成像设备，能够对大面积区域进行定期观测。在地震发生前后，通过对比卫星图像，可发现地面的微小变形，如地表的隆起、下沉或水平位移等。例如，在某地区发生地震后，卫星遥感图像显示出震中附近区域出现了明显的地表变形，这些信息有助于评估地震对地基基础的影响范围和程度。卫星遥感技术的监测范围广，能够覆盖大面积的区域，为宏观评估地震灾害提供了有力的支持。地理信息系统（GIS）则可用于整合和分析各类地震相关数据。它将地震监测数据、地质构造信息、地形地貌数据以及建筑物分布等信息进行综合管理和可视化展示。通过 GIS 技术，能够直观地分析地震活动与地基基础、建筑物之间的关系。例如，将地震仪监测到的地震数据与该地区的地质构造图和建筑物分布图叠加在 GIS 系统中，可清晰地看出哪些区域的地基基础和建筑物在地震中面临较高风险，为抗震决策提供科学依据。除了先进的仪器和地理信息监测，人工巡检也是地震监测的重要补充。地震发生后，人工巡检能快速发现地基基础的明显损伤。工作人员可定期对地基基础进行外观检查，查看基础是否有裂缝、破损等情况。例如，在一次地震后，人工巡检工作人员发现某建筑的基础出现了多条裂缝，这些裂缝的宽度和长度通过人工测量记录下来，为后续的结构评估和修复提供了准确信息。同时，检查基础周边的土体是否有滑坡、塌陷等异常现象，这些都有可能影响地基基础的抗震稳定性。人工巡检还可以对仪器监测数据进行实地验证，确保监测数据的准确性。在地震监测中，多种监测方法相互配合、相互补充。仪器监测提供了精确的地震参数和结构响应数据，地理信息监测从宏观角度展示地震对区域的影响，人工巡检则能够及时发现现场的实际问题。通过综合运用这些地震监测方法，能够全面、准确地掌握地震动态和地基基础的状态，为抗震监测与评估提供可靠的数据支持，进而为保障建筑物在地震中的安全提供有力的保障。在实际应用中，根据不同地区的地震活动特点、地质条件和建筑分布情况，合理选择和组合地震监测方法，能够提高地震监测的效率和准确性。

二、损伤评估指标

在抗震监测与评估工作中，损伤评估指标是衡量地基基础及建筑物在地震作用下受损程度的关键依据。这些指标涵盖多个方面，从不同角度反映了地震造成的破坏情况。对于地基土而言，密实度变化是重要的损伤评估指标。在地震作用下，地基土颗粒间的排列结构可能被打乱。原本密实的砂土或粉土，在地震振动过程中，其颗粒可能发生相对位移，导致孔隙率增大、密实度降低。通过标准贯入试验等原位测试方法，可获取地基土的密实度数据。例如，在某地地震后，对震区地基土进行标准贯入试验，发现试验锤击数明显减少，表明地基土密实度下降，这将直接影响地基的承载力和稳定性。若地基土密实度降低超过一定程度，则可能导致建筑物出现不均匀沉降甚至倒塌风险。地基土的抗剪强度损失也是关键指标。地震时，地基土承受复杂的应力作用，尤其是在地震波的反复作用下，土颗粒间的摩擦力和咬合力会有所削弱，从而导致抗剪强度降低。通过室内土工试验，如直剪试验或三轴试验，可测定地震前后地基土的抗剪强度指标。在一次地震后，对采集的地基土样本进行直剪试验，对比震前数据，发现土的抗剪强度降低了 20%～30%，这意味着地基土在后续承受上部结构荷载及可能的余震作用时，稳定性将受到严重威胁。地基土的液化情况是评估其损伤的特殊指标。在饱和砂土或粉土地基中，地震可能引发液化现象。通过标准贯入试验可判别地基土是否液化以及液化的程度。若地基土发生液化，其抗剪强度几乎丧失，对建筑物的危害极大。例如，在某沿海地区的地震中，部分区域的饱和粉土地基出现液化，导致其上建筑物出现严重的沉降和倾斜，这些区域的地基土液化成为评估建筑物损伤和后续修复的重要考量因素。基础结构的损伤评估指标多样，其中，基础裂缝的宽度和长度是直观的指标。地震后，通过人工巡检可测量基础裂缝的相关数据。宽度较大的裂缝，如超过 0.3mm，可能影响基础的整体性和承载力。裂缝长度越长，说明基础受损范围越大。例如，在某建筑基础中发现一条长度超过 2m、宽度为 0.5mm 的裂缝，这表明基础的结构完整性受到严重破坏，需进一步评估裂缝对基础承载力的削弱程度。基础的变形量也是关键指标，包括基础的沉降、倾斜和水平位移等。通过位移传感器等监测设备，可获取基础的变形数据。地震后，若建筑物基础出现不均匀沉降，沉降差过大可能导致上部结构产生附加内力，引起墙体开裂、梁柱破坏等问题。例如，某多层建筑的基础在地震后出现了 20mm 的不均匀沉降，这对上部结构的稳定性产生了显著影响，在损伤评估时需重点关注。基础的混凝土强度损失也是重要指标，地震可能导致基础混凝土内部结构损伤，使其强度降低。通过钻芯取样等方法，对基础混凝土进行强度测试，对比震前设计强度，可评估混凝土强度的损失情况。在某工程中，对震后基础混凝土进行钻芯取样测试，发现混凝土强度较设计强度下降了 15%，这对基础的承载力和抗震性能有显著影响。对于上部结构，结构构件的裂缝情况是主要评估指标。

梁、柱等构件的裂缝宽度和深度反映了构件的受损程度。例如，在某建筑的框架结构中，梁构件出现了宽度为 0.4mm、深度贯穿梁截面一半的裂缝，这表明梁的承载力和抗弯能力受到严重削弱。裂缝的分布位置也很重要。若在构件的关键受力部位出现裂缝，如梁的跨中或柱的底部，对结构的影响更为严重。结构的位移和变形也是重要评估指标，包括楼层的水平位移和层间位移角。通过位移传感器和全站仪等设备，可测量结构的位移数据。在地震作用下，若楼层水平位移过大，可能导致结构的整体稳定性受到威胁。层间位移角反映了结构层与层之间的相对变形程度，过大的层间位移角可能导致填充墙开裂、结构构件破坏等问题。例如，某高层建筑在地震后的监测中，发现部分楼层的层间位移角超过了规范允许值，这表明结构在地震中受到了较大损伤，需进行详细的结构评估和有效修复。结构的残余变形也是损伤评估的重要依据。地震后，结构可能残留一定的变形，如柱子的弯曲变形、墙体的倾斜等。这些残余变形会影响结构的后续使用性能和安全性。通过实地测量和结构检测，可评估残余变形的大小和对结构的影响程度。例如，某建筑的柱子在地震后出现了明显的弯曲变形，这不仅影响了柱子的承载力，还可能导致整个结构的受力状态发生改变，在损伤评估中需全面考虑这些因素。

三、震后修复加固

在抗震监测与评估工作完成后，震后修复加固是恢复建筑物使用功能、提升其抗震性能的关键环节。针对地震造成的不同程度损伤，需采取相应的修复加固措施，以确保建筑物的安全性和稳定性。对于地震中受损的地基土，若出现密实度降低的情况，可采用强夯法进行修复。在强夯施工前，需根据地基土的类型和损伤程度，合理确定单点夯击能、夯击次数和夯击遍数。例如，对于因地震导致密实度下降的砂土，单点夯击能可在 1000~2000kN·m 之间选择，夯击次数为 6~8 次，夯击遍数为 2~3 遍。通过强夯处理，地基土的密实度得到有效恢复，承载力和稳定性显著提升。若地基土的抗剪强度损失较大，可采用注浆加固法。将水泥浆、化学浆液等注入地基土中，填充土颗粒间的空隙，增强土颗粒间的联结，从而提高地基土的抗剪强度。在注浆过程中，要控制好注浆压力、注浆量和浆液的配合比。对于一般的黏性土地基，注浆压力可控制在 0.3~0.5MPa，注浆量根据地基土的孔隙率和加固范围确定。通过注浆加固，地基土的抗剪强度能够得到一定程度的恢复，从而更好地承受上部结构的荷载。对于发生液化的地基土，可采用振冲碎石桩法进行加固。通过振冲碎石桩法处理，地基土的抗液化能力得到显著改善，降低了后续地震中地基液化的风险。在基础结构的加固方面，对于基础裂缝，可采用压力灌浆法进行修复。将环氧浆液等具有良好黏结性能的材料通过压力注入裂缝中，使裂缝重新黏结成一个整体。在灌浆前，需对裂缝进行清理，去除裂缝中的杂物和灰尘。对于宽度较大的裂缝，如超过 0.5mm，可先在裂缝表面粘贴钢板或碳纤维布，然后再进行灌浆，增强裂缝的修复效果。例如，在某建筑基础裂缝修复中，采用压力灌浆法，将环氧浆液注入裂缝后，裂缝得到有效修复，基础的整体性得到恢复。对于基础变形过大的情况，可采用托换技术进行加固。托换技术包括桩式托换、灌浆托换等。桩式托换是在基础周边或下方设置新的桩基础，将上部结构荷载传递到深部稳定土层，分担原基础的荷载，减小基础的变形。例如，在某建筑基础因地震出现不均匀沉降后，采用桩式托换技术，在基础周边设置灌注桩，有效控制了基础的沉降，确保了上部结构的稳定性。若基础混凝土强度损失严重，可采用外包混凝土加固法。在基础表面浇筑一层新的混凝土，增加基础的截面尺寸和强度。在浇筑新混凝土前，需对原基础表面进行凿毛处理，确保新老混凝土之间的黏结牢固。同时，要在新混凝土中配置足够的钢筋，以增强基础的承载力和抗弯能力。例如，在某工程中，对混凝土强度降低的基础采用外包混凝土加固法，加固后基础的承载力得到显著提升，满足了抗震要求。对于上部结构的修复和梁、柱等构件的裂缝，可采用粘贴碳纤维布或钢板的方法进行加固。碳纤维布具有高强度、轻质、耐腐蚀等优点，将其粘贴在裂缝部位，能够有效提高构件的抗弯能力和抗剪能力。粘贴钢板则通过增加构件的截面刚度，增强构件的承载力。在粘贴碳纤维布或钢板前，需对构件表面进行处理，确保粘贴牢固。例如，在某建筑的梁构件裂缝修复中，采用粘贴碳纤维布的方法，梁的承载力得到有效恢复，能够继续承受上部荷载。对于结构位移和变形过大的情况，可采用增设支撑或剪力墙的方法进行加固。增设支撑能够增加结构的侧向刚度，减小结构的水平位移。在框架结构中，可在柱与柱之间增设钢支撑，以提高结构的抗侧力能力。增设剪力墙则能有效分担结构的水平地震力，减小层间位移角。例如，在某高层建筑中，通过增设剪力墙，结构的层间位移角得到有效控制，满足了抗震规范要求。对于结构的残余变形，如柱子的弯曲变形，可采用千斤顶等设备进行校正。在柱子的弯曲部位设置千斤顶，通过施加外力，使柱子逐渐恢复到原来的位置。在校正过程中，要注意控制千斤顶的顶升力，避免对柱子造成二次损伤。校正完成后，可采用外包混凝土或粘贴钢板等方法对柱子进行加固，增强柱子的承载力和稳定性。

四、抗震性能提升策略

在抗震监测与评估体系中，提升建筑物抗震性能是减少地震灾害损失的核心任务。这需要从多个层面、在多个阶段采取综合策略，涵盖从规划设计到震后修复的全过程。在规划选址阶段，应充分考虑地质条件。优先选择抗震性能良好的场地，避开地震断裂带、易液化的砂土或粉土地基以及软弱黏性土地基等不利地段。例如，通过地质勘察，明确某区域地下存在活动断裂带，在建筑规划时就应避免在此处建设重要建筑物。对于无法避开的不良地质区域，需进行详细的地质勘察和地基处理方案设计。如在可能液化的地基区域，可提前规划采用振冲碎石桩、强夯等方法进行地基加固处理，增强地基的抗液化能力，从源头上提升建筑物的抗震性能。在建筑设计阶段，合理的结构选型至关重要。对于高层建筑，框架—剪力墙结构或筒体结构相较于纯框架结构，具有更好的抗侧力能力和整体稳定性。在设计过程中，要确保结构的规则性，避免平面和竖向的不规则布置，减少因结构不规则导致的应力集中和扭转效应。例如，建筑物平面形状避免出现过大的凹凸，竖向结构布置应避免刚度突变。同时，要根据抗震设防要求，合理确定结构的抗震等级，严格按照规范进行结构构件的设计和配筋计算。例如，在抗震设防烈度为 8 度的地区，对框架结构的梁、柱配筋进行精细化设计，确保在地震作用下结构构件具有足够的承载力和延性。基础设计是提升抗震性能的关键环节，根据地质条件和上部结构类型，选择合适的基础形式。对于软弱地基，筏板基础或桩基础能更好地将上部荷载均匀传递到地基，增强基础的稳定性。在基础设计中，要保证基础有足够的埋深。一般来说，基础埋深不应小于建筑物高度的1/20，这样有助于提高基础的抗倾覆能力。同时，加强基础的构造措施，如在基础边缘和角部增加钢筋配置，提高基础的抗剪能力和抗弯能力。

在施工阶段，严格把控施工质量可提升抗震性能。确保混凝土的浇筑质量，控制混凝土的配合比、坍落度和振捣工艺，避免出现蜂窝、麻面等缺陷，可保证混凝土的强度和整体性。对于钢筋工程，要保证钢筋的材质符合设计要求，钢筋的绑扎、焊接或机械连接质量可靠。例如，在柱钢筋的连接中，采用符合规范要求的机械连接方式，可确保连接强度。在基础施工过程中，要按照设计要求进行地基处理，如强夯施工时，严格控制夯击能、夯击次数和夯击遍数，确保地基处理效果达到设计标准。震前的抗震监测与评估工作同样重要，应建立完善的地震监测网络，实时监测地震活动情况。通过地震仪、加速度传感器等设备，及时获取地震的震级、震源深度和震中位置等信息，为抗震决策提供依据。同时，定期对建筑物进行抗震评估，利用无损检测技术，如超声回弹综合法检测混凝土强度，对结构构件的损伤情况进行评估。对于发现的潜在问题，及时进行修复和加固。例如，在对某建筑的定期检测中，发现部分梁构件出现细微裂缝，应及时采用压力灌浆法进行修复，避免裂缝进一步发展而影响结构安全。地震后，及时有效的修复加固是提升建筑物后续抗震性能的关键。对于地基土在地震中出现的密实度降低、抗剪强度损失等问题，采用相应的修复方法，如强夯法、注浆加固法等，可恢复地基土的力学性能。对于基础结构的裂缝、变形等损伤，采用压力灌浆、托换技术等进行修复加固。对于上部结构的梁、柱裂缝，采用粘贴碳纤维布或钢板的方法进行加固；对于结构位移和变形过大的情况，可增设支撑或剪力墙，以增强结构的侧向刚度。在修复加固过程中，为实现建筑物的抗震性能提升，不仅要恢复建筑物的使用功能，还要提高其在未来地震中的抵抗能力。在建筑物的全生命周期中，持续的维护管理也能提升抗震性能。定期对建筑物的外观进行检查，查看基础、墙体、梁、柱等部位是否有裂缝、变形等异常情况。加强对建筑物周边环境的管理，避免因周边施工、水土流失等因素影响建筑物的地基稳定性。例如，及时清理建筑物周边的排水管道，防止因积水导致地基土软化。同时，对建筑物的抗震监测设备进行定期维护和校准，以确保监测数据的准确性和可靠性。

第八章　地基基础工程问题与处理

第一节　工程事故原因与处理

一、勘察失误

在地基基础工程中，勘察工作是确保工程安全与稳定的重要前提。勘察失误可能引发一系列严重的工程事故，对工程质量、进度以及人员安全造成极大威胁。深入分析勘察失误的原因，并采取有效的处理措施，对于保障地基基础工程的顺利进行至关重要。勘察数据不准确是常见的勘察失误类型。在地质勘察过程中，若钻探设备故障或操作不当，可能导致钻孔深度不足或取芯不完整，从而无法准确获取深部地层的岩土信息。例如，在某高层建筑的地质勘察中，由于钻探设备老化，在钻进过程中出现钻头磨损严重的情况，导致钻孔深度未达到设计要求，未能发现深部存在的软弱夹层。这使得后续的基础设计未能考虑该软弱夹层的影响，建筑物建成后，因该软弱夹层的变形导致基础不均匀沉降，墙体出现裂缝。勘察布点不合理也会导致数据不准确。若勘察点分布过于稀疏，则无法全面反映场地的地质变化情况。例如，在一个较大面积的场地勘察中，勘察点间距过大，未能探测到场地内局部存在的土洞。土洞在建筑物荷载作用下发生塌陷，引发基础下沉和建筑物倾斜等事故。勘察内容遗漏是勘察失误的重要原因。对地下水的勘察不准确或遗漏，会给工程带来严重后果。在地下水位较高的地区，若未准确掌握地下水位的变化情况，基础设计可能未考虑地下水浮力的影响。例如，某地下室工程，由于勘察时未准确测量地下水位的最高水位，导致地下室建成后，在雨季地下水位上升时，因浮力过大，地下室底板出现上拱开裂现象。对不良地质现象的勘察遗漏同样不容忽视，如岩溶地区的溶洞、土洞，山区的滑坡、泥石流等。若在勘察过程中未发现这些不良地质现象，基础工程施工和建筑物使用过程中可能出现严重事故。例如，在某山区的公路建设中，因勘察时未发现路段附近存在潜在的滑坡体，公路建成后，在强降雨作用下，滑坡体滑动，掩埋了部分公路，造成交通中断和经济损失。针对勘察数据不准确的问题，首先应重新评估勘察数据的可靠性。对于因钻探设备故障导致的数据问题，需重新进行钻探，确保获取准确的深部地层信息。在重新钻探时，要选用性能良好的钻探设备，并严格按照操作规程进行操作。对于勘察布点不合理的情况，应根据场地的地质条件和工程特点，重新优化勘察布点方案。在地质条件复杂或可能存在地质变化的区域，可增加勘察点数量，以全面准确地掌握场地地质情况。对于勘察内容遗漏的问题，若遗漏了地下水位勘察，需重新进行地下水位测量。采用专业的水位测量仪器，在不同的季节和时间段进行多次测量，以获取精准的地下水位变化数据。根据新的地下水位数据，对基础设计进行调整，如增加地下室底板的抗浮措施，可采用抗浮桩、配重等方式，确保地下室在地下水浮力作用下的稳定性。若遗漏了不良地质现象的勘察，需组织专业的地质勘查人员对场地进行详细的地质调查。利用地质雷达、浅层地震勘探等物探手段，结合现场地质测绘，全面排查场地内可能存在的不良地质现象。对于发现的溶洞、土洞等，可采用注浆填充、强夯等方法进行处理；对于滑坡体，可采用抗滑桩、挡土墙等支护措施进行加固，防止滑坡体滑动。在处理因勘察失误引发的工程事故时，还需对已建工程进行全面评估。对于基础不均匀沉降、建筑物倾斜等问题，根据事故的严重程度，采取相应的处理措施。如前文所述，对于不均匀沉降，可采用注浆加固、增设桩基础等方法；对于建筑物倾斜，可采用顶升纠偏法等进行处理。在地基基础工程中，勘察失误可能引发多种工程事故。通过准确分析勘察失误的原因，采取针对性的处理措施，如重新钻探、优化布点、补充勘察内容以及对已建工程进行评估和处理等，能够有效降低勘察失误带来的损失，保证地基基础工程的质量和安全。在今后的工程勘察工作中，应加强勘察队伍的技术培训和管理，提高勘察设备的性能和精度，严格按照勘察规范和标准进行操作，确保勘察工作的准确性和完整性，从源头上减少工程事故的发生。

二、设计缺陷

在地基基础工程中，设计作为工程建设的蓝图，其质量直接关系到工程的安全与稳定。设计缺陷往往是引发工程事故的重要因素。深入剖析设计缺陷并采取有效的处理措施，对于保障工程质量和人民生命财产安全意义重大。结构体系不合理是常见的设计缺陷。在建筑结构设计中，若选择的结构体系无法适应建筑物的功能需求和场地条件，则会导致结构受力不均匀，增加工程事故风险。例如，在一个抗震设防烈度较高的地区，某建筑采用了不利于抗震的纯框架结构，且未设置足够的抗震构造措施。在一次地震中，该建筑的框架柱出现大量破坏，部分楼层甚至发生坍塌。这是因为纯框架结构在地震作用下，侧力刚度相对较小，难以承受较大的水平地震力。合理的结构体系应根据建筑的高度、用途、抗震设防要求等因素综合确定。对于高层建筑或位于地震多发区的建筑，可采用框架—剪力墙结构或筒体结构，以提高结构的抗震性能和整体稳定性。荷载取值不当是导致设计缺陷的关键原因。在设计过程中，若对建筑物所承受的荷载估算不准确，会使结构设计无法满足实际受力需求。例如，在某工业厂房设计中，由于对设备荷载预估不足，导致吊车梁的承载力设计过小。在设备安装并投入使用后，吊车梁出现明显的变形和裂缝，严重影响厂房的正常使用。此外，风荷载、雪荷载等自然荷载的取值也至关重要。若在设计时未充分考虑当地的气象条件，荷载取值过小，在极端天气下，建筑物可能无法承受相应荷载，从而引发事故。因此，在设计阶段，必须严格按照相关规范和标准，结合工程实际情况，准确计算各类荷载。基础设计不合理同样会引发严重问题，基础形式选择不当是常见的情况，如在软弱地基上，若采用浅基础而未进行有效的地基处理，建筑物建成后可能出现过大的沉降甚至倾斜。例如，某多层住宅建在淤泥质土地基上，设计采用了独立基础，未对地基进行加固处理。随着时间的推移，建筑物出现了不均匀沉降，墙体开裂，严重影响居住安全。合理的基础设计应根据地基土的性质、上部结构类型和荷载大小等因素进行综合考虑。对于软弱地基，可采用筏板基础、桩基础等形式，并结合地基处理措施，如强夯、注浆等，提高地基的承载力和稳定性。在处理因结构体系不合理引发的工程事故时，需根据实际情况对结构进行加固或改造。对于抗震性能不足的结构，可采用增设剪力墙、支撑等方式提高结构的侧力刚度和抗震性能。例如，在某既有建筑的抗震加固中，通过在适当位置增设钢筋混凝土剪力墙，有效改善了结构的抗震性能，提高了结构在地震作用下的稳定性。对于荷载取值不当导致的问题，若结构尚未施工，应重新进行荷载计算和结构设计；若结构已建成，需对结构进行加固处理。例如，对于吊车梁承载力不足的情况，可采用粘贴钢板、碳纤维布等方法进行加固，提高吊车梁的承载力。同时，对其他受影响的结构构件也需进行相应的检测和加固，以确保整个结构的安全性。针对基础设计不合理的情况，若建筑物尚未建成，应重新设计基础形式并进行地基处理；若建筑物已出现沉降等问题，可采用注浆加固、增设桩基础等方法进行处理。例如，在某因基础沉降导致墙体开裂的建筑中，通过在基础周边进行注浆加固，提高地基土的强度和密实度，同时在基础下增设灌注桩，将上部荷载传递到深部稳定土层，有效控制了沉降，修复了墙体裂缝。在地基基础工程中，设计缺陷可能引发多种工程事故。通过准确识别设计缺陷的类型和原因，采取针对性的处理措施，如结构加固改造、重新设计荷载和基础等，能够有效解决因设计缺陷带来的问题，保障工程的安全和正常使用。在今后的工程设计中，设计人员应严格遵守相关规范和标准，充分考虑工程的各种因素，进行细致、全面的设计，从源头上避免设计缺陷，确保地基基础工程的质量和可靠性。

三、施工质量问题

在地基基础工程中，施工质量直接关乎工程的整体稳定性与安全性。施工质量问题是引发工程事故的重要因素，深入分析这些问题并采取有效处理手段，对于保障工程顺利交付及后续使用安全至关重要。混凝土施工质量问题较为常见，混凝土配合比不当是一个关键因素。水灰比过大时，混凝土强度降低，耐久性变差。在某建筑工程中，施工人员为了方便浇筑，擅自增大水灰比，导致混凝土浇筑后强度未达到设计要求。在后续的荷载作用下，混凝土构件出现裂缝，影响结构安全。混凝土搅拌不均匀也会带来问题。若部分区域水泥分布不均匀，则会导致强度不一致。例如，在搅拌过程中，搅拌时间过短，粗骨料周围未充分包裹水泥浆，在混凝土硬化后，这些部位成为薄弱点，容易出现裂缝。混凝土浇筑过程中的振捣不密实同样不容忽视。振捣不足会使混凝土内部存在空洞、蜂窝等缺陷，降低混凝土的整体性和强度。在某基础工程浇筑时，由于振捣棒插入深度不够，振捣时间不足，基础内部出现大量蜂窝状孔洞，严重影响基础的承载力。此外，混凝土浇筑过程中若出现冷缝，即前后两次浇筑的混凝土之间形成明显的分层界面，则会降低混凝土的抗渗性和整体性。钢筋施工质量问题也会对工程造成严重影响，其中，钢筋的材质不符合设计要求是常见问题。若使用了强度等级不足或有质量缺陷的钢筋，则会导致结构构件的承载力降低。例如，在某工程中，为降低成本，施工方采购了劣质钢筋，其实际屈服强度低于设计要求。在结构受力时，钢筋过早屈服，导致构件变形过大，甚至出现破坏现象。钢筋的加工和安装不符合规范也会引发问题，如钢筋的锚固长度不足，无法保证钢筋与混凝土之间的有效黏结，在受力时钢筋容易从混凝土中拔出。在某框架结构中，柱钢筋的锚固长度未达到设计要求，在地震作用下，柱脚钢筋拔出，柱子发生破坏。基础施工质量问题直接威胁建筑物的稳定性。在基础开挖过程中，若未按照设计要求进行放坡或采取有效的支护措施，则可能导致边坡坍塌。例如，在某深基坑开挖时，施工方为了节省时间和成本，未按设计坡度放坡，且支护结构施工质量差，降雨后基坑边坡发生坍塌，不仅影响施工进度，还对周边建筑物和人员安全造成威胁。基础的尺寸和标高控制不准确，会导致基础承载力不足或建筑物的整体沉降不均匀。如某建筑物的基础尺寸小于设计要求，基础的承载面积减小，在建筑物荷载作用下，基础出现过大沉降，导致建筑物墙体开裂。边坡施工质量问题在山区或有边坡的工程中较为突出，其中，边坡支护施工不规范是主要问题。若锚杆锚索的安装角度、深度不符合设计要求，则锚杆锚索无法有效发挥支护作用。例如，在某边坡支护工程中，部分锚杆的安装角度偏差过大，在土体侧压力作用下，锚杆无法提供足够的拉力，导致边坡出现滑移。挡土墙的施工质量差，如墙体强度不足、基础埋深不够，会导致挡土墙倒塌或滑移。在某挡土墙施工中，由于混凝土强度未达到设计要求，且基础埋深过浅，在土体压力作用下，挡土墙发生倾斜和倒塌。针对混凝土施工质量问题，若混凝土强度未达到设计要求，可采用表面处理法，如在混凝土表面涂抹高强度的修补材料，提高表面强度。对于内部存在空洞、蜂窝等缺陷的混凝土，可采用压力灌浆法，将高强度的水泥浆或化学浆液注入缺陷部位，填充空洞，增强混凝土的整体性。对于钢筋施工质量问题，如钢筋材质不符合要求，应拆除不合格钢筋，重新采购和安装符合设计要求的钢筋。对于钢筋锚固长度不足的情况，可采用焊接或机械连接的方式接长钢筋，确保锚固长度满足要求。对于基础施工质量问题，若基础边坡坍塌，应立即停止施工，清理坍塌土体，重新进行边坡支护设计和施工。对于基础尺寸和标高控制不准确的情况，若基础尚未施工完毕，应及时调整尺寸和标高；若基础已建成，可根据实际情况采用基础加固措施，如增大基础面积、增设桩基础等。对于边坡施工质量问题，若锚杆锚索安装不规范，应重新安装或增设锚杆锚索，确保支护效果。对于挡土墙出现倒塌或滑移的情况，应拆除重建，严格控制施工质量，确保挡土墙的强度和稳定性。

四、环境因素影响

在地基基础工程中，环境因素对工程的影响不可小觑。许多工程事故的发生都与环境因素密切相关。深入探究环境因素对工程的影响，并采取有效的应对和处理措施，对于保障工程的顺利进行和安全稳定至关重要。地下水是影响地基基础工程的重要环境因素。地下水位的变化会对地基土的力学性质产生显著影响。当地下水位上升时，地基土的含水量增加，土体的重度增大，抗剪强度降低。例如，在某工程建设区域，由于周边河流改道，导致地下水位大幅上升。原本稳定的地基土在含水量增加后，其抗剪强度降低了约

20%。这使得地基的承载力下降，建筑物出现不均匀沉降，墙体出现裂缝。地下水位上升还可能导致地基土的浮力增大，对地下室等地下结构产生不利影响。如某地下室工程，因地下水位上升，地下室底板受到的浮力超过设计值，导致底板出现上拱开裂现象。地震是对地基基础工程具有毁灭性影响的环境因素。在地震作用下，地基土会受到强烈的震动，可能引发地基液化现象。在饱和砂土或粉土地基中，地震波的传播使土颗粒间的有效应力减小，孔隙水压力升高，土体像液体一样失去抗剪强度。例如，在一次地震中，某地区的饱和粉土地基发生液化，导致其上建筑物出现严重倾斜、下沉甚至倒塌。地震还会使地基土产生不均匀沉降，对建筑物的结构造成严重破坏。由于地震波的传播特性和地基土的不均匀性，不同部位的地基土在地震中的响应不同，从而导致建筑物各部位的沉降差异增大。极端天气条件也会给地基基础工程带来诸多影响，暴雨是常见的极端天气。大量降雨会使地基土含水量急剧增加，导致土体饱和，抗剪强度大幅降低。在山区，暴雨还可能引发山体滑坡、泥石流等地质灾害。例如，某山区的工程建设，遭遇暴雨袭击，山坡上的土体因含水量饱和而发生滑坡，掩埋了部分正在施工的基础，导致工程停滞，且对施工人员的生命安全构成威胁。强风对高耸建筑物的基础也有较大影响。强风产生的水平荷载可能使基础承受过大的弯矩和剪力。例如，在沿海地区，某高层建筑在强台风来袭时，基础受到的水平风力超过设计值，导致基础出现裂缝，影响建筑物的整体稳定性。周边施工环境也是影响地基基础工程的重要因素，在已有建筑物附近进行新的工程施工时，若施工方法不当，可能对原有建筑物的地基基础造成破坏。例如，在某既有建筑旁边进行深基坑开挖时，由于未采取有效的支护措施，基坑开挖导致周边土体位移，使原有建筑物的基础受到扰动，出现不均匀沉降，墙体开裂。此外，新施工工程的打桩作业可能产生震动和挤土效应，对周边建筑物的地基基础产生不利影响。如在某小区附近进行打桩施工时，打桩产生的震动和挤土效应导致小区部分建筑物的基础出现裂缝，居民生活受到严重影响。针对地下水问题，若地下水位上升，可采取降水措施，如设置井点降水系统，将地下水位降至设计要求的标高以下。同时，对地下室等地下结构进行抗浮加固，可采用抗浮桩、配重等方式，增强地下结构的抗浮能力。对于因地下水位上升导致地基土抗剪强度降低的情况，可采用注浆加固法，将水泥浆、化学浆液等注入地基土中，以提高土体的抗剪强度和承载力。在地震多发地区，对于可能发生液化的地基，可采用强夯法、振冲碎石桩法等进行地基加固处理，提高地基土的密实度和抗液化能力。在建筑物设计阶段，应提高建筑物的抗震设防标准，采用合理的结构体系和抗震构造措施，以增强建筑物的抗震性能。例如，在设计中增加剪力墙、支撑等抗震构件，提高结构的侧力刚度和延性。对于极端天气条件，在暴雨来临前，应做好施工现场的排水工作，设置完善的排水系统，确保雨水能够及时排出。对于山区工程，应加强对山体的监测，提前采取防护措施，如设置挡土墙、护坡等，防止山体滑坡和泥石流的发生。对于强风影响，在建筑物设计时，应充分考虑风荷载的作用，合理设计基础的尺寸和配筋，以增强基础的抗风能力。在施工过程中，应根据天气预报，合理安排施工进度，在强风来临前停止高处作业，对施工现场的临时设施进行加固。对于周边施工环境问题，在进行新的工程施工前，应对周边建筑物进行详细的调查和评估，制定合理的施工方案。在深基坑开挖时，应采取有效的支护措施，如采用地下连续墙、土钉墙等支护结构，减少基坑开挖对周边土体的影响。在打桩作业时，应控制打桩的顺序和速度，采用合理的打桩工艺，减少震动和挤土效应。同时，在施工过程中，应加强对周边建筑物的监测，及时发现问题并采取相应的处理措施。

第二节　变形事故处理

一、地基沉降变形处理

在地基基础工程中，地基沉降变形是较为常见且影响较大的问题，严重时可能导致建筑物倾斜、开裂甚至倒塌，因此对其进行妥善处理至关重要。软土地基是引发地基沉降变形的常见原因之一。软土具有高含水量、高孔隙比、低强度和高压缩性的特点。在建筑物荷载作用下，软土中的孔隙水逐渐被挤出，土体颗粒重新排列，导致地基沉降。例如，在某沿海地区的城市建设中，许多建筑建在滨海软土地基上。由于软土的特性，在建筑物建成后的几年内，陆续出现了不同程度的沉降。其中一个住宅小区，在建成后的三年内，平均沉降量达到了 15cm，部分建筑的沉降差甚至超过了规范允许值，导致建筑物墙体出现裂缝、门窗变形，严重影响了居民的正常生活和使用安全。地基土分布不均匀也是导致沉降变形的重要因素。当建筑物基础坐落于不同性质的地基土上时，由于不同土体的压缩性和承载力差异，会产生不均匀沉降。比如，在某工程场地中，一部分地基土为坚硬的岩石，另一部分为软弱的黏性土。建筑物的基础跨越这两种不同的地基土，在建筑物荷载作用下，软弱性黏土区域的沉降量远远大于岩石区域，导致建筑物整体倾斜，结构严重破坏。地下水位的变化对地基沉降也有显著影响。当地下水位上升时，地基土的含水量增加，土体的重度增大，抗剪强度降低，同时浮力增大，会导致地基沉降。例如，在某城市的老城区，由于排水系统老化，在雨季时地下水位大幅上升。该区域内的地基土为粉质黏土，在地下水位上升后，一些老旧建筑地基土的力学性质发生改变，建筑物出现了明显的沉降，部分建筑的墙体出现了斜裂缝，严重威胁到居民的生命财产安全。针对软土地基的沉降问题，预压法是一种常用的处理方法，其可分为堆载预压和真空预压。堆载预压是在地基上堆填一定重量的材料，如土方、砂石等，使地基土在预压荷载作用下提前完成大部分沉降。某软土地基上的大型工业厂房建设，就采用了堆载预压法。在地基上堆填了 3m 厚的土方，预压时间为 6 个月。经过预压，地基沉降基本稳定，再进行厂房基础的施工，有效减少了建筑物建成后的沉降量。真空预压则是通过在地基中设置砂井或塑料排水板，在地基表面铺设密封膜，通过抽真空使地基土中的孔隙水排出，加速地基沉降。强夯法也是处理软土地基沉降的有效手段。强夯法利用重锤从高处自由落下产生的强大冲击力，使地基土颗粒重新排列，孔隙率减小，密实度增加，从而提高地基土的承载力和抗沉降能力。某软土地基的道路工程，采用强夯法进行地基处理，选用 20t 的重锤，落距为 10m，对地基进行了多遍夯击。夯击后，地基土的标准贯入锤击数显著增加，地基的承载力提高，有效控制了道路建成后的沉降。对于地基土分布不均匀导致的沉降问题，可采用换填垫层法进行处理。在某建筑工程中，对于基础坐落于软弱黏性土区域的部分，挖除了1.5m深的黏性土，换填级配良好的砂石。换填后，该区域地基的承载力得到显著提高，与岩石区域的沉降差异减小，有效控制了建筑物的不均匀沉降。复合地基法也是处理不均匀地基沉降的常用方法，通过在地基中设置增强体，如碎石桩、CFG桩等，与周围土体形成复合地基，提高地基的整体承载力和均匀性。在某工程中，采用了CFG桩复合地基处理不均匀地基。根据地基土的分布情况，合理布置CFG桩，桩径为0.5m，桩间距为1.5m。施工完成后，经过检测，地基的承载力和均匀性得到显著改善，建筑物的沉降得到有效控制。对于因地下水位变化导致的沉降问题，首先要采取措施控制地下水位。如设置排水系统，包括明沟、暗管等，及时排除地表水和地下水，防止地下水位上升。同时，对于受地下水位影响较大的地基，可采用隔水帷幕等措施，阻止地下水浸泡地基土。某地下水位较高的建筑场地，以地下连续墙作为隔水帷幕，有效阻止了地下水对地基的影响，减少了地基沉降。

二、基础倾斜处理

在地基基础工程中，基础倾斜是一个严重的问题。它不仅影响建筑物的外观和使用功能，还可能对建筑物的结构安全构成威胁。因此，及时准确地分析基础倾斜的原因，并采取有效的处理措施至关重要。基础施工过程中的缺陷是导致基础倾斜的常见原因之一。在基础开挖阶段，若未按照设计要求进行放坡或支护，可能导致基坑边坡坍塌，进而影响基础的稳定性。例如，在某建筑工程的基础施工中，施工单位为了节省成本和时间，未按设计坡度进行基坑开挖，且未设置足够的支护。在一次降雨后，基坑边坡发生大面积坍塌，导致已施工的基础受到侧向挤压，出现了明显的倾斜。基础的浇筑质量也至关重要。若混凝土浇筑过程中振捣不密实，存在蜂窝、孔洞等缺陷，会降低基础的强度和整体性。例如，在某基础浇筑时，由于振捣工人操作不当，部分区域振捣时间不足，导致基础内部出现大量蜂窝状空洞。在建筑物荷载作用下，这些薄弱部位无法承受压力，导致基础发生倾斜。基础底面的平整度也是影响基础稳定性的关键因素。若基础底面不平整，各部位受力不均，会导致基础在竖向荷载作用下发生倾斜。例如，在某工程中，基础施工时未对基底进行严格的找平处理，基础底面局部高低不平。建筑物建成后，在长期荷载作用下，基础逐渐向较低的一侧倾斜。周边环境因素对基础倾斜也有显著影响，相邻建筑物的施工也是一个重要因素。若新建筑在施工过程中进行深基坑开挖、降水或打桩等作业，可能引起周边土体的位移和变形，从而导致原有建筑物基础倾斜。例如，在某既有建筑旁边进行新的高层建筑施工时，新建筑的深基坑开挖导致周边土体向基坑内移动，使原有建筑物的基础受到侧向力的作用，出现了倾斜现象。地下水位的变化也会对基础稳定性产生影响。当地下水位上升时，地基土的含水量增加，土体的抗剪强度降低，基础的稳定性受到威胁。例如，在某地区，由于地下水位季节性上升，导致该区域内一些建筑物的基础发生倾斜。地下水位上升还可能使地基土产生浮力，对基础产生向上的作用力，进一步加剧了基础的倾斜。地基不均匀沉降是导致基础倾斜的重要原因之一，如前文所述，当建筑物基础坐落于不同性质的地基土上，或者地基土在水平方向或垂直方向上的性质存在差异时，会产生不均匀沉降，使基础各部位承受的压力不同，从而导致基础倾斜。针对基础倾斜问题，可采用顶升纠偏法进行处理。该方法是在基础倾斜一侧的底部设置千斤顶，通过缓慢顶升千斤顶，使基础逐渐恢复到垂直位置。在顶升过程中，需要严格控制顶升的速度和高度，确保基础均匀、缓慢上升，避免对基础和上部结构造成二次损伤。顶升完成后，需要对基础底部与地基土之间的空隙进行填充和加固，可采用高强度的灌浆材料进行填充，使基础与地基土紧密结合。例如，对某基础倾斜的建筑，采用了顶升纠偏法进行处理。通过在基础倾斜一侧均匀布置 8 个千斤顶，按照预定的顶升方案，逐步将基础顶升回垂直位置。顶升完成后，用 C40 灌浆料对基础底部空隙进行填充，经过一段时间的监测，基础未再出现倾斜现象。地基加固也是处理基础倾斜的重要措施。对于因地基不均匀沉降导致的基础倾斜，可采用注浆加固法进行处理。通过向地基土中注入水泥浆、化学浆液等，填充土颗粒间的空隙，提高地基土的强度和密实度，从而减少地基的沉降差异。例如，在某因地基不均匀沉降导致基础倾斜的建筑中，对沉降较大区域的地基进行注浆加固。注浆后，地基土的标准贯入锤击数显著增加，地基的承载力得到提高，基础的倾斜趋势得到有效控制。对于因基础施工质量问题导致的倾斜，若基础存在强度不足等问题，可采用外包混凝土或粘贴钢板等方法进行加固。外包混凝土是在基础表面浇筑一层新的混凝土，增加基础的截面尺寸和强度。粘贴钢板则是将高强度钢板粘贴在基础表面，利用钢板的强度提高基础的承载力。例如，某基础混凝土强度不足导致倾斜的建筑，采用了外包混凝土的方法进行加固。在基础表面凿毛处理后，浇筑一层 10cm 厚的 C30 混凝土，同时在混凝土中配置适量的钢筋。加固后，基础的强度得到显著提升，使基础能够更好地承受上部结构的荷载，防止倾斜进一步发展。

三、上部结构构件变形处理

在地基基础工程中，上部结构构件变形是不容忽视的问题，其影响建筑物的正常使用与结构安全。全面剖析构件变形原因，并采取恰当的处理措施，对保证工程质量与后续使用意义重大。设计因素是导致上部结构构件变形的关键原因之一。在设计过程中，若对结构构件的受力分析不准确，会使构件的承载力设计不足。例如，在某大型商场的设计中，对屋面梁的荷载计算有误，未充分考虑到后期可能增加的设备荷载。商场开业后，随着各类设备的安装，屋面梁承受的荷载超出设计值，导致梁出现明显的下挠变形。此外，结构体系的不合理设计也会引发构件变形。如在某高层建筑中，框架结构柱网布置不合理，部分柱子的间距过大，使得梁的跨度增加，在荷载作用下，梁的变形增大。施工质量问题同样会导致上部结构构件变形。混凝土的强度不达标是常见的问题，若在混凝土配制过程中，原材料质量不合格，或配合比不准确，会使混凝土的实际强度低于设计要求。例如，某建筑在施工中，使用了含泥量超标的砂石，且水泥用量不足，导致混凝土浇筑后强度无法达到设计的 C30 等级，实际强度仅为 C20 左右。在构件承受荷载时，由于混凝土强度不足，构件容易出现变形。钢筋的布置和连接不符合规范要求也会影响构件的性能。如在某梁的钢筋绑扎中，钢筋间距过大，无法有效约束混凝土，在受力时，混凝土容易出现裂缝和变形。此外，钢筋的锚固长度不足，会使钢筋在混凝土中无法充分发挥其抗拉作用，导致构件的承载力降低，变形增大。环境作用对上部结构构件变形也有显著影响，如长期的温度变化会使构件产生热胀冷缩变形。在一些大型公共建筑中，屋面构件由于直接暴露在阳光下，夏季温度较高时，构件受热膨胀；冬季温度较低时，构件又收缩。这种反复的温度变化会使构件内部产生应力，若应力超过构件的承受能力，就会导致构件变形甚至开裂。例如，某体育馆的屋面钢梁，在受到多年的温度变化作用后，出现了局部弯曲变形。地震、大风等自然灾害也是导致构件变形的重要因素，在地震作用下，建筑物会受到强烈的水平和竖向地震力，结构构件承受的内力大幅增加。例如，在一次地震中，某多层建筑的框架柱受到水平地震力的作用，柱身出现了弯曲变形，部分柱的混凝土被压碎，钢筋外露。大风天气对高耸建筑物的影响较大。强风产生的水平荷载会使建筑物的梁、柱等构件承受较大的弯矩和剪力，导致构件变形。例如，在沿海地区的某高层建筑，在强台风来袭时，外框架的部分梁构件出现了明显的侧向弯曲变形。对于设计原因导致的上部结构构件变形，若构件变形较小，可采用加固的方法进行处理。如对于梁的承载力不足问题，可采用粘贴碳纤维布或钢板的方法进行加固。碳纤维布具有高强度、轻质、耐腐蚀等优点，将其粘贴在梁的受拉区，能够有效提高梁的抗弯能力。粘贴钢板则是通过增加梁的截面刚度，提高梁的承载力。在某梁变形较小的建筑中，采用粘贴碳纤维布的方法进行加固，经过加固后，梁的变形得到有效控制，能够满足正常使用要求。若构件变形较大，可能需要对结构体系进行调整。例如，在某柱网布置不合理的建筑中，为了减小梁的跨度，可在适当位置增设柱子，将大跨度梁分隔成小跨度梁，从而降低梁的变形。在增设柱子时，需要对原结构进行详细的结构分析和设计，确保新增加的柱子与原结构能够协同工作。对于因施工质量问题导致的构件变形，若混凝土强度不达标，可采用外包混凝土的方法进行加固。在构件表面浇筑一层新的混凝土，可增加构件的截面尺寸和强度。例如，对某混凝土强度不足的柱构件，采用了外包混凝土的方法进行加固，在柱表面浇筑了一层 15 厘米厚的 C35 混凝土，并配置了适量的钢筋。加固后，柱的承载力得到显著提升，变形得到有效控制。对于钢筋布置和连接不符合规范要求的问题，若钢筋间距过大，可在构件中增设钢筋，减小钢筋间距。若钢筋锚固长度不足，可采用焊接或机械连接的方式接长钢筋，确保锚固长度满足要求。对于环境作用导致的构件变形和温度变化引起的变形，可在设计阶段考虑设置伸缩缝，将建筑物分成若干个独立的部分，减小温度应力的影响。在已建成的建筑物中，若构件因温度变化而出现变形，可采用设置温度补偿装置的方法进行处理，如在屋面钢梁上设置滑动支座，允许钢梁在温度变化时自由伸缩，减少温度应力。对于地震、大风等自然灾害导致的构件变形，在震后或灾后，首先要对构件进行安全评估，确定构件的损坏程度。对于轻微变形的构件，可采用修复和加固的方法进行处理，如对于梁的裂缝，可采用压力灌浆的方法进行修复，然后粘贴碳纤维布或钢板进行加固。对于严重变形或损坏的构件，需要拆除重建。在重建过程中，要提高构件的抗震和抗风设计标准，增强构件的承载力和变形能力。

四、特殊地基条件下的变形处理

在地基基础工程中，特殊地基条件往往给工程带来诸多挑战，极易引发地基与上部结构的变形问题。这些特殊地基包括湿陷性黄土、膨胀土、液化土等。针对它们导致的变形问题，需深入剖析原因并采取有效处理措施。湿陷性黄土地基是较为常见的特殊地基类型它在天然状态下具有一定的强度和稳定性，但受水浸湿后，土颗粒间的胶结物质被溶解，结构被迅速破坏，产生显著的下沉变形，即湿陷变形。例如，在某位于湿陷性黄土地区的工业厂房建设中，由于厂区排水系统设计不合理，暴雨后大量雨水渗入地基，导致厂房地基出现大面积湿陷，厂房墙体开裂，部分设备基础下沉，影响了正常生产。膨胀土地基也是特殊地基的一种。膨胀土的矿物成分主要是蒙脱石、伊利石等，这些矿物具有较强的亲水性。当膨胀土含水量增加时，土体发生膨胀；含水量减少时，土体收缩。这种反复的胀缩变形，对建筑物的基础和上部结构产生了严重影响。例如，在某住宅建设中，由于未充分考虑场地的膨胀土特性，建筑物建成后，随着季节变化，地基土含水量改变，基础出现反复的升降变形，导致建筑物墙体出现裂缝、门窗变形，严重影响居住安全和使用功能。液化土地基多存在于饱和砂土或粉土地层中，在地震等动力作用下，土颗粒间的有效应力减小，孔隙水压力急剧上升，土体像失去抗剪强度，发生液化现象。地基液化会导致地基承载力大幅降低，建筑物产生不均匀沉降、倾斜甚至倒塌。例如，在地震中，某地区的饱和粉土地基发生液化，致使该区域内多栋建筑物出现严重沉降和倾斜，部分建筑物甚至完全倒塌，造成巨大的人员伤亡和财产损失。针对湿陷性黄土地基的变形问题，换填垫层法是常用的处理方法之一。将基础底面以下一定深度范围内的湿陷性黄土挖除，换填为灰土、砂石等低压缩性、高强度的材料。换填厚度根据地基的湿陷等级和建筑物的荷载情况确定，一般在 $1\sim3m$ 之间。例如，在某湿陷性黄土地基的建筑工程中，通过换填 2m 厚的灰土垫层，有效消除了地基的湿陷性，建筑物建成后未出现湿陷导致的变形问题。灰土挤密桩法也是处理湿陷性黄土地基的有效手段。该方法利用打桩机将桩管打入土中，然后在桩管内填入灰土，边填边夯实，形成灰土桩。灰土桩与周围土体形成复合地基，提高了地基的承载力和抗湿陷能力。灰土挤密桩的桩径一般为 $300\sim600mm$，桩间距根据地基土的性质和处理要求确定，一般在 $1.0\sim1.5m$ 之间。在某湿陷性黄土地区的道路工程中，采用灰土挤密桩法对地基进行处理，有效改善了地基的力学性能，道路建成后未出现湿陷导致的路面变形。对于膨胀土地基的变形问题，设置排水系统至关重要。在建筑物周边建设截水沟、排水管道等设施，及时排除地表水和地下水，减少地基土的含水量变化，从而控制土体的胀缩变形。例如，在某膨胀土地基上的住宅小区建设中，合理规划排水系统，使雨水能够迅速排出小区，避免了雨水渗入地基，有效降低了地基土的含水量波动，减少了建筑物的变形。对膨胀土地基进行改良也是常用方法。在地基土中掺入石灰、水泥等固化剂，可改变土体的物理力学性质，降低其膨胀性。石灰改良一般将石灰按一定比例（如 $5\%\sim10\%$）掺入地基土中，经过搅拌、压实后，土体的膨胀性得到有效抑制。在某膨胀土地基的工业厂房建设中，采用石灰改良法进行处理，在地基土中掺入了 8% 的石灰。经过处理后，地基土的膨胀性显著降低，厂房建成后未出现地基膨胀导致的变形问题。

对于液化土地基的变形问题，强夯法是一种有效的处理方法。该方法利用重锤从高处自由落下产生的强大冲击力，使地基土颗粒重新排列，孔隙率减小，密实度增加，提高地基的抗液化能力。强夯的夯击能根据地基土的性质和液化程度确定，一般在 1000~4000kN·m 之间。在某可能发生液化的地基工程中，采用强夯法进行处理，选用了 2000kN·m 的夯击能。经过多遍夯击，地基土的标准贯入锤击数大幅增加，抗液化能力显著提升。振冲碎石桩法也常用于处理液化土地基。该方法通过振冲器在地基中造孔，然后填入碎石并振密，形成碎石桩。碎石桩与周围土体形成复合地基，增强了地基的排水能力和抗液化能力。振冲碎石桩的桩径一般为 700~1000mm，桩间距根据地基土的性质和处理要求确定，一般在 1.5~2.5m 之间。在某液化土地基的建筑工程中，采用了振冲碎石桩法进行处理。施工完成后，经过检测，地基的抗液化能力得到显著提高，建筑物在后续使用中未出现地基液化导致的变形问题。

第三节　强度事故处理

一、地基承载力不足的处理

在地基基础工程中，地基承载力不足是关键问题，严重影响建筑物的稳定与安全。全面分析其成因，并采取有效的应对措施，对保证工程质量、避免潜在事故意义重大。地基土自身的性质是导致承载力不足的重要原因。软土地基是典型例子，像淤泥、淤泥质土这类软土，具有高含水量、大孔隙比、低强度的特点。在建筑物荷载作用下，软土的压缩性高，难以提供足够的支撑力，致使地基沉降过大，承载力无法满足要求。例如，在某沿海城市的新区建设中，部分区域为深厚的淤泥质软土层，在进行住宅小区建设时，未对软土地基进行有效处理就直接施工，结果建筑物建成后，地基出现了不均匀沉降，部分房屋墙体开裂，经检测发现是地基承载力不足所致。地基土的压实度不够也会导致承载力问题。在基础施工过程中，若对地基土的压实不到位，土体颗粒间的空隙较大，无法形成紧密的结构，其承载力就会受到影响。比如，在某道路工程的地基处理中，由于压实机械的选择不当以及压实遍数不足，地基土的压实度未达到设计要求，在道路投入使用后，出现了路面下沉、开裂等问题，这说明地基承载力不足，无法承受车辆荷载。地质条件的变化也可能引发地基承载力不足，在工程建设过程中，若遇到地下水位上升的情况，地基土的含水量增加，土体的抗剪强度降低，就会导致地基承载力下降。例如，在某工程施工期间，由于附近河流改道，地下水位大幅上升，使得原本稳定的地基土的力学性质发生改变，地基承载力明显降低，已经施工的基础出现了沉降现象。此外，地震等自然灾害也会对地基土的结构造成破坏，降低其承载力。在地震作用下，地基土受到强烈的震动，土颗粒间的排列结构被打乱，土体的密实度降低，导致承载力不足。例如，在一次地震后，某地区的建筑物出现了不同程度的损坏，经检测发现部分建筑物的地基承载力下降，这是由于地震对地基土的结构造成了破坏。周边环境的影响同样不可忽视。在已有建筑物附近进行新的工程施工时，若施工方法不当，可能对原有建筑物的地基承载力产生影响。例如，在某既有建筑旁边进行深基坑开挖时，由于未采取有效的支护措施，基坑开挖导致周边土体位移，使原有建筑物的地基受到扰动，地基承载力降低，引发墙体开裂、基础沉降等问题。针对地基承载力不足的问题，换填垫层法是常用的处理手段。在某建筑工程中，基础底面以下存在 1.5m 厚的软弱黏性土，通过挖除该层黏性土，换填级配良好的砂石，并进行分层夯实，地基的承载力得到了显著提高，满足了建筑物的承载要求。排水固结法也是一种有效的地基处理方法。对于软土地基，可通过在地基中设置砂井或塑料排水板，然后施加预压荷载，使地基土中的孔隙水排出，使土体逐渐固结、强度提高，从而提高地基的承载力。例如，在某软土地基上的大型工业厂房建设，采用了排水固结法。首先在地基中按一定间距设置塑料排水板，然后在地基表面堆填土方进行预压，经过几个月的预压，地基土的强度明显提高，地基承载力满足了厂房的建设要求。加筋法也能有效解决地基承载力不足的问题。该方法是在地基土中铺设土工格栅、土工格室等加筋材料，使加筋材料与地基土相互作用，形成一个复合体系，提高地基土的强度和稳定性，从而增加地基的承载力。在某道路工程中，为了提高地基承载力，在地基土中铺设了土工格栅，土工格栅与地基土紧密结合，增强了地基土的整体性和承载力。道路建成后，使用效果良好，未出现地基承载力不足导致的问题。

二、基础结构损坏修复

在地基基础工程中，基础结构的损坏会严重威胁建筑物的整体稳定性和安全性，因此对其进行及时有效的修复至关重要。基础结构损坏的原因多样，需准确分析并采取针对性的修复措施。基础裂缝是常见的基础结构损坏形式，而温度变化是导致基础裂缝的原因之一。在混凝土基础浇筑后，水泥水化过程中会释放大量热量，使混凝土内部温度升高。当混凝土内部温度与表面温度差过大时，会产生温度应力。若温度应力超过混凝土的抗拉强度，就会导致裂缝产生。例如，在某大型混凝土基础浇筑过程中，由于未采取有效的温控措施，混凝土内部温度高达70℃，而表面温度受环境影响仅为30℃，巨大的温差导致基础表面出现了多条裂缝。基础不均匀沉降也是引发基础裂缝的重要原因。当地基土的承载力不均匀，或者地基受到周边施工、地下水位变化等因素影响时，基础各部位沉降会不一致。这种不均匀沉降会使基础产生附加应力，当附加应力超过基础的承受能力时，就会出现裂缝。例如，在某建筑物附近进行深基坑开挖，由于未采取有效的支护措施，基坑开挖导致周边土体位移，使该建筑物的基础出现不均匀沉降，进而导致基础产生裂缝。基础混凝土强度降低也是基础结构损坏的常见问题，而混凝土配合比不当是导致强度降低的主要原因之一。水泥用量不足、水灰比过大，都会使混凝土的强度无法达到设计要求。在某基础施工中，为了节省成本，施工方擅自减少水泥用量，且水灰比控制不当，导致基础混凝土强度仅达到设计强度的70%。在建筑物荷载作用下，基础混凝土不断出现裂缝、剥落等现象，严重影响基础的承载力。混凝土的耐久性不足也会导致强度降低，长期受到水、化学物质等侵蚀，混凝土中的水泥石会逐渐被腐蚀，骨料与水泥石之间的黏结力减弱，从而使混凝土强度降低。例如，在某沿海地区的建筑物基础，由于长期受到海水侵蚀，混凝土表面出现了严重的腐蚀现象，内部钢筋开始锈蚀，基础的承载力大幅下降。基础变形是基础结构损坏的表现形式之一。除了前文提到的不均匀沉降导致的基础倾斜变形，基础还可能因受到侧向力的作用而发生水平位移。例如，在山区的建筑物基础，可能因山体滑坡产生的侧向推力，发生水平位移。基础的过大变形会使上部结构产生附加内力，影响建筑物的整体稳定性。针对基础裂缝问题，对于宽度较小的裂缝，如小于0.2mm，可采用表面封闭法。即使用环氧胶泥、聚合物水泥砂浆等材料，将裂缝表面封闭，防止水分和空气进入，避免钢筋锈蚀。对于宽度较大的裂缝，如大于0.3mm，可采用压力灌浆法。即将环氧浆液、水泥浆液等通过压力注入裂缝中，使裂缝填充密实，恢复基础的整体性。例如，在某基础裂缝修复工程中，对于宽度小于0.2mm的裂缝，采用环氧胶泥进行表面封闭；对于宽度大于0.3mm的裂缝，采用压力灌浆法，将环氧浆液注入裂缝，修复后基础裂缝得到有效控制。对于基础混凝土强度降低的问题，可采用外包混凝土加固法。在基础表面浇筑一层新的混凝土，增加基础的截面尺寸和强度。例如，在某基础混凝土强度不足的加固工程中，在基础表面浇筑了15cm厚的C35混凝土，并配置了适量的钢筋，加固后，基础的承载力得到显著提升。当基础发生变形时，若为不均匀沉降导致的倾斜变形，可采用顶升纠偏法。在基础倾斜一侧设置千斤顶，缓慢顶升，使基础恢复垂直。顶升过程中要严格控制顶升量和速度，避免对基础和上部结构造成二次损伤。顶升完成后，对基础底部空隙进行填充加固，如用高强度灌浆材料填充。对于基础的水平位移，可采用增设支撑的方法，增加基础的侧向约束，防止位移进一步扩大。在某基础发生水平位移时，在基础周边增设了混凝土支撑，有效阻止了基础位移。对于基础受到腐蚀的情况，首先要清除腐蚀产物，对基础表面进行处理。其次，采用防腐蚀涂料对基础进行涂刷，形成保护膜，防止基础进一步腐蚀。对于钢筋锈蚀的情况，要对锈蚀钢筋进行除锈处理，然后用防锈漆进行涂刷，必要时可更换锈蚀严重的钢筋。在某沿海地区基础防腐蚀处理中，先清除基础表面的腐蚀产物，然后涂刷了两层防腐蚀涂料，对锈蚀钢筋进行除锈和防锈处理，有效延长了基础的使用寿命。

三、桩基础缺陷处理

在地基基础工程中，桩基础作为承载上部结构荷载的重要部分，一旦出现缺陷，会严重威胁建筑物的安全与稳定。桩基础缺陷的成因复杂多样，对其进行精准分析并采取有效处理措施，是保障工程质量和安全的关键。桩身混凝土缺陷是常见的桩基础问题。在灌注桩施工过程中，混凝土浇筑工艺不当极易引发此类问题。例如，若导管埋深控制不当，导管埋入混凝土过浅，可能导致混凝土浇筑过程中出现断桩现象。在某灌注桩施工中，由于操作人员经验不足，导管埋深未按要求控制，在浇筑过程中导管脱离混凝土面，致使桩身出现了一段空洞，形成断桩缺陷。此外，混凝土的和易性差（如坍落度过小），在浇筑过程中难以顺利流动，容易在桩身形成夹泥、离析等缺陷。桩身倾斜也是桩基础可能出现的缺陷。在打桩过程中，若桩锤的重心与桩身不重合，会使桩身受到偏心冲击力，从而导致桩身倾斜。例如，在某预制桩施工时，由于桩锤的安装存在偏差，桩锤击打桩身时并非垂直作用，使得桩身逐渐倾斜。另外，施工现场的地质条件复杂，如存在孤石、软硬不均的地层等，也会导致桩身倾斜。当桩身穿越软硬不均的地层时，在软硬地层交界处，桩身容易受到侧向力作用而发生倾斜。桩端承载力不足同样是不容忽视的桩基础缺陷。这可能是由于桩端未达到设计要求的持力层深度。在施工过程中，若地质勘察不准确，对持力层的判断出现偏差，可能导致桩端未进入足够深度的持力层。例如，在某工程中，地质勘察报告显示持力层深度为15m，但实际施工时发现持力层分布不均匀，部分桩端仅进入持力层 10m，导致桩端承载力不足。此外，桩端的施工质量问题也会影响承载力，如桩端扩底效果不佳，无法有效增加桩端的承载面积，从而降低了桩端的承载力。针对桩身混凝土缺陷，若缺陷较小，如桩身存在局部小面积的夹泥、蜂窝等情况，可采用压力灌浆法进行修补，即将高强度的水泥浆或环氧浆液通过压力注入缺陷部位，填充空洞，增强桩身的整体性。在某桩身存在局部蜂窝缺陷的处理中，通过压力灌浆，将水泥浆注入缺陷处，经过检测，桩身的完整性得到了有效恢复。若缺陷较为严重，如出现断桩，则需根据具体情况进行处理。对于浅部断桩，可采用开挖法，将断桩部位以上的土体挖开，清理断桩处的杂物，然后重新浇筑混凝土。对于深部断桩，可采用钻孔压浆法，在断桩两侧钻孔，通过钻孔将浆液注入断桩部位，使断桩重新连接。对于桩身倾斜问题，若桩身倾斜程度较小，可采用纠偏措施。在桩身倾斜一侧施加反向力，使桩身逐渐恢复垂直。例如，在某桩身倾斜度较小的工程中，采用在桩身倾斜一侧设置千斤顶的方法，通过缓慢顶升千斤顶，对桩身施加反向力，经过一段时间的调整，桩身恢复至垂直状态。若桩身倾斜度较大，无法通过纠偏措施解决，则需考虑在原桩附近增设新桩，以分担上部结构荷载，确保基础的稳定性。当桩端承载力不足时，若桩端未达到设计持力层深度，可采用补桩的方法。在原桩周边合适位置增设新桩，使新桩达到设计要求的持力层深度，分担上部结构荷载。例如，在某桩端承载力不足的工程中，通过在原桩周边均匀布置 3 根新桩，有效提高了桩基础的整体承载力。若桩端扩底效果不佳，可采用桩端后注浆技术进行加固。通过在桩端设置注浆管，将水泥浆注入桩端土体，使桩端土体得到加固，增加桩端的承载面积和摩擦力，从而提高桩端的承载力。例如，在某桩端扩底效果不理想的工程中，采用桩端后注浆技术，注浆后桩端承载力得到显著提升，满足了工程要求。

四、处理效果检测

在地基基础工程中，针对强度事故采取相应处理措施后，准确检测处理效果至关重要。这不仅关乎工程是否达到预期的安全与使用标准，还为后续工程决策提供了关键依据。通过多种科学有效的检测方法，能够全面评估处理措施的成效，确保地基基础的强度和稳定性满足要求。对于地基承载力的处理效果检测，静载荷试验是常用且可靠的方法。在处理后的地基上设置承载板，逐级施加竖向荷载，观测地基在各级荷载作用下的沉降情况。根据沉降与荷载的关系曲线，判断地基的承载力是否达到设计要求。例如，在某软土地基经过强夯处理后，进行静载荷试验。将承载板放置在处理后的地基上，按照设计要求的加载等级，依次施加荷载。在加载过程中，使用水准仪等设备精确测量承载板的沉降量。当荷载增加到设计承载力的 1.5 倍时，地基沉降量仍在允许范围内，且沉降曲线趋于稳定，表明地基承载力的处理效果良好，满足工程需求。动力触探试验也是检测地基承载力的有效手段，利用一定质量的重锤，以规定的落距自由落下，将探头贯入地基土中，根据探头贯入的难易程度（每贯入一定深度所需的锤击数）来判断地基土的性质和承载力。在某换填垫层法处理后的地基检测中，采用动力触探试验。通过对比处理前后的锤击数，发现处理后的地基在相同贯入深度下，锤击数明显增加，说明地基土的密实度提高，承载力增强，验证了处理措施的有效性。基础结构强度的检测同样关键，对于混凝土基础，超声回弹综合法是常用的非破损检测方法。利用超声仪和回弹仪，分别测量混凝土的声速和回弹值，通过相关的测强曲线，推算混凝土的强度。例如，在某基础混凝土强度不足，采用外包混凝土加固处理后，运用超声回弹综合法进行检测。在基础不同部位均匀布置测点，分别测量声速和回弹值，经计算，外包混凝土的强度达到设计要求，且与原基础混凝土结合良好，这说明加固处理效果符合预期。钻芯法是一种半破损检测方法，可直接获取混凝土芯样，直观地观察混凝土的内部质量，并通过对芯样的抗压试验，准确测定混凝土的强度。例如，在某基础混凝土出现严重缺陷，经修补处理后，采用钻芯法进行检测。从基础不同部位钻取芯样，对芯样进行外观检查，未发现明显缺陷，且芯样的抗压强度试验结果表明，混凝土强度满足设计要求，验证了修补处理的可靠性。桩基础质量的检测对于评估处理效果意义重大，低应变法常用于检测桩身完整性。通过在桩顶施加激振力，使桩身产生弹性波，弹性波沿桩身传播，当遇到桩身缺陷时，会产生反射波。根据反射波的特征，判断桩身是否存在缺陷以及缺陷的位置和程度。例如，在某桩身出现夹泥缺陷，经压力灌浆处理后，采用低应变法进行检测。检测结果显示，桩身的反射波信号正常，未发现明显的缺陷反射波，这说明桩身的夹泥缺陷得到有效处理，桩身完整性得到恢复。高应变法不仅能检测桩身完整性，还能估算桩的竖向承载力。通过重锤冲击桩顶，使桩身产生较大的加速度和应力，测量桩顶的力和加速度时程曲线，分析曲线特征，判断桩身的完整性和承载力。在某桩端承载力不足，采用补桩和桩端后注浆技术处理后，运用高应变法进行检测。检测结果表明，桩的竖向承载力达到设计要求，且桩身完整性良好，说明处理措施有效提升了桩基础的性能。在检测过程中，检测点的布置应具有代表性。对于大面积的地基处理，检测点应均匀分布在处理区域内，且数量应符合相关规范要求。对于基础结构和桩基础，应在关键部位和可能存在问题的部位设置检测点。例如，在基础的边缘、角部以及桩身的不同深度处设置检测点。同时，检测数据的分析应严谨科学，结合工程实际情况和相关规范标准，对检测结果进行综合判断。

第四节 耐久性问题

一、混凝土耐久性问题与处理

在地基基础工程中，混凝土耐久性对整个工程的长期稳定与安全起着决定性作用。混凝土耐久性不足，会引发一系列严重问题，影响建筑物的正常使用和结构安全。深入剖析混凝土耐久性问题的成因，并采取切实有效的处理方法，是地基基础工程建设与维护的关键环节。混凝土原材料质量是影响基础耐久性的重要因素，水泥的品种和质量直接关系到混凝土的性能。若使用了安定性不良的水泥，在混凝土硬化后，水泥中的游离氧化钙、氧化镁等成分会继续与水发生反应，产生体积膨胀，导致混凝土开裂。例如，在某工程中，由于使用了一批安定性不合格的水泥，混凝土浇筑后不久，就出现了大量不规则裂缝，严重影响了混凝土的耐久性。骨料的质量也不容忽视。含泥量过高的骨料，会降低骨料与水泥浆之间的黏结力，使混凝土的强度和抗渗性下降。例如，在某基础工程中，采用的砂含泥量超标，导致混凝土的抗渗等级无法达到设计要求，在地下水的长期侵蚀下，混凝土内部出现了空洞和裂缝，耐久性大大降低。混凝土的施工工艺对耐久性有显著影响，混凝土搅拌不均匀，会导致水泥浆与骨料分布不均，部分区域水泥浆过少，无法充分包裹骨料，从而降低混凝土的强度和耐久性。在混凝土搅拌过程中，由于搅拌时间过短，混凝土中出现了部分骨料抱团现象，在这些区域，混凝土的强度明显降低，在后续使用中，容易受到外界环境的侵蚀，出现裂缝和剥落等问题。混凝土的浇筑和振捣质量也至关重要。若浇筑过程中出现冷缝，即前后两次浇筑的混凝土之间形成明显的分层界面，会降低混凝土的抗渗性和整体性。振捣不密实会使混凝土内部存在空洞、蜂窝等缺陷，这些缺陷为水和侵蚀性介质的侵入提供了通道，加速了混凝土的劣化。例如，在混凝土基础浇筑时，由于振捣工人操作不熟练，振捣时间不足，基础内部出现了大量蜂窝状孔洞，在地下水的作用下，这些孔洞逐渐扩大，混凝土的耐久性受到严重影响。环境因素是混凝土耐久性问题的外部原因。在海洋环境中，混凝土会受到海水的侵蚀。因为海水中含有大量氯离子，会穿透混凝土保护层，到达钢筋表面，破坏钢筋的钝化膜，引发钢筋锈蚀。钢筋锈蚀后体积膨胀，会导致混凝土开裂，进一步加速海水对混凝土的侵蚀。例如，在某沿海地区的建筑基础中，由于长期受到海水侵蚀，混凝土表面出现了大量锈迹，钢筋锈蚀严重，混凝土开裂剥落，基础的承载力和耐久性大幅下降。在寒冷地区，混凝土还会面临冻融循环的考验。当混凝土内部的水分在低温下结冰时，体积会膨胀，对混凝土内部结构产生压力。在反复的冻融循环作用下，混凝土内部的微裂缝会逐渐扩展，导致混凝土的强度和耐久性降低。例如，在某北方地区的桥梁基础中，由于冬季气温较低，混凝土在冻融循环的作用下，表面出现了剥落现象，内部结构也受到一定程度的破坏，影响了桥梁的使用寿命。针对混凝土的耐久性问题，优化混凝土配合比是关键。根据工程所处的环境条件和设计要求，合理选择水泥品种、骨料级配以及外加剂的种类和掺量。在海洋环境中，可选用抗硫酸盐水泥，提高混凝土的抗侵蚀能力。同时，严格控制水灰比，降低混凝土的孔隙率，提高其密实度。例如，在某沿海建筑基础的混凝土配合比设计中，通过降低水灰比，增加水泥用量，并掺加适量的引气剂，提高了混凝土的抗渗性和抗冻性，有效延长了混凝土的使用寿命。加强施工质量控制也十分重要。在混凝土搅拌过程中，搅拌时间应充足，使水泥浆与骨料充分混合。在浇筑过程中，避免出现冷缝，采用合理的浇筑顺序和振捣方法，确保混凝土振捣密实。例如，在某大型混凝土基础浇筑时，采用分层浇筑、分层振捣的方法，每层浇筑厚度控制在 30～50cm，振捣棒插入下层混凝土 5~10cm，确保混凝土的整体性和密实度，提高了混凝土的耐久性。采取有效的防护措施能显著提高混凝土的耐久性，对处于侵蚀性环境中的混凝土，可在其表面涂刷防腐涂料，形成一层保护膜，阻止外界侵蚀性介质侵入。例如，在某化工厂的混凝土基础表面，涂刷了耐酸碱的防腐涂料，有效防止了化工废水对混凝土的侵蚀。对处于寒冷地区的混凝土，可在其表面设置保温层，减少混凝土内部水分的冻结，降低冻融循环的影响。

二、地基土耐久性问题与处理

在地基基础工程领域，地基土的耐久性是保障建筑物长期稳定与安全的基石。地基土耐久性不佳，会引发地基沉降、变形等一系列问题，严重威胁建筑物的结构安全与正常使用。全面探究地基土耐久性问题的根源，并制定行之有效的处理策略，是地基基础工程建设与维护的核心任务。地基土的固有特性是影响其耐久性的关键内部因素，以软土地基为例，其含水量高、孔隙比大、抗剪强度低，在长期的建筑物荷载作用下，易产生较大的沉降变形。而且，软土的结构相对松散，颗粒间的联结较弱，在外界因素的干扰下，如地下水位的波动，更容易导致土体结构破坏，进而降低其耐久性。例如，在某沿海城市的建筑项目中，由于场地地基为深厚的淤泥质软土，在建筑物建成后的几年内，地基沉降量持续增加，部分区域出现了不均匀沉降，导致建筑物墙体开裂。这充分体现了软土地基耐久性不足所带来的危害。特殊性质的地基土，如湿陷性黄土和膨胀土，其耐久性问题更为突出。湿陷性黄土在天然状态下具有一定的强度，但遇水浸湿后，土颗粒间的胶结物质被溶解，结构迅速被破坏，产生显著的湿陷变形，这不仅会对地基造成永久性的损伤，还会严重影响建筑物的稳定性。膨胀土因含有大量蒙脱石、伊利石等亲水性矿物，在含水量变化时，土体体积会发生明显的膨胀和收缩。这种反复的胀缩循环，会使地基土的结构逐渐疏松，强度降低，对建筑物基础产生不均匀的作用力，引发基础开裂、建筑物倾斜等问题。外部环境对地基土耐久性的侵蚀作用不容小觑，化学侵蚀是常见的环境影响因素之一。在一些工业区域，土壤可能受到工业废水、废气的污染，含有大量酸性或碱性物质。这些化学物质会与地基土中的矿物质发生化学反应，溶解土体中的胶结成分，破坏地基土的结构，降低其强度和稳定性。例如，某化工厂周边的建筑物地基，由于长期受到酸性废水的渗透侵蚀，地基土的酸碱度发生了显著变化，土体颗粒间的黏结力减弱，导致地基出现了明显的沉降和变形。地下水的作用也是影响地基土耐久性的重要因素，地下水位的频繁升降，会使地基土处于干湿交替的状态，加速了土体中矿物质的溶解和流失。同时，地下水中含有的各种离子，如氯离子、硫酸根离子等，可能与地基土中的成分发生化学反应，形成膨胀性的物质，导致土体体积增大，产生内应力，破坏地基土的结构。此外，在寒冷地区，地下水结冰时体积膨胀，对地基土产生冻胀力，反复的冻融循环会使地基土变得松散，强度降低。人为因素在地基土耐久性问题中也扮演着重要角色，不合理的工程建设活动，如在已有建筑物附近进行大规模的基坑开挖、降水作业等，可能改变地基土的应力状态和地下水分布，导致地基土变形和强度降低。例如，在某城市的旧城改造项目中，新的建筑工程在紧邻既有建筑物的位置进行深基坑开挖，且未采取有效的支护和降水措施，导致周边地基土的应力失衡，既有建筑物的地基出现了不均匀沉降，墙体裂缝。这表明地基土的耐久性受到了严重的人为破坏。在解决地基土耐久性问题方面，地基土改良是一种有效的手段。对于软土地基，可以采用排水固结法，通过设置砂井、塑料排水板等排水设施，加速土体中水分的排出，使土体在自重或外部荷载作用下逐渐固结，提高地基土的强度和稳定性。对于湿陷性黄土，可采用灰土挤密桩法，通过在地基中打入灰土桩，挤密桩间土，提高地基土的密实度和抗湿陷能力。对于膨胀土，可在地基土中掺入石灰、水泥等固化剂，改变土体的物理力学性质，降低其膨胀性和收缩性。设置有效的防护措施能显著提升地基土的耐久性。在地基土表面铺设土工合成材料，如土工格栅、土工膜等，可以隔离外界环境对地基土的侵蚀，增强地基土的整体性和稳定性。对于可能受到化学侵蚀的地基，可采用防腐蚀的土工膜进行包裹，阻止化学物质的侵入。在地下水位较高的地区，设置地下连续墙、止水帷幕等截水设施，可控制地下水对地基土的影响。规范工程建设活动对保护地基土耐久性至关重要。在进行工程建设前，应进行详细的地质勘察，充分了解地基土的性质和周边环境条件，制定合理的施工方案。在施工过程中，严格控制基坑开挖、降水等作业的范围和强度，采取有效的支护和加固措施，减少对周边地基土的扰动。同时，加强对施工过程的监测，及时发现和处理可能出现的地基土变形、沉降等问题。

三、基础防护耐久性问题与处理

在地基基础工程中，基础防护的耐久性对于确保基础乃至整个建筑物的长期稳定和安全起着至关重要的作用。基础防护一旦出现耐久性问题，外界的侵蚀性介质、水、温度变化等不利因素将更容易对基础造成损害，进而影响建筑物结构的完整性和使用功能。因此，深入探究基础防护耐久性问题的成因，并采取有效的处理措施，是保障地基基础工程质量的关键。基础的防腐涂层是抵御外界化学侵蚀的重要防线。然而，在实际使用过程中，防腐涂层常常会出现各种耐久性问题。涂层老化是一种常见现象。随着时间的推移，在紫外线、温度、湿度等环境因素的长期作用下，防腐涂层的化学结构会逐渐发生变化，导致涂层的性能下降。例如，一些暴露在阳光下的基础部位，防腐涂层经过数年的日晒雨淋后，表面出现了粉化、褪色等现象，防护效果大打折扣。涂层的剥落也是一个严重问题。如果在施工过程中，基础表面处理不当，存在油污、灰尘等杂质，或者涂层之间的附着力不足，就容易导致涂层在使用过程中逐渐剥落。例如，在某化工厂的基础防腐工程中，由于施工人员未对基础表面进行彻底清洁，涂层在使用一段时间后，出现了大面积剥落，使得基础直接暴露在具有腐蚀性的化工废气和废水中，加速了基础的腐蚀进程。基础的防水涂层同样对基础耐久性至关重要。防水涂层失效的原因有多种。一方面，防水材料的质量参差不齐，如果使用了质量不合格的防水材料，涂层的防水性能往往难以保证。例如，一些价格低廉的防水涂料，在使用一段时间后，会出现干裂、起泡等问题，导致防水性能丧失。另一方面，施工过程中的不规范操作也会影响防水涂层的耐久性。例如，在防水涂层施工时，涂层厚度不均匀，或者对施工缝处理不当，都可能形成漏水通道，使地下水渗入基础。基础的保温层对于维持基础的温度稳定、防止基础因温度变化而产生裂缝等具有重要作用。保温层的耐久性问题主要表现为保温性能下降。随着时间的推移，保温材料可能受到外界因素的影响，如潮湿的环境会使保温材料吸湿，降低其保温效果。在一些寒冷地区，基础的保温层如果长期处于潮湿状态，保温材料的导热系数会增大，导致基础的保温性能大幅下降，进而使基础更容易受到冻融循环的影响。为解决基础防腐涂层的耐久性问题，针对涂层老化的情况，首先要对老化的涂层进行评估。如果涂层只是表面轻微粉化，可以通过打磨、清洁等方式处理后，再重新涂刷一层防腐涂料。如果涂层老化严重，出现了大面积剥落，则需要彻底清除旧涂层，重新进行表面处理，然后选择质量可靠、性能优良的防腐涂料进行涂刷。在选择防腐涂料时，要根据基础所处的环境条件，如是否处于强酸碱环境等，选择具有针对性防护性能的涂料。对于防水涂层的耐久性问题，若发现防水涂层出现漏水现象，首先要确定漏水点的位置。可以通过闭水试验、压力测试等方法查找漏水点。对于较小的漏水点，可以采用防水涂料进行局部修补。对于面积较大的防水涂层失效，需要拆除旧的防水涂层，重新进行防水施工。在重新施工时，要严格按照施工规范进行操作，以确保防水涂层的厚度均匀，施工缝处理得当。同时，要选择质量合格、符合工程要求的防水材料。

当基础保温层出现耐久性问题时，如果保温材料只是局部受潮，可以将受潮部分的保温材料拆除，更换为干燥的保温材料，并做好防潮处理。如果保温层整体的保温性能严重下降，需要考虑全部更换保温材料。要选择具有良好防潮性能的保温材料，并且要在施工过程中，做好保温层的密封和防潮措施，防止水分再次侵入。

四、桩基础耐久性问题与处理

在地基基础工程领域，桩基础作为承载建筑物上部荷载的关键结构，其耐久性直接关系到整个建筑的稳定性与安全性。桩基础一旦出现耐久性问题，可能引发建筑物沉降、倾斜甚至坍塌等严重后果。深入探究桩基础耐久性问题的成因，并采取切实有效的处理措施，是保障地基基础工程质量与建筑物长期使用的核心任务。桩身混凝土的劣化是影响桩基础耐久性的重要因素之一。在长期的使用过程中，桩身混凝土会受到多种侵蚀。化学侵蚀是常见的情况。在一些工业污染区域，土壤或地下水中可能含有大量酸性或碱性物质，这些物质会与桩身混凝土中的水泥石发生化学反应，溶解其中的矿物质成分，导致混凝土强度降低。例如，在某化工园区内，由于长期排放工业废水，地下水中酸性物质含量超标，使得园区内建筑物的桩身混凝土受到严重侵蚀，混凝土表面出现剥落、裂缝等现象。冻融循环对桩身混凝土的破坏也不容忽视，尤其是在寒冷地区。当混凝土内部的水分在低温情况下结冰时，体积就会膨胀，对混凝土内部结构产生压力。经过多次冻融循环后，混凝土内部的微裂缝会逐渐扩展，导致混凝土的整体性和强度下降。例如，在北方某城市的桥梁桩基础中，由于冬季气温较低，桩身混凝土在每年的冻融循环作用下，表面出现了明显的剥落和蜂窝状孔洞，桩身的耐久性也受到严重影响。桩身钢筋锈蚀是一个威胁桩基础耐久性的关键问题。钢筋锈蚀会导致其截面面积减小，力学性能下降，无法有效承担拉力。同时，钢筋锈蚀后体积膨胀，会对周围的混凝土产生膨胀压力，导致混凝土开裂，进一步加速了外界侵蚀性介质的侵入。钢筋锈蚀的原因主要是混凝土保护层的破坏以及外界环境中的侵蚀性物质的侵蚀。如果混凝土保护层厚度不足，或者在施工过程中出现漏振、蜂窝等缺陷，使得钢筋与外界环境直接接触，就容易引发钢筋锈蚀。例如，在某建筑工程中，由于桩身混凝土施工质量问题，部分区域混凝土保护层厚度未达到设计要求，在潮湿的环境下，钢筋很快出现锈蚀，导致桩身出现裂缝。桩周土体的环境变化也会对桩基础的耐久性产生影响，在一些软土地基中，土体的长期蠕变可能导致桩身受到侧向挤压，使桩身产生弯曲变形，甚至出现裂缝。此外，周边工程施工活动，如大规模的基坑开挖、降水等，可能改变桩周土体的应力状态和地下水分布，导致桩身受到额外的作用力，影响其耐久性。例如，在某城市的地铁建设项目中，由于地铁隧道施工过程中的降水和土体开挖，周边建筑物的桩周土体应力发生变化，部分桩身出现了倾斜和裂缝。针对桩身混凝土劣化问题，若混凝土表面仅出现轻微的腐蚀或剥落，可以采用修补材料进行表面修复。例如，使用聚合物水泥砂浆对混凝土表面进行涂抹，填补缺陷，恢复混凝土的表面完整性。对于混凝土内部出现裂缝的情况，可采用压力灌浆法，将环氧浆液或水泥浆液注入裂缝中，填充裂缝，以增强混凝土的整体性。若混凝土劣化严重，已无法通过修复满足使用要求，则需要考虑在原桩周边增设新桩，分担上部荷载。对于桩身钢筋锈蚀问题，首先要对锈蚀钢筋进行除锈处理。可以采用人工打磨或使用化学除锈剂等方法，去除钢筋表面的铁锈。除锈后，对钢筋涂刷防锈漆，增强钢筋的抗锈蚀能力。同时，对于钢筋锈蚀导致混凝土开裂的部位，要先进行裂缝修补，然后在桩身表面增设防护层，如包裹纤维增强复合材料，提高桩身的耐久性。当桩周土体环境变化影响桩基础耐久性时，若桩身因土体蠕变或周边施工出现倾斜，可采用顶升纠偏法对桩身进行纠偏。在桩身倾斜一侧设置千斤顶，缓慢顶升，使桩身恢复垂直。对于因土体应力变化导致桩身出现裂缝的情况，要对桩周土体进行加固处理。例如，采用注浆加固法，向桩周土体注入水泥浆，以提高土体的强度和稳定性，减少对桩身的不利影响。

参考文献

［1］陈东佐. 土力学与地基基础［M］. 北京：北京大学出版社，2015.

［2］唐小娟，胡杰，郑俊. 岩土力学与地基基础［M］. 长春：吉林科学技术出版社，2022.

［3］刘松林. 岩土力学与地基基础［J］. 工程与建设，2022，36（3）：687-688.

［4］蒋中明，刘宇婷，陆希，等. 压气储能内衬硐室储气关键问题与设计要点评述［J］. 岩土力学，2024，45（12）：3491-3509.

［5］曾真，马洪岭，梁孝鹏，等. 基于单元凋广法的压气蓄能盐穴围岩潮解行为表征及其影响研究［J］. 岩土力学，2024，45（12）：3510-3522.

［6］易琪，孙冠华，姚院峰，等. 压缩空气储能地下内衬硐库上覆岩体稳定性分析［J］. 岩土力学，2024，45（12）：3523-3532.

［7］张格诚，徐晨，夏才初. 考虑剪切变形的高压储气洞室复合式预设缝衬砌力学特性［J］. 岩土力学，2024，45（12）：3533-3544.

［8］蒋中明，石兆丰，杨雪，等. 聚氨酯类聚合物砂浆：混凝土界面黏结性能与变形特征试验研究［J］. 岩土力学，2024，45（12）：3545-3554.

［9］赵尚毅，郑颖人，时卫民，等. 用有限元强度折减法求边坡稳定安全系数［J］. 岩土工程学报，2002，23（3）：343-346.

［10］殷宗泽，徐彬. 土与结构物接触面的变形及其数值模拟［J］. 岩土工程学报，1994，16（3）：14-22.

［11］李广信. 高等土力学［M］. 北京：清华大学出版社，2004.

［12］龚晓南. 地基处理手册［M］. 北京：中国建筑工业出版社，2000.

［13］陈仲颐，周景星，王洪瑾. 土力学［M］. 北京：清华大学出版社，1994.

［14］沈珠江. 理论土力学［M］. 北京：中国水利水电出版社，2000.

［15］钱家欢，殷宗泽. 土工原理与计算［M］. 北京：中国水利水电出版社，1996.

［16］刘汉龙. 土力学与基础工程［M］. 北京：高等教育出版社，2011.

［17］赵明华. 土力学与基础工程［M］. 武汉：武汉理工大学出版社，2009.

［18］高大钊. 土力学与基础工程［M］. 北京：中国建筑工业出版社，2006.

［19］顾晓鲁，钱鸿缙，刘惠珊，等. 地基与基础［M］. 北京：中国建筑工业出版社，2003.

［20］陈希哲. 土力学地基基础［M］. 北京：清华大学出版社，2013.

［21］宰金珉，宰金璋. 高层建筑基础分析与设计［M］. 北京：中国建筑工业出版社，2003.

［22］黄熙龄，王铁宏. 岩土工程 50 讲：岩土地基基础工程新技术实用手册［M］. 北京：知识产权出版社，2004.

［23］朱百里，沈珠江，等. 计算土力学［M］. 上海：上海科学技术出版社，1990.

［24］赵锡宏，陈志明，胡中雄. 高层建筑深基础变形计算［M］. 上海：同济大学出版社，1989.

［25］徐至钧，李智宇，徐晓天. 建筑地基基础工程施工质量验收标准理解与应用［M］. 北京：中国建筑工业出版社，2018.

［26］中华人民共和国住房和城乡建设部. 建筑地基基础设计规范（GB 50007—2011）［S］. 北京：中国建筑工业出版社，2011.

［27］中华人民共和国住房和城乡建设部. 建筑桩基技术规范（JGJ 94—2008）［S］. 北京：中国建筑工业出版社，2008.

［28］中华人民共和国住房和城乡建设部. 建筑基坑支护技术规程（JGJ 120—

2012）［S］. 北京：中国建筑工业出版社，2012.

［29］ 中华人民共和国住房和城乡建设部. 建筑边坡工程技术规范（GB 50330—2013）［S］. 北京：中国建筑工业出版社，2013.

［30］ 中华人民共和国住房和城乡建设部. 膨胀土地区建筑技术规范（GB 50112—2013）［S］. 北京：中国建筑工业出版社，2013.

［31］ 中华人民共和国住房和城乡建设部. 复合土钉墙基坑支护技术规范（GB 50739—2011）［S］. 北京：中国建筑工业出版社，2011.